普通高等教育“十四五”规划教材——应用化学系列

应用无机化学

主　编　朱　玲
副主编　王超贤　赵志凤

中国石化出版社

内 容 提 要

本书将无机化学理论和实验内容融合一体，突出重点，注重应用性和适用性。全书分为六个模块，不同专业可根据需要进行选学，通过学习“应用无机化学”这门课程，可同时完成无机化学理论及实验两门课程的学习。主要内容包括：无机化学实验基础知识；原子结构、分子结构、晶体结构及其性质；酸碱平衡与沉淀溶解平衡；氧化还原平衡和配位平衡；元素化学等。

本书适用于化学工程与工艺、环境工程、高分子材料与工程、给水排水工程、油气储运工程、应用化学、生物工程、生物技术、食品科学与工程等本科专业，同时可供相关专业选用。

图书在版编目(CIP)数据

应用无机化学 / 朱玲主编；王超贤，赵志凤副主编 .
—北京：中国石化出版社，2021.12
普通高等教育“十四五”规划教材．应用化学系列
ISBN 978-7-5114-5660-1

Ⅰ．①应… Ⅱ．①朱… ②王… ③赵… Ⅲ．①无机化学-应用化学-高等学校-教材 Ⅳ．①O61

中国版本图书馆 CIP 数据核字(2021)第 237546 号

中国石化出版社出版发行
地址:北京市东城区安定门外大街 58 号
邮编:100011 电话:(010)57512500
发行部电话:(010)57512575
http://www.sinopec-press.com
E-mail:press@sinopec.com
北京力信诚印刷有限公司印刷
全国各地新华书店经销
*
787×1092 毫米 16 开本 14 印张 349 千字
2021 年 12 月第 1 版 2021 年 12 月第 1 次印刷
定价:45.00 元

序

任何一所高等学校和任何一个专业，均有办学目标和人才培养目标。这些目标既包括增强素质、学用知识、启迪智慧、引发思考、激发兴趣等在人才培养过程中的综合要求，也包括自主学习、有效学习、文献查阅和综述、思考和分析、实践和创新、人文素养、团队协作、沟通和表达、价值内化认同等在人才培养目标中知识、能力、素质的全面要求。

人才培养目标如何实现？毫无疑问，主要落实在课程或课程体系上。可以说人才培养方案中没有一门课程的设置是多余的。任何一门课程，均应对人才培养目标的实现有一定的支撑。课程能否实现对人才培养质量或人才培养目标的有效支撑，主要决定于课程讲什么内容和怎么讲这些内容。

采用什么样的教材资源，对教师讲什么和怎么讲、甚至学生怎么学均有很大的影响。教材是课程资源的核心部分，教材不但应体现科学适需的知识体系，还应体现先进的教学理念和教学思想。多年的教学实践和教育科学研究表明，应用型高校特别是地方应用型高校在教材建设方面应着力加强应用导向型课程建设。应用导向型课程建设要求把课程的内容体系和结构框架定位到应用体系上来，把教学内容和教学设计引导到应用体系上来，把支撑人才培养目标的知识、能力、素质要求贯通到应用体系上来。总之，应用导向型课程能够促进教师有效教学和学生有效学习，能够更好实现对人才培养目标的有效支撑。

针对高等教育人才培养过程特别是课程建设方面存在的一些问题，广东石油化工学院按照“整体规划、分步立项、重点建设、有序推进”原则，推动应用导向型课程建设。应用导向型课程建设基本思路是：突出应用导向，融合同一门课程现有的实验体系和理论体系，以实验体系组织课程内容，教学则围绕实验应用形式组织开展。对难以覆盖的重要内容则以拓展阅读材料部分编写入教材。“普通高等教育‘十四五’规划教材——应用化学系列”分为《应用无机化学》《应用分析化学》《应用有机化学》《应用物理化学》四门课程应用型教材，是学校多年来“实践双体系人才培养模式改革和目标问题导向式教学理念”所总结的初步成果。

相信该套丛书的出版能对现有理工类少学时、应用型院校的基础化学课程体系教学改革和对学生综合素质的提高有一定的促进作用。

广东石油化工学院副校长 

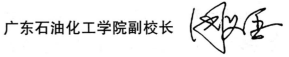

前　言

无机化学是除碳氢化合物及其衍生物外，对所有元素及其化合物的性质和它们的反应进行实验研究和理论解释的科学，是化学学科中发展最早的一个分支学科，也是化工类各专业本科生一门重要的专业基础课程。基于创新型社会对人才的要求以及理工类学生人才培养质量的现状，为强化高质量应用型人才培养，普遍提高理工类学生创新能力，深层次助推高校转型发展，对现有理工类基础课程无机化学课程体系进行教学改革。用课程改革为学生实现科技型创新奠定坚实的实践基础，理论与实验紧密结合，深入培养具有创新精神具备创业能力的应用型人才。

无机化学课程包括理论和实验两部分，以两门课程的形式组织实施教学。由于无机化学是一门以实验为基础的课程，目前这种理论课与实验课内容及教学环节有些相互脱节，主要进行一些验证性实验，对实践动手能力培养的作用不明显。为此，本书将主要的理论和实验部分融合一体，重点突出，注重应用性和适用性，适合于工科院校，少学时教学使用。

全书分为六个模块，不同专业可根据需要进行模块选课实施教学。通过学习“应用无机化学”这门课程，将同时完成无机化学理论及实验两门课程的学习。每个模块内容包括基础知识、典型例题、实验内容、思考题与习题，还有拓展阅读等内容，另外，本书还将科学家介绍等涉及思政教育内容的知识以二维码的形式插入书中，使课程教学与思政教育同向同行。对基础知识中难以覆盖的重要内容，则以拓展阅读材料的形式编写入教材，供学生自学及教师根据课时选择讲授。

本书由广东石油化工学院朱玲教授主编，参编具体分工为：前言(朱玲)；模块一(朱玲、苗宇)；模块二(朱玲)；模块三(王超贤、马浩)；模块四(邱宝渭、朱玲、苏占华)；模块五(农兰平、赵志凤、朱玲)；模块六(常鹰飞、邱宝渭、农兰平、赵志凤)；全书由朱玲统稿。

本书在编写时参考了一些教材和书刊中的有关内容，在此向有关作者及出版社表示感谢。限于编者水平，本书难免有错误和不当之处，恳请专家、同行及同学们提出宝贵意见，以便重印或再版时改正。

目　录

模块一　无机化学实验基础知识

模块二　物质结构基础

模块三　酸碱平衡与沉淀溶解平衡

模块四　氧化还原平衡与配位平衡

模块五　元素化学

模块六　创新实验

附　　录

参 考 文 献

模块一　无机化学实验基础知识

第一部分　基础知识

1-1　无机化学实验目的

在无机化学的学习中，无机化学实验课程占有十分重要的地位，它是基础化学实验平台的重要组成部分，也是高等院校化工类专业的主要实践基础课程。无机化学实验教学注重素质教育和创新能力培养，使学生在实践中学习、巩固、深化和提高化学的基础知识、基本理论，掌握基本操作技能技术，培养学生的实践能力和创新思维能力。通过实验，我们要力求达到以下几个方面的目的：

① 通过实验，掌握物质变化的感性知识，掌握重要化合物制备、分离和分析检验的方法，加深对无机化学基本原理和基本知识的理解，培养用实验方法获取新知识、巩固旧知识的能力。

② 通过实验，使学生能熟练地掌握实验操作的基本技能和基本方法，能正确使用无机化学实验中各种常见、常规的仪器，培养学生独立工作和独立思考的能力(如在综合性和设计性实验中，培养学生独立准备和进行实验的能力)；培养学生细致观察和及时记录实验现象以及归纳、综合并正确处理实验数据、用文字表达实验结果的能力；培养学生分析实验结果的能力和组织实验、科学研究和创新的能力。

③ 通过实验，培养学生实事求是的科学态度；准确、细致、整洁等良好的实验室工作习惯以及科学的思维方法；培养学生敬业、一丝不苟和团队协作的工作精神。在无机化学实验中，要特别注意培养学生“量”的概念(有效数字的概念)，正确处理和表达分析数据。

1-2　化学实验室安全守则

化学实验室中很多试剂易燃、易爆，具有腐蚀性或毒性，存在着不安全因素。所以在进行化学实验时，必须高度重视安全问题，绝不可麻痹大意。初次进行化学实验的学生，应接受必要的安全知识教育，安全知识考试合格后方可进入相关实验室。且每次实验前都要仔细阅读实验室中的安全注意事项，在实验过程中，严格遵守相关的安全守则。

① 进入实验室，首先必须了解实验室的环境，如水、各种电器开关、消防栓、灭火器、灭火毯、紧急洗眼器、紧急喷淋器、急救箱等用品的安放位置及正确使用方法，了解实验室

的安全通道。

② 实验时要身着长袖、过膝的实验服，不准穿拖鞋、大开口鞋或凉鞋。不能穿底部带钉的鞋。

③ 长发(过衣领)必须束起或藏于帽中。

④ 实验室内不得打闹、喧哗，严禁带入食品。一切化学品严禁入口，离开实验室前要洗手。

⑤ 严格按照要求取用化学药品，注意严禁任意药品的混合以及搞错试剂、溶剂的瓶盖、瓶塞，防止意外发生。

⑥ 使用有毒试剂时，严防入口或接触伤口，预防中毒；多余药品或废液不得倒入下水道，应倒入规定的容器，预防出现污染事故。

⑦ 当产生有毒、有刺激性的气体时，应该在通风橱内进行操作。

⑧ 对易燃、易挥发的有机溶剂，使用时一定要注意：远离火源，防止蒸气外逸，有机溶剂不能倒入废液缸，不能用开口容器盛装，也不能用火直接加热烧瓶内的有机溶剂。

⑨ 使用浓酸、浓碱、溴、洗液等有强腐蚀性药品时，要切记保护好眼睛，切勿溅在皮肤和衣物服上，取用时要佩戴胶皮手套和防护眼镜。

⑩ 进行加热、浓缩液体的操作时应注意：不能俯视正在加热的液体；加热试管内的液体时，不能将试管口对着自己或别人。嗅闻少量气体时，只能用手把气体轻轻地扇向鼻孔进行嗅闻。

⑪ 使用电器时，不要用湿手接触仪器，以防触电，用后及时关闭电源开关或拔下电源插头。

⑫ 为了尽量避免实验室发生大量溢水事故，应注意水槽的清洁，废纸、玻璃等物应扔入废物缸中，保持水槽水道畅通。

1-3　实验操作方面的潜在危险

在化学实验中，尽管实验项目是经典的，但是化学反应还有很多是未知的，如量的改变、温度的改变等，都有可能发生意外，因此，在化学实验中，一定要小心细致，防止意外发生。

① 对于加热、生成气体的化学反应，一定要小心操作，不要封闭反应体系(除非是耐高压体系)。

② 应该小心滴加试剂、冷却操作的反应，一定要严格遵守相关规定，不要图省事。

③ 反应前，一定要检查仪器有无裂痕。

④ 对于容易爆炸的反应物，如过氧化合物、叠氮化合物、重氮化合物，在使用时一定要小心，加热小心，量取小心，处理小心。不要因为振动、摩擦、过热等引起爆炸。

1-4　实验室意外事故处置

进入实验室，一定要按照有关安全操作章程，确保人身和实验室安全，如果出现意外，也要冷静、正确处置，把事故消灭在萌芽状态，最大限度降低事故对人身的伤害和国家财产的损失，具体出现事故按下面办法进行处置：

(1) 火灾

一旦发生火灾，应沉着镇定地采取正确措施，防止事故扩大。首先，应立即切断相关电源，移走易燃物品。然后，根据燃烧物的性质和火势采用适当的方法进行扑救。由有机物引起的火灾通常不用水进行扑救；小火可用湿布或石棉布盖熄；火势较大时，使用沙土、灭火器等将火熄灭。灭火器的正确选择见表 1-1。

表 1-1　常用灭火器种类及其适用范围

类型	药液成分	适用范围
泡沫灭火器	$Al_2(SO_4)_3$、$NaHCO_3$	油类失火、可燃固体物质；不能补救带电设备和醇、酮、酯、醚等有机溶剂发生的火灾
二氧化碳灭火器	液体 CO_2	电气设备失火
干粉灭火器	主要成分为磷酸铵盐、碳酸氢钠、氯化钠、氯化钾等物质	油类、可燃气体、电气设备、文件记录和遇水燃烧等物品的初起火灾

(2) 外伤

外伤是指由刀具、剪刀、玻璃片或其他锋利器具对人所造成的外部损伤。当有外伤的时候，先用清洁物品止血，取出伤口异物，涂红药水或贴止血贴，再根据伤情送医院救治。

(3) 灼伤

皮肤接触高温、低温或腐蚀性物质后，均可能被灼伤。为了避免灼伤，在接触这些物质时，最好戴橡皮手套和防护眼镜。发生灼伤时应按下述要求处理：

① 热水烫伤：一般在患处涂上红花油，然后擦烫伤膏。

② 碱灼伤：立即用大量水冲洗，再用 1%～2%的乙酸或硼酸溶液冲洗，最后再用水冲洗，严重时涂上烫伤膏。

③ 酸灼伤：立即用大量水冲洗，再用 1%碳酸氢钠溶液清洗，最后涂上烫伤膏。

④ 溴灼伤：立即用大量水冲洗，再用酒精擦洗或用 2%硫代硫酸钠溶液洗至灼伤处呈白色，然后涂上甘油或鱼肝油软膏加以按摩。

⑤ 钠灼伤：可见的小块用镊子移去，其余与碱灼伤处理方法相同。

(4) 有害物质入口

吸入刺激性或有毒有害气体(煤气、硫化氢、氨气、氯气等)时，应该立即到室外呼吸新鲜空气，同时查找有害气源，加以处理；当毒物误入口内时，应立即用食指伸入咽喉，促使呕吐，然后立即送医院治疗。

1-5　无机化学实验基本要求

(1) 预习

无机化学实验课程是有一门具有一定危险性的课程，实验前必须充分预习，对实验环节和实验步骤做到心中有数。通过阅读实验教材和相关参考资料，明确实验目的与要求，理解实验原理，弄清操作步骤和注意事项，设计好数据记录格式，写出简明扼要的预习报告(对综合性和设计性实验应写出设计方案)，并于实验前对时间做好统一安排，然后才能进入实验室有条不紊地进行各项操作。

（2）实验

进入实验室要清点仪器，如发现有破损或缺少，应立即报告老师，按规定手续向实验技术员补领。实验时仪器如有损坏，按学校仪器赔偿制度进行处理，未经教师同意，不得拿用别的位置上的仪器。在进行实验时，要求做到以下几点：

① 认真操作，细心观察，如实详细地记录实验现象和数据。

② 如果发现实验现象和理论不相符，应首先尊重实验事实，并认真分析和检查其原因，通过必要手段重做实验，有疑问时力争自己解决问题，也可以相互轻声讨论或询问教师。

③ 实验过程中应保持肃静，严格遵守实验室工作规则；实验结束后，应将仪器洗刷干净，放回规定的位置，整理药品及实验台。

④ 使用药品应注意以下几点：

a. 药品应按规定量取用，如果书中未规定用量，应注意节约，尽量少用。

b. 取用固体药品时，注意勿使其撒落在实验台上。

c. 瓶中药品是否变质。

d. 试剂瓶用过后，应立即盖上塞子，并放回原处，以免和其他试剂瓶上的塞子搞错，混入杂质。

e. 各种废弃的试剂和药品，应倒入指定的回收瓶中，做进一步处理。

⑤ 使用精密仪器时必须严格按照操作规程进行操作，细心谨慎，如发现仪器有故障，应立即停止使用，及时报告指导教师。

（3）实验报告

做完课堂实验只是完成实验的一半，余下更为重要的是分析实验现象，整理实验数据，将直接的感性认识提高到理性思维阶段。实验报告的内容应包括：

① 实验目的：了解本次实验需要掌握的内容，达到的预期目的，如掌握哪些仪器的使用方法、实验原理等。

② 实验原理：本次实验的基本原理，一般用简明扼要的语言、路线图或反应方程式表示。

③ 实验步骤：尽量采用简单的语言、路线图、符号等形式清晰明了地表示。

④ 实验现象、数据记录：实验现象要仔细观察、全面正确表达，数据记录要完整，在定量分析实验中，尤其要注意数据的有效数字。

⑤ 解释、结论或数据处理：根据实验现象做出简明扼要解释，并写出主要化学反应方程式或离子式，分题目做出小结或最后结论。若有数据计算，务必将所依据的公式和主要数据表达清楚，并注意数据的有效数字(包括结果的有效数字)。

⑥ 讨论：报告中可以针对本实验中遇到的疑难问题，对实验过程中发现的异常现象，或数据处理时出现的异常结果展开讨论，敢于提出自己的见解，分析实验误差的原因，也可对实验方法、教学方法、实验内容等提出自己的意见或建议。

1-6 有效数字

（1）有效数字位数的确定

有效数字是由准确数字与一位存疑数字组成的测量值。它除最后一位数字是存疑的外，其他各数都是准确的。有效数字的有效位反映了测量的精度。有效位是从有效数字最左边第一个不为零的数字起到最后一个数字止的数字个数。例如，用感量为千分之一的天平称一块锌片为0.485g，这里0.485就是一个3位有效数字，其中最后一个数字5是存疑的。因为平衡时天平指针的投影可能停留在4.5分刻度到5.5分刻度间，5是根据四舍五入法估计出来的。用某一测量仪器测定物质的某一物理量，其准确度都是有一定限度的。测量值的准确度取决于仪器的可靠性，也与测量者的判断力有关。测量的准确度是由仪器刻度标尺的最小刻度决定的。如上面这台天平的绝对误差为0.001g，称量这块锌片的相对误差为

$$\frac{0.001}{0.485} \times 100\% = 0.21\%$$

在记录测量数据时，不能随意乱写，不然就会增大或缩小测量的准确度。如把上面的称量数字写成0.4852，这样就把存疑数字5变成了准确数字5，从而夸大了测量的准确度，这是与实际情况不相符的。

在没有搞清有效数字含义之前，有人错误地认为：测量时，小数点后的位数越多，准确度越高，或在计算中保留的位数越多，准确度就越高。其实二者之间无任何联系。小数点的位置只与单位有关，如135mg，也可以写成0.135g，也可以写成1.35×10^{-4}kg，三者的准确度完全相同，都是3位有效数字。

注意：首位数字≥8的数据其有效数字的位数可多算1位，如9.25可作4位有效数字。常数、系数等有效数字的位数没有限制。

记录和计算测量结果都应与测量的准确度相适应，任何超出或低于仪器准确度的数字都是不妥当的。常见仪器的准确度见表1-2。

表1-2　常见仪器的准确度

仪器名称	仪器精确度	示例	有效数字位数
托盘天平	0.1g	6.5g	2位
电光天平	0.0001g	15.3254g	6位
千分之一天平	0.001g	20.253g	5位
100mL量筒	1mL	75mL	2位
滴定管	0.01mL	35.23mL	4位
容量瓶	0.01mL	50.00mL	4位
移液管	0.01mL	25.00mL	4位
酸度计	0.01	4.76	2位

对于有效数字的确定，还有几点需要指出：

① “0”在数字中是否是有效数字，与“0”在数字中的位置有关。“0”在数字后或在数字中间，都表示一定的数值，都算是有效数字；“0”在数字之前，只表示小数点的位置（仅起定位作用）。如3.0005是5位有效数字，2.5000也是5位有效数字，而0.0025则是2位有效数字。

② 对于很大或很小的数字，如260000、0.0000025采用指数表示法更简便合理，写成2.6×10^5、2.5×10^{-6}。“10”不包含在有效数字中。

③ 对化学中经常遇到的pH，lg$K$等对数数值，有效数字仅由小数部分数字位数决定，首数（整数部分）只起定位作用，不是有效数字。如pH=4.76的有效数字为2位，而不是3位有效数字。“4”是10的整数方次，即10^4中的“4”。

④ 在化学计算中，有时还遇到表示倍数或分数的数字，如$\frac{KMnO_4\text{的摩尔质量}}{5}$，式中的5是固定数，不是测量所得，不应当看作一位有效数字，而应看作无限多位有效数字。

（2）有效数字的运算规则

① 有效数字取舍规则：

a. 记录和计算结果所得的数值，均只保留1位可疑数字。

b. 当有效数字的位数确定后，其余的尾数应按照“四舍五入”法或“四舍六入五看齐，奇进偶不进”的原则一律舍去（“四舍六入五看齐，奇进偶不进”的原则是：当尾数≤4时，舍去；尾数≥6时，进位；当尾数=5时，则要看尾数前一位数是奇数还是偶数，若为奇数则进位，若为偶数则舍去）。

一般运算通常用“四舍五入”法，当进行复杂运算时，采用“四舍六入五看齐，奇进偶不进”的原则，以提高运算结果的准确性。

② 加减法运算规则。进行加法或减法运算时，所得的和或差的有效数字的位数，应与各个加、减数中小数点后位数最少者相同。例如：

$$23.456+0.000124+3.12+1.6874=28.263524\text{，应取 }28.26$$

以上是先运算后取舍，也可以先取舍后运算，取舍时也是以小数点后位数最少的数为准：

$$23.456 \longrightarrow 23.46$$

$$0.000124 \longrightarrow 0.00$$

$$3.12 \longrightarrow 3.12$$

$$1.6874 \longrightarrow 1.69$$

$$23.46+0.00+3.12+1.69=28.27$$

③ 乘除法运算规则。进行乘除运算时，其积或商的有效数字的位数应与各数中有效数字位数最少的数相同，而与小数点后的位数无关。例如：

$$2.35\times3.642\times3.3576=28.73669112\text{，应取 }28.7$$

同加减法一样，也可以先以小数点后位数最少的数为准，四舍五入后再进行运算：

$$2.35\times3.64\times3.36=28.74144\text{，应取 }28.7$$

当首位有效数字为8或9时，在乘除法运算中也可运用“四舍六入五看齐，奇进偶不进”的原则，将此有效数字的位数多加1位。

④ 将其乘方或开方时，幂或根的有效数字的位数与原数相同。若乘方或开方后还要继续进行数学运算，则幂或根的有效数字的位数可多保留1位。

⑤ 在对数运算中，所取对数的尾数应与真数有效数字位数相同。反之，尾数有几位，则真数就取几位。例如：溶液 pH=4.74，其 $c(H^+)=1.8\times10^{-5}\text{mol}\cdot\text{L}^{-1}$，而不是 $1.82\times10^{-5}\text{mol}\cdot\text{L}^{-1}$。

⑥ 在所有计算式中，常数、π、e的值及某些因子$\sqrt{2}$、1/2的有效数字的位数，认为是无限制的，在计算中需要几位就可以写几位。一些国际定义值，如摄氏温标的零度值为热力学温标的273.15K，标准大气压 $1\text{atm}=1.01325\times10^5\text{Pa}$，自由落体标准加速度 $g=9.80665\text{m}\cdot\text{s}^{-2}$，$R=8.314\text{J}\cdot\text{K}^{-1}\cdot\text{mol}^{-1}$被认为是严密准确的数值。

⑦ 误差一般只取1位有效数字，最多取2位有效数字。

1-7 玻璃仪器的洗涤

化学实验使用的器皿应洗净、外观清洁、透明、器壁均匀地附着一层水膜，既不聚成水滴，也不成股流下。

① 水洗。将玻璃仪器用水淋湿后，借助毛刷刷洗仪器。如洗涤试管时可用大小合适的试管刷在盛水的试管内转动或上下移动。但用力不要过猛，以防刷尖的铁丝将试管戳破。这样既可以使可溶性物质溶解，也可以除去灰尘，使不溶物脱落。但洗不去油污和有机物质。

② 洗涤剂洗。常用的洗涤剂有去污粉和合成洗涤剂。用这种方法可除去油污和有机物质。例如烧杯、试管、量筒、漏斗等仪器，一般采用肥皂、洗衣粉、洗洁精等刷洗的方法。

③ 用铬酸洗液洗。铬酸洗液是重铬酸钾和浓硫酸的混合物。有很强的氧化性和酸性，对油污和有机物的去污能力特别强。

铬酸洗液的配方：将研细的 20g $K_2Cr_2O_7$ 溶于 40mL 水中，在不断搅拌下，慢慢加入 360mL 浓硫酸。待 $K_2Cr_2O_7$ 全部溶解并冷却后，将其保存于磨口瓶中。所配好的铬酸洗液为暗红色，因浓硫酸易吸水，用后将磨口玻璃塞子塞好。

对一些形状特殊、容积精确的容量仪器，例如滴定管、移液管、容量瓶等，不宜用毛刷沾洗涤剂洗，常用铬酸洗液洗涤。

用铬酸洗液洗涤仪器时，先往仪器(碱式滴定管应先将橡皮管卸下，套上橡皮头，仪器内应尽量不带水分，以免将洗液稀释)内加入少量洗液(约为仪器总容量的五分之一)，使仪器倾斜并慢慢转动，让其内壁全部被洗液润湿，再转动仪器使洗液在仪器内壁流动，转动几圈后，把洗液倒回原瓶。然后用自来水冲洗干净，最后用蒸馏水冲洗 3 次。铬酸洗液具有很强的腐蚀性，使用时一定要注意安全，防止溅在皮肤和衣服上。

使用后的洗液应倒回原瓶，重复使用。如呈绿色，则已失效，不能继续使用。用过的洗液不能直接倒入下水道，以免污染环境。

必须指出，能用别的方法洗干净的仪器，尽量不要用铬酸洗液洗，因为 Cr(Ⅵ) 具有毒性。

④ 特殊污物的洗涤。如果仪器壁上某些污物用上述方法仍不能去除时，可根据污物的性质，选用适当试剂处理。如沾在器壁上的二氧化锰用浓盐酸；银镜反应黏附的银可用 $6mol \cdot L^{-1}$硝酸处理等。几种常见污垢的处理方法见表 1-3。

表 1-3 常见污物处理方法

污物	处理方法
可溶于水的污物、灰尘等	自来水清洗
不溶于水的污物	肥皂、合成洗涤剂
氧化性污物(如 MnO_2、铁锈等)	浓盐酸、草酸洗液
油污、有机物	碱性洗液(Na_2CO_3、NaOH 等)，有机溶剂、铬酸洗液，碱性高锰酸钾洗液
残留的 Na_2SO_4、$NaHSO_4$固体	用沸水使其溶解后趁热倒掉
高锰酸钾污垢	酸性草酸溶液

续表

污物	处理方法
黏附的硫黄	用煮沸的石灰水处理 $3Ca(OH)_2+12S \xrightarrow{\triangle} 2CaS_5+CaS_2O_3+3H_2O$
瓷研钵内的污迹	用少量食盐在研钵内研磨后倒掉，再用水洗
被有机物染色的比色皿	用体积比为 1∶2 的盐酸—乙醇液处理
银迹、铜迹	硝酸
碘迹	用 KI 溶液浸泡，然后用温热的稀 NaOH 或 $Na_2S_2O_3$ 溶液处理
AgCl	1∶1 氨水或 10% $Na_2S_2O_3$ 水溶液

除了上述清洁方法外，现在还有先进的超声清洗器。只要把用过的仪器，放在配有合适洗涤剂的溶液中，接通电源，利用声波的能量和振动，就可将仪器清洗干净，既省时又方便。

仪器用自来水洗净后，还需用蒸馏水或去离子水洗涤 2~3 次，洗净后的玻璃仪器应透明，不挂水珠。已经洗净的仪器，不能用布或纸擦拭，以免布或纸的纤维留在器壁上沾污仪器。

1-8　仪器的干燥

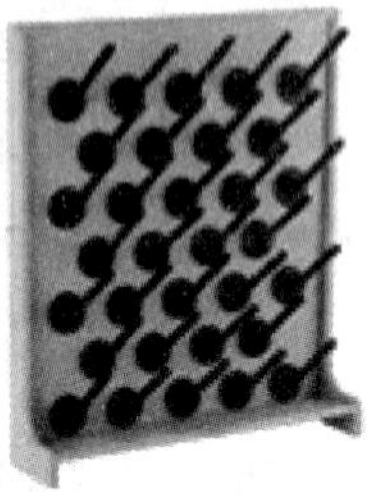

图 1-1　晾干器

（1）晾干和吹干

不急用的仪器，可在蒸馏水冲洗后可以自然干燥。可用安有木钉的架子或带有透气孔的玻璃柜放置仪器（图 1-1）。带有刻度的仪器，不能用加热法干燥，常用一些易挥发的有机溶剂（如乙醇等）加入仪器中，转动仪器使水和有机溶剂混合，然后倒出，少量残留有机溶剂可很快挥发。

（2）加热干燥

实验室常用电热干燥箱、气流烘干器等干燥玻璃仪器（图 1-2、图 1-3）。先把仪器控去水分，然后放在烘箱内或倒扣在气流烘干器上烘干，烘箱温度为 105~110℃，烘 1h 左右。沾有有机溶剂的玻璃仪器不能用电热干燥箱干燥，以免发生危险。气流烘干器对干燥锥形瓶好、试管等非常方便。蒸发皿、烧杯等也可在石棉网上小火加热进行烘干，试管也可直接用小火烤干。

图 1-2　电热鼓风干燥箱

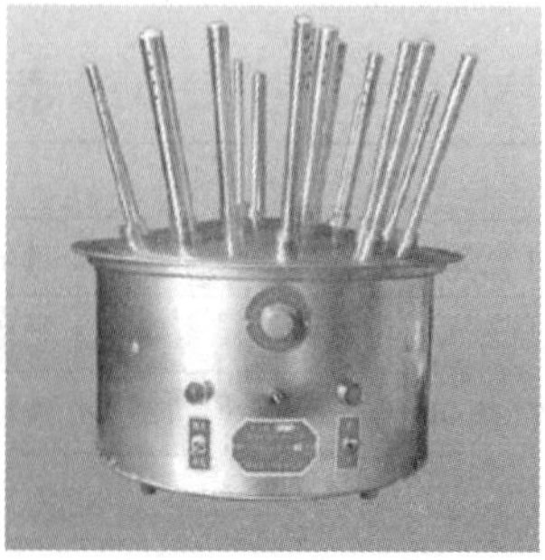

图 1-3　玻璃仪器快速烘干器

1-9 常用的加热方法

(1) 酒精灯加热

酒精灯(图 1-4)由灯帽、灯芯和灯壶三部分组成，酒精灯的加热温度通常为 400~500℃，适用于加热温度不需太高的实验。

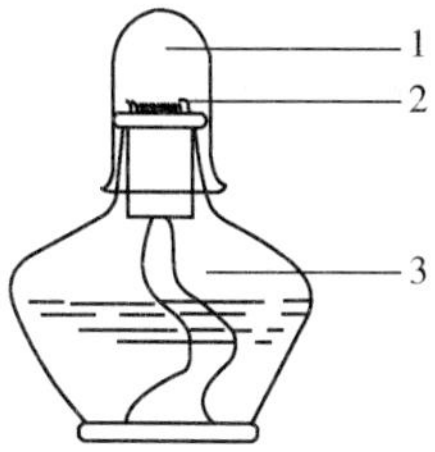

图 1-4 酒精灯
1—灯罩；2—灯芯；3—灯壶

使用酒精灯时，应先检查灯芯，剪去灯芯烧焦部分，露出灯芯管 0.8~1cm 为宜。然后添加酒精，加酒精时必须将灯熄灭，待灯冷却后，借助漏斗将酒精注入，酒精加入量约为灯壶容积的 1/3~2/3，即稍低于灯壶最宽位置(肩膀处)；必须用火柴点燃酒精灯，绝对不能用另一燃着的酒精灯去点燃，以免洒落酒精引起火灾(图 1-5)。用后要用灯罩盖灭，不可用嘴吹灭，灯罩盖上片刻后，还应将灯罩再打开一次，以免冷却后盖内产生负压使以后打开困难。

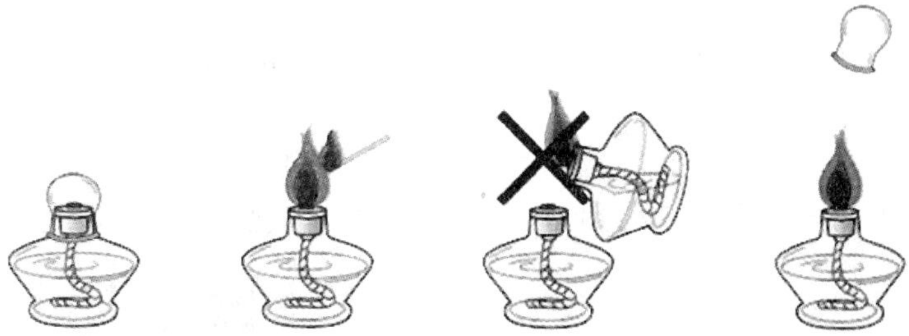
图 1-5 酒精灯操作示意图

(2) 水浴、油浴及沙浴加热

① 水浴加热。以水为加热介质的一种间接加热法，水浴加热常在水浴锅中进行。在水浴加热操作中，水浴中水的表面略高于被加热容器内反应物的液面，可获得更好的加热效果。如采用电热恒温水浴锅加热，则可使加热温度恒定。

实验室也常用烧杯代替水浴锅，在烧杯上放上蒸发皿，也可作为简易的水浴加热装置，进行蒸发浓缩。如将烧杯、蒸发皿等放在水浴盖上，通过接触水蒸气来加热，这就是蒸气浴。

实验室经常用恒温水浴箱进行水浴加热(图 1-6)。恒温水浴箱采用电加热，可自动控制温度，同时加热多个样品。水浴箱内盛水不要超过 2/3，被加热容器不要碰到水浴箱底部。

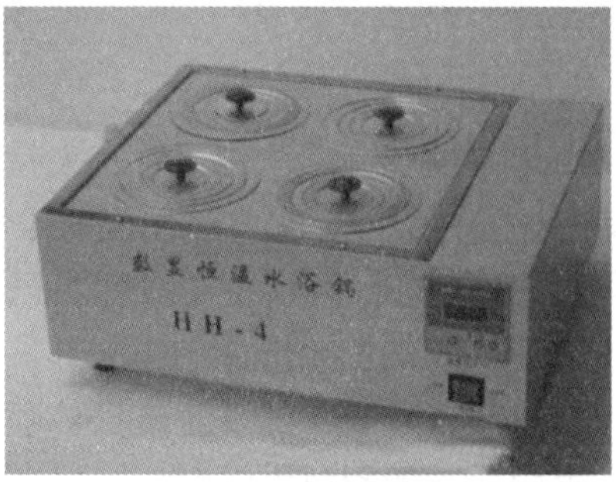

图 1-6 恒温水浴箱

② 油浴加热。当被加热物质要求受热均匀、温度又高于 100℃时，可采用油浴。油浴也是一种常用的间接加热方式。

③ 砂浴加热。在铁盘或铁锅中放入均匀的细砂，再将被加热的器皿部分埋入砂中，下面用灯具加热就成了砂浴。

(3) 电加热

① 电热板加热。电热板多为扁薄的板状设计，结

构简单、加热均匀，易于安装和使用。电热板采用不锈钢、陶瓷等材质作为外层壳体，电热合金丝被封闭于电热板内部，因此为封闭式加热，加热时无明火、无异味，安全性较好，适用于各种工作环境(图 1-7)。

② 电热套加热。如图 1-8 所示，电热套由玻璃纤维包裹着电阻丝编织成“碗”状的凹套，由电压调节器控制其升温速度或温度的高低，其最高温度可达 400℃ 左右。由于它不是明火，受热均匀，热效率较高，是做精确控温加热实验的常用仪器，常用于有机实验和无机实验的加热操作。现在大部分的加热套都与电磁搅拌结合，使用更加方便。

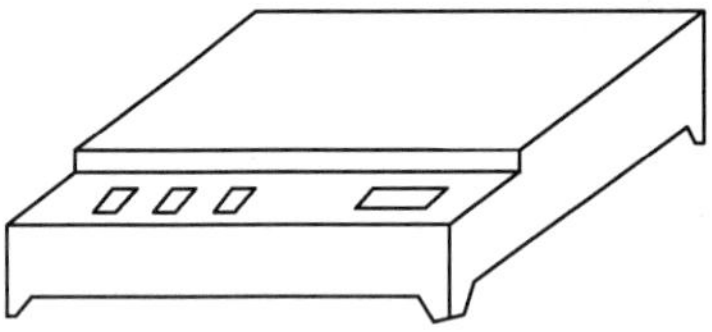

图 1-7　常见电热板

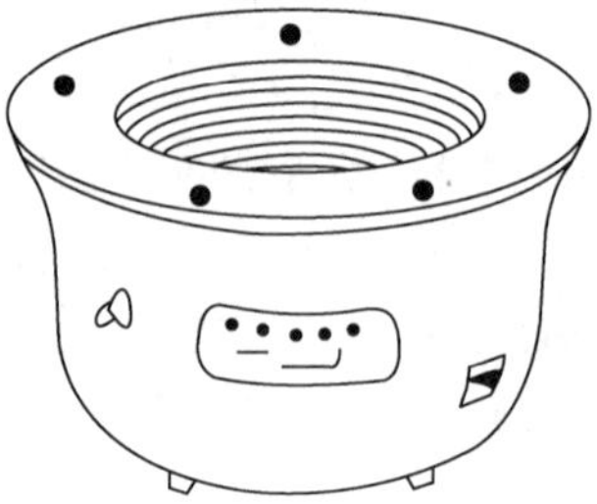

图 1-8　常见的电热套

③ 高温炉加热。高温炉包括管式炉和马弗炉(箱式电阻炉，如图 1-9)，由炉体和温控仪两部分组成，最高温度可达 950~1300℃，常用于分析实验的灼烧或一些高温反应。

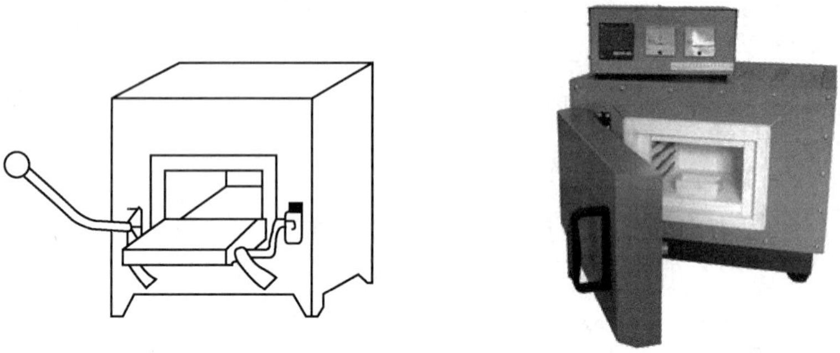

图 1-9　马弗炉

1-10　加热操作

(1) 试管加热

试管加热用于少量液体或固体加热。用试管加热时，由于温度较高，应用试管夹夹持试管或将试管用铁夹固定在铁架台上。加热液体时，应控制液体的量不超过试管容积的 1/3，用试管夹夹持试管的中上部加热，并使管口稍微向上倾斜(图 1-10)，管口不要对着自己或别人，以免被爆沸溅出的溶液灼伤，为使液体各部分受热均匀，应先加热液体的中上部，再慢慢往下移动加热底部，并不时地摇动试管，以免由于局部过热，蒸气骤然发生将液体喷出管外，或因受热不均使试管炸裂。加热固体时，试管口应稍微向下倾斜(图 1-11)，以免凝结在试管口上的水珠回流到灼热的试管底部，使试管破裂。

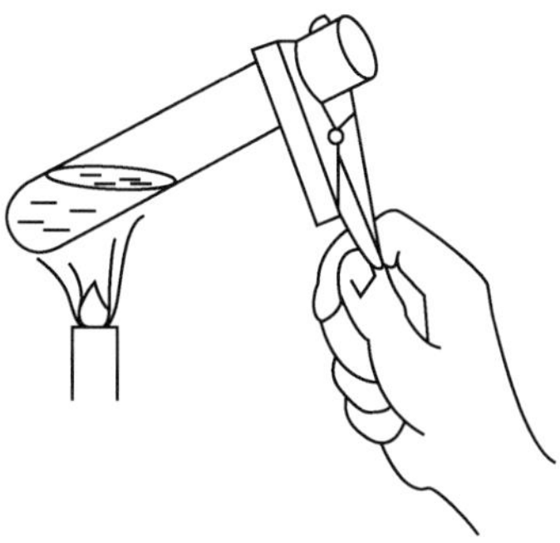

图 1-10　加热液体

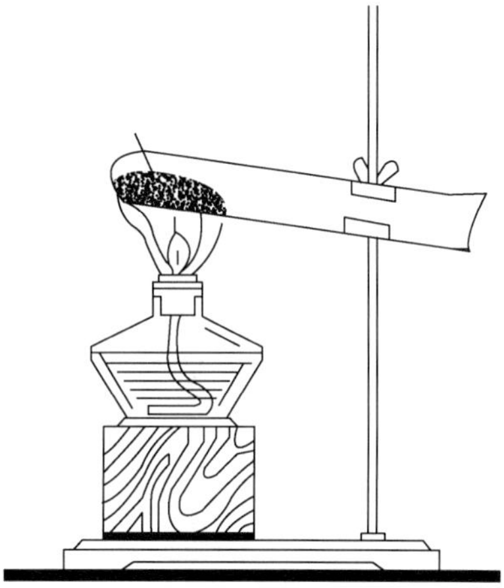

图 1-11　加热固体

(2) 烧杯、烧瓶、蒸发皿加热

蒸发液体或加热量较大时可选用烧杯、烧瓶或蒸发皿。用玻璃器皿加热液体时，不可用明火直接加热，应将器皿放在石棉网上加热(图 1-12)，否则易因受热不均而破裂。使用烧杯和蒸发皿加热时，为了防止爆沸，在加热过程中要适当加以搅拌。加热时，烧杯中的液体量不应超过烧杯容积的 1/2。

蒸发、浓缩与结晶是物质制备实验中常用的操作之一，通过此步操作可将产品从溶液中提取出来。由于蒸发皿具有大的蒸发表面，有利于液体的蒸发，所以蒸发浓缩通常在蒸发皿中进行。蒸发皿中的盛液量不应超过其容积的 2/3。加热方式可视被加热物质的性质而定。对热稳定的无机物，可以用灯直接加热(应先均匀预热)，一般情况下采用水浴加热。加热时应注意不要使瓷蒸发皿骤冷，以免炸裂。

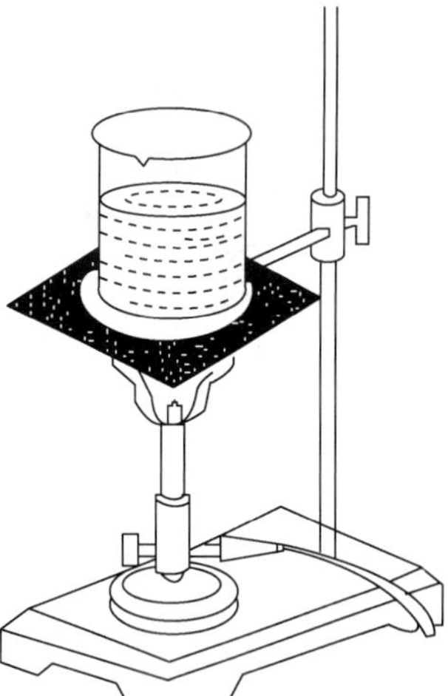

图 1-12　加热烧杯中的液体

(3) 坩埚加热

高温灼烧或熔融固体使用的仪器是坩埚。灼烧是指将固体物质加热到高温以达到脱水、分解或除去挥发性杂质、烧去有机物等目的的操作。实验室常用的坩埚有：瓷坩埚、氧化铝坩埚、金属坩埚等。选用何种材料的坩埚则视需灼烧物料的性质及需要加热的温度而定。

加热时，将坩埚置于泥三角上，直接用煤气灯灼烧(图 1-13)。先用小火将坩埚均匀预热，然后加大火焰灼烧坩埚底部，根据实验要求控制灼烧温度和时间。夹取高温下的坩埚时，必须使用干净的坩埚钳，坩埚钳使用前先在火焰上预热一下，再去夹取。灼热的瓷坩埚及氧化铝坩埚绝对不能与水接触，以免爆裂。坩埚钳使用后应使尖端朝上(图 1-14)放在桌子上，以保证坩埚钳尖端洁净。用煤气灯灼烧可获得 700～900℃ 的高温，若需更高温度可使用马弗炉或电炉。

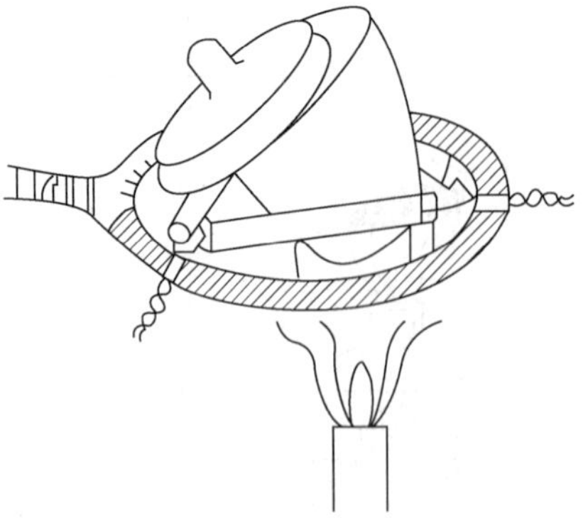

图 1-13　灼烧坩埚

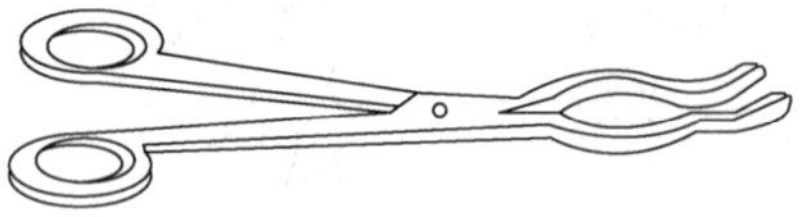

图 1-14　坩埚钳的放法

1-11　天平的使用与称量方法

(1) 托盘天平的使用方法

托盘天平(又叫台秤)常用于一般称量，一般能称准到 0.1g，用于对精度要求不高的称量或精密称量前的粗称。

① 构造：如图 1-15 所示，由横梁、托盘、指针、刻度盘、游码标尺、游码、平衡调节螺丝、天平底座组成。

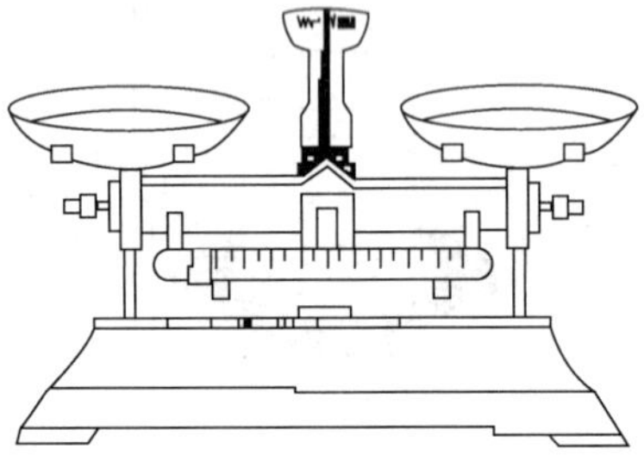

图 1-15　托盘天平

② 称量：称量物品前，要先调整台秤零点。将台秤游码拨到标尺“0”处，检查台秤指针是否停在刻度盘中间位置，若不在中间，可调节托盘下面的平衡调节螺丝。当指针在中心线左右摆动大致相等时，则台秤处于平衡状态，停摇时，指针即可停在刻度盘中间。该位置即为台秤的零点。零点调好后方可称量物品。

称量时，左盘放被称物品，右盘放砝码(10g 或 5g 以下的质量，可用游码)，用游码调节至指针正好停在刻度盘中间位置，此时台秤处于平衡状态，指针所停位置称为停点(零点与停点之间允许偏差 1 小格以内)，右盘上的砝码的质量与游码上的读数之和即为被称物的质量。

注意事项：

a. 不能称量热的物品。

b. 被称量物品不能直接放在台秤盘上，应放在称量纸、表面皿或其他容器中。

c. 吸湿性强或有腐蚀性的药品(如氢氧化钠)必须放在玻璃容器中快速称量。

d. 必须用镊子夹取砝码，砝码只能放在台秤盘(大的放在中间、小的放在大的周围)和砝码盒里，称量完毕立即将砝码放回砝码盒内，将游码拨到“0”位处，把托盘放在一侧或用橡皮圈将横梁固定，以免台秤摆动。

e. 保持台秤的整洁，托盘上不慎撒入药品或其他脏物时，应立即将其清除、擦净后，方能继续使用。

(2) 电子天平的使用方法

电子天平是定量分析中不可缺少的精密称量工具，如图 1-16 所示。电子天平的型号和规格有很多，按其精度可分为普通天平（0.1～1g）、精密天平（1mg）、分析天平（0.1mg）、半微量天平（0.01mg）、微量天平（0.001mg）。常用的操作键有：开关（I/O）、清除键（CF）、校准/调整键（CAL）、除皮/调零键（TARE）。

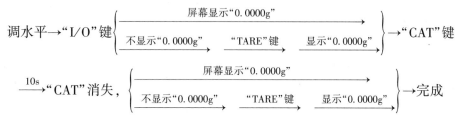

图 1-16　电子天平

① 电子天平使用方法（以电子分析天平为例）：

a. 水平调节：观察水平仪看是否在水平状态，如不在，调节前面两个水平支脚使其达到水平状态。

b. 开机、预热：接通电源，屏幕右上角应显现“0”，预热 30min 后才能正常使用。

c. 调零：按下开关（I/O 键），屏幕出现“0.0000g”，若非此值，按一下“TARE”键，天平进行自动调零，直到“0.0000g”稳定显示。

d. 称量：将被称物品轻轻放在秤盘中央位置上，此时屏幕计数在不断变化（数字没有单位），当数字稳定并出现单位“g”后，即可记录称量结果。取出被称物，屏幕恢复到“0.0000g”，此时可进行下一个物品的称量。

使用电子天平的除皮功能（“TARE”键），可使称量过程更快捷。

② 称量方法：

a. 直接法称量：将盛样器皿（可以是称量纸）放在秤盘上，待屏幕数字稳定后（可以不记录器皿的质量），按一下“TARE”键，此时数据显示为“0.0000g”，去皮工作完成。然后往盛样器皿中添加样品，当所加试样与指定的质量相差不到 10mg 时，小心地将药勺伸向盛样器皿中心上方约 2～3cm 处，勺柄端顶在掌心，拇指、中指握勺柄，以食指轻弹勺柄将试样慢慢抖入盛样器皿，直至屏幕数字显示与指定质量相等，称量完成。

b. 差减法称量：用于不需要固定某一质量，只需确定称量的范围的样品。先称（称量瓶+试样）质量，按一下“TARE”键除皮，此时数据显示为“0.0000g”，然后取出称量瓶向盛样器皿中敲出一定样品，再将称量瓶放在天平上称量，屏幕显示的质量（负值）就是取出样品的质量。当显示的质量（负值）达到要求，即可记录称量结果。若所需试样不止一份，则再按一下“TARE”键重新使屏幕显示为零，重复上述操作可称得第二份试样。

称量完毕，若不久还要继续使用天平，则按一下开关（I/O 键），天平处于待命状态，屏幕数字消失，左下角出现“0”。再称量时按一下（I/O 键）即可使用。若不再用天平，则应按下（I/O 键）并拔下电源，盖上防尘罩。

③ 注意事项：

a. 如果天平长期没有使用，或者天平位置发生变动时，应对天平进行校准。其校准程序是：

调水平→“I/O”键 { 屏幕显示“0.0000g”→ ； 不显示“0.0000g”→ “TARE”键 → 显示“0.0000g”→ } →“CAT”键

$\xrightarrow{10s}$“CAT”消失，{ 屏幕显示“0.0000g”→ ； 不显示“0.0000g”→ “TARE”键 → 显示“0.0000g”→ } →完成

b. 经校准的天平不得发生位移，要求在取放物品、开关门时动作要轻缓，称量时应关闭天平门。

c. 不能直接将药品放在秤盘上称量！对易潮解、易氧化或易与二氧化碳发生反应的样品，应储存在称量瓶中密封，并用差减法进行称量。

d. 在添加（直接法）或抖出（差减法）样品时，应谨慎小心，切勿将样品洒落在盛样器皿之外的地方。

1–12 液体的量取仪器及使用方法

（1）量筒

用于粗略量取一定体积液体的仪器（图 1–17）。使用量筒来量取液体时，首先要选用与所量取液体体积接近的量筒。如果取 15mL 的稀酸，应选用 20mL 的量筒，但不能用 50mL 或 100mL 的量筒，否则造成误差过大。其次是量筒的正确读数方法，应将量筒平放，使视面与液体的凹液面最低处保持水平（图 1–18）。量筒不能加热，不能量取温度高的液体，也不能作为化学反应和配制溶液的仪器。

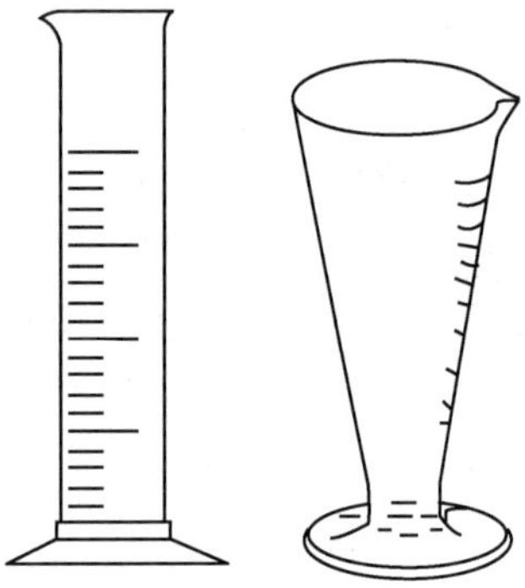

图 1–17　量筒和量杯

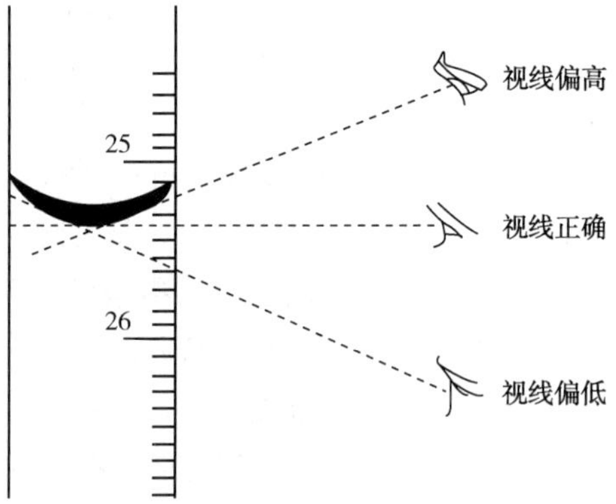

图 1–18　正确的读数位置

（2）移液管和吸量管

移液管和吸量管是用于准确移取一定体积液体的量出式玻璃量器。中间有一膨大部分的管颈，上部刻有一条标线的是移液管，俗称胖肚吸管，管中流出溶液的体积与管上所标明的体积相同；内径均匀，管上有分刻度的是吸量管，也称刻度吸管，吸量管一般只用于取小体积的溶液。因管上带有分度，可用来吸取不同体积的溶液，但准确度不如移液管。移液管和吸量管的使用方法如下：

使用前用少量洗液润洗后，依次用自来水、蒸馏水润洗几次，洗净的移液管和吸量管整个内壁和下部的外壁不挂水珠。再用滤纸将管尖内外的水吸去，然后用少量移取液润洗 2~3 次，以免溶液被稀释。润洗后，即可移液。

移液操作：用移液管移取溶液时，右手拇指及中指拿住管颈标线以上部位（图 1–19），将移液管下端垂直插入液面下 1~2cm 处，插入太深，外壁黏带溶液过多；插入太浅，液面下降时易吸空。左手持洗耳球，捏扁洗耳球挤出空气并将其下端尖嘴插入吸管上端口内，然后逐渐松开洗耳球吸上溶液，眼睛注意液体上升，随着容器中液面的下降，移液管逐渐下移。当溶液上升至管内标线以上时，拿去洗耳球，迅速用右手食指紧按管口。将移液管离开液面，靠在器壁上，稍微放松食指，同时轻轻转动移液管，使液面缓慢下降，当液面与标线相切时，立即按紧食指使溶液不再流出。将吸取了溶液的移液管插入准备接受溶液的容器中，将接收容器倾斜而移液管直立，使容器内壁紧贴移液管尖端管口，并呈45°左右。放开食指让溶液自然顺壁流下(图1-20)，待溶液流尽后再停靠约15s，取出移液管。最后尖嘴内余下的少量溶液，不必吹入接收器中，因在制管时已考虑到这部分残留液体所占体积。

注意：有的吸管标有“吹”字，则一定要将尖嘴内余下的少量溶液吹入接收容器中。

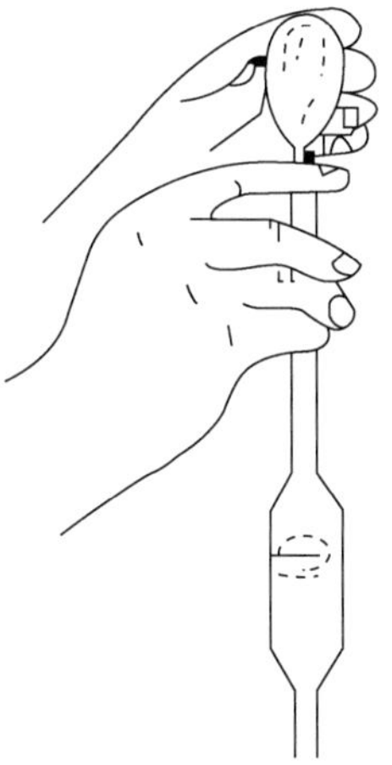

图1-19　移液管吸液

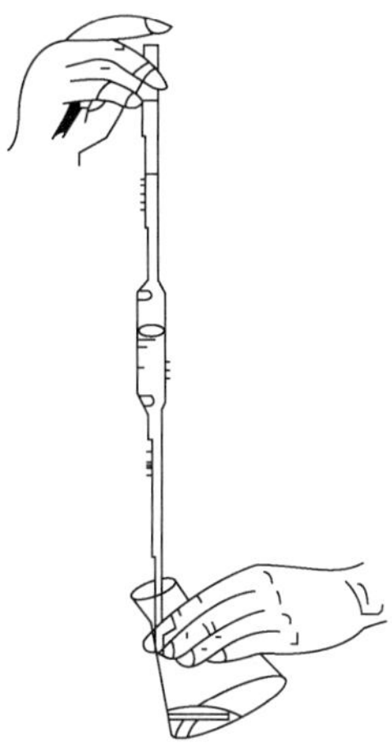

图1-20　移液管放液

用洗液洗涤的方法如下：右手手指拿住移液管标线上部，插入洗液，左手捏出洗耳球内空气，并以洗耳球嘴顶住移液管上口，借球内负压将洗液吸至移液管球部约1/4处，用右手食指按住管口，取出吸管，将其横过来，左右两手分别拿住移液管上下端，慢慢转动移液管，使洗液布满全管，然后将洗液倒回原瓶。

(3) 容量瓶

容量瓶是一种细颈梨形的平底瓶(图1-21)，配有磨口玻璃塞或塑料塞，容量瓶上标明使用的温度和容积，瓶颈上有刻度线，是一种量入式的量器，主要用来配制准确浓度的溶液。

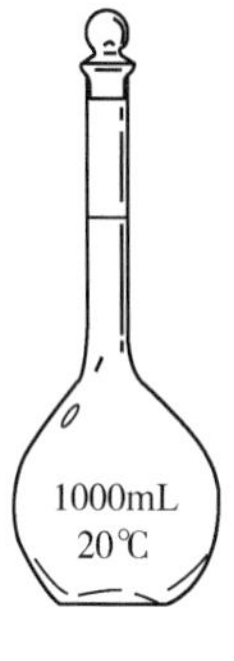

图1-21　容量瓶

容量瓶在使用前应检查是否漏水，如漏水则不能使用。检查方法是：将水装至标线附近，盖好塞子，右手食指按住瓶盖，左手握住瓶底(图1-22)，将瓶倒置倒立2min，观察瓶塞周围有无漏水现象。如不漏水，将瓶直立，转动瓶塞180°后再试一次。不漏水，方可使用。容量瓶的塞子是配套使用的，为避免塞子打破或遗失，应用橡皮筋把塞子系在瓶颈上(图1-23)。

用容量瓶配制溶液时，如是固体物质，应先将已准确称量的固体在烧杯内溶解，再将溶液转移到容量瓶中，转移溶液时用玻璃棒引流。用少量蒸馏水冲洗烧杯和玻璃棒几次，冲洗液也转入容量瓶中。然后慢慢往容量瓶中加入蒸馏水至容量瓶3/4左右容积时，将容量瓶沿水平方向摇转几圈，使溶液初步混匀。继续加水至标线下约1cm处，稍停待附在瓶颈上的水充分流下后，仔细地用滴管或洗瓶加水至弯月面的最下沿与标线相切(小心操作，切勿过标线），塞好塞子，将容量瓶倒置摇动（图 1-24），重复几次，使溶液混合均匀。如固体是经加热溶解的，溶液冷却后才能转入容量瓶内。如果是用已知准确浓度的浓溶液稀释成准确浓度的稀溶液，可用移液管吸取一定体积的浓溶液于容量瓶中，然后按上述操作方法加水稀释至标线。

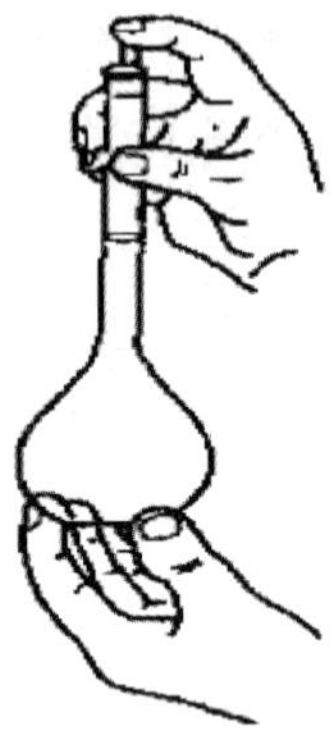

图 1-22　容量瓶的拿法

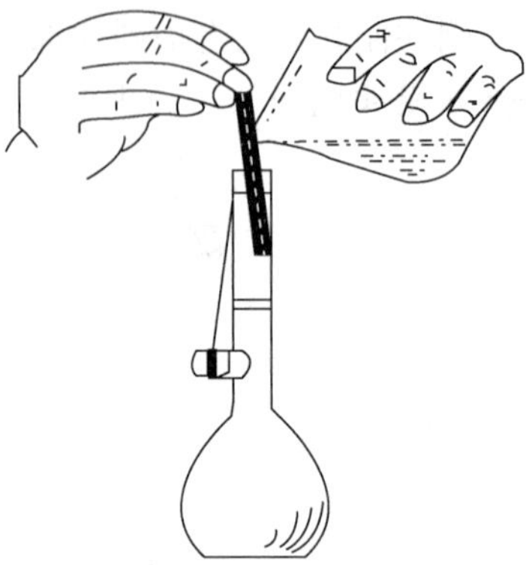

图 1-23　溶液移入容量瓶

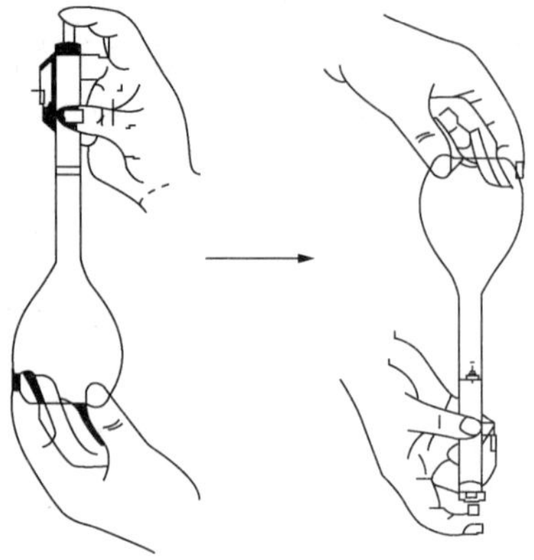

图 1-24　振荡容量瓶

不宜在容量瓶内长期存放溶液（尤其是碱性溶液）。配好的溶液如需保存，应转移到试剂瓶中，该试剂瓶预先应经过干燥或用少量该溶液淌洗 2~3 次。容量瓶用毕后应立即用水冲洗干净。如长期不用，磨口处应洗净擦干，并用纸片将磨口隔开。温度对量器的容积有影响，使用时要注意溶液的温度、室温以及量器本身的温度。容量瓶不得在烘箱中烘烤，也不能用其他任何方法进行加热。

（4）滴定管

滴定管是滴定操作中用来准确测量流出操作溶液体积的量器（量出式仪器），如图 1-25 所示。

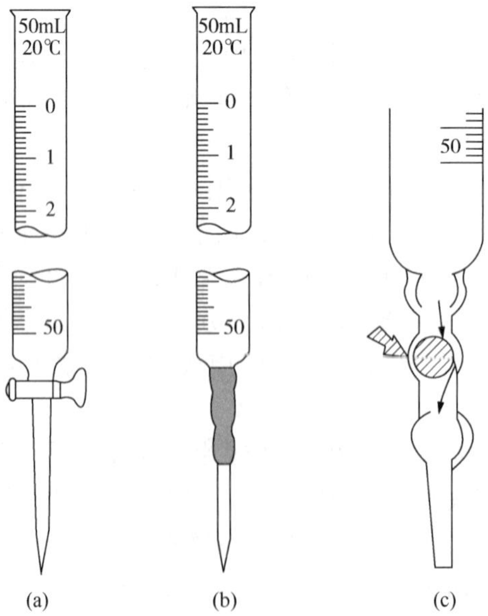

图 1-25　滴定管

① 类型：

按容积分(mL)：50、25、10、5、2、1。

按用途分：酸式滴定管(装酸性和氧化性溶液)、碱式滴定管(装碱性溶液)。

按颜色分：无色、棕色(装见光易分解的溶液)。

② 使用方法：

a. 准备：包括检漏和洗涤。

检漏：酸式滴定管的检漏主要检查旋塞是否配套，旋塞是否已涂油脂，有无漏液等；碱式滴定管的检漏主要检查乳胶管和玻璃球是否完好。

洗涤：根据沾污程度选用不同的清洗剂。程序为：清洗剂(5~10mL)浸泡→自来水冲洗→蒸馏水润洗(2~3 次，每次 5~10mL)→待装溶液润洗(2~3 次，每次 3~5mL)。注意不要漏洗旋塞(或玻璃球塞)以下的部位。

b. 装液与排气。

装液：将待装液摇匀，用左手前三指持滴定管上部无刻度处，右手拿细口瓶直接将待装液注入滴定管，直至液面到 0 刻度以上(不得借助烧杯或漏斗来移)。

排气：检查滴定管的出口管是否充满溶液。酸式滴定管的排气方法是：准备好烧杯承接流出液，左手迅速打开旋塞使溶液把气泡冲出；碱式滴定管的排气方法是：左手的拇指和食指拿住玻璃球部位并使胶管向上弯曲，在往上倾斜的出口管(尖嘴)下用烧杯准备承接溶液，然后左手的拇指和食指在玻璃球球心(或稍偏上)的部位往一旁轻轻捏乳胶管使溶液把气泡排出(不能在玻璃球心偏下部位挤捏，否则松开手后会从管口吸入气体，造成体积误差)。

c. 滴定管读数注意事项。

初读数应在刻度“0”附近，终读数的最大值一般要比滴定管容积小 0.5~1mL，以免超过滴定管的最大容积。

装入或放出溶液后，必须等 1~2min 后再读数。每次读数前应检查管内壁是否挂水珠，管尖是否有气泡。

读数时应垂直放置滴定管，对无色或浅色溶液，应读取弯月面下缘最低点(视线与弯月面相切的平面平齐)；对深色溶液，可读取液面最高面(壁缘线)。若滴定管的刻度是乳白板蓝线衬背的，则当取蓝线上下两尖端相对点的位置读数。不管采用何种方法，初读数和终读数要用同一标准。

初读数前应清除管尖悬挂的溶液，滴定至终点时应立即关闭，两个读数之间不能出现漏液现象。

d. 滴定管的操作。

滴定管的位置：把干净的锥形瓶放在实验台面(或白瓷板)上，用滴定架安装滴定管，使滴定管刻度面向实验者，滴定管的尖嘴比锥形瓶高 1~2cm。操作时锥形瓶底离瓷板 2~3cm，滴定管尖嘴伸入瓶口约 1cm。

操作：左滴右摇。使用酸式滴定管时，左手用前三个手指控制旋塞，让溶液逐滴滴下，右手握住锥形瓶瓶颈，以滴定管口为圆心做圆周运动摇匀混合液。滴定速度开始时可稍快些，接近终点(局部出现指示剂颜色转变)时，每加一滴都要充分摇动，并注意液滴落点周围颜色的变化，最后采用半滴半滴地加入。半滴加入法：即微微旋动旋塞，使溶液悬挂在出水管嘴上，形成半滴，用锥形瓶内壁将其沾落，再用少量蒸馏水将液滴洗入溶液中。

滴定结束，应将滴定管的溶液弃去，随即洗净滴定管，倒挂在滴定管架台上。

1-13 化学试剂的规格和取用

(1) 化学试剂的规格

化学试剂按其纯度(杂质含量的高低)分为四种等级，具体的分类及用途见表 1-4。

表 1-4 我国常见化学试剂等级的划分

标准分类	优级纯(GR)	分析纯(AR)	化学纯(CP)	实验试剂(LR)
试剂等级	一级品	二级品	三级品	四级品
标签颜色	绿色	红色	蓝色	黄色
用途	痕量分析 和科学研究	一般定性、定量 分析用	工业分析和 一般化学实验	一般化学实验 辅助试剂

化学试剂除上述几个等级试剂外，还有基准试剂、光谱纯试剂及超纯试剂等。基准试剂相当或高于优级纯试剂，主要用作滴定分析的基准物质，用以确定未知溶液的准确浓度或直接配制成标准溶液，其主成分含量一般在 99. 95%～100. 0%之间，杂质总量不超过 0. 05%。光谱纯试剂主要用于光谱分析中作标准物质，其杂质用光谱分析法测不出或杂质低于某一限度，纯度在 99. 99%以上。超纯试剂又称高纯试剂，是用一些特殊设备如石英、铂器皿生产的，属于专用试剂，在特殊分析中使用。

因不同规格的试剂其价格相差很大，选用时注意节约，防止超量使用造成浪费。若能达到应有的实验效果，尽量常用级别较低的试剂。

(2) 化学试剂的取用

① 固体粉末试剂的取用：

a. 固体粉末试剂要用干净的药匙取用。一般药匙两端分别为大小两个匙，可根据用量多少选用。用过的药匙必须洗净晾干后才能再使用，以免沾污试剂。

b. 要取一定量的固体试剂时，可把固体试剂放在滤纸、表面皿上在台秤上称量。

c. 若实验中无规定剂量时，所取试剂量以刚能盖满试管底部为宜。

d. 取用试剂时，瓶盖要倒置实验台上，以免污染。试剂取用后，立即盖紧瓶盖，避免盖错。

e. 取药时不要超过指定用量。多取的试剂，不能倒回原瓶，可放在指定容器中供他人使用。

f. 在定量分析需准确称量时，则用称量瓶在电子天平(或分析天平)上采用“减量法”或“增量法”进行称量。

g. 有毒药品、特殊试剂要在教师指导下取用，或严格遵照规则取用。

② 液体试剂的取用：

a. 从滴瓶中取用试剂时，先提起滴管至液面以上，再按捏胶头排去滴管内空气，然后伸入滴瓶液体中，放松胶头吸入试剂，再提起滴管，按握胶头将试剂滴入容器中。取用试剂时滴管必须保持垂直，不得倾斜或倒立。滴加试剂时滴管应在盛接容器的正上方，不得将滴管伸入容器中触及盛接容器器壁，以免污染(图 1-26)。滴管放回原滴瓶时不要放错。不允许用其自带的滴管到滴瓶中取用试剂。

b. 从细口瓶中取用试剂时，先将瓶塞取下，反放在实验台面上，然后将贴有标签的一面向着手心，逐渐倾斜瓶子，瓶口紧靠盛接容器的边缘或沿着洁净的玻璃棒，慢慢倾倒至所需的体积(图 1-27)。最后把瓶口剩余的一滴试剂“碰”到容器中去，以免液滴沿着瓶子外壁流下。注意不要盖错瓶盖。若用滴管从细口瓶中取用少量液体，则滴管一定要洁净、干燥。

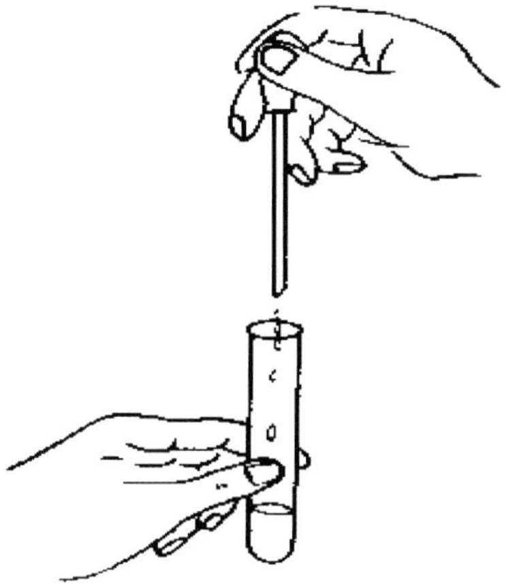

图 1-26　用滴管加少量液体的操作

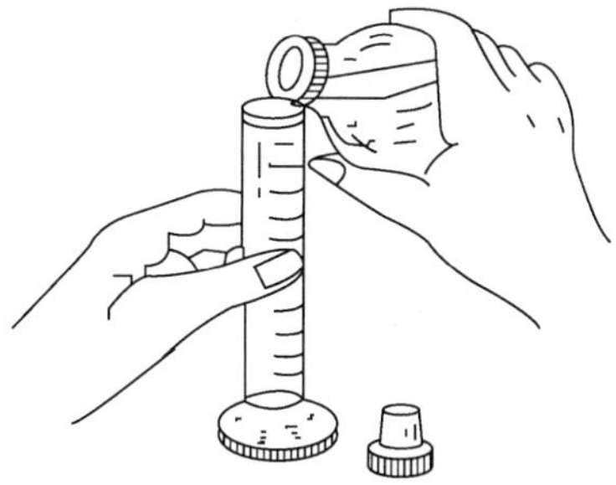

图 1-27　从试剂瓶中倒取液体的操作

c. 准确量取液体试剂时，可用量筒、移液管或滴定管，多取的试剂不能倒回原瓶，可倒入指定容器。

量筒的容量有：5mL、10mL、50mL、500mL 等数种，使用时要把量取的液体注入量筒中，使视线与量筒内液体凹面的最低处保持水平，然后读出量筒上的刻度，即得液体的体积。如需少量液体试剂时，则可用滴管取用，取用时应注意不要将滴管碰到或插入接收容器的壁上或里面。定量分析时，由于量筒精度不够，宜采用移液管量取所需体积。

实验室中试剂的存放，一般都按照一定的次序和位置，不要随意变动。试剂取用后，应立即放回原处。

(3) 试纸的种类、用途和使用

① 试纸的种类及用途：

a. 石蕊试纸(红、蓝)：定性检验溶液或气体的酸碱性；

b. pH 试纸：定量(粗测)检验溶液的酸碱性强弱；

c. 品红试纸：检验 SO_2 等有漂白性的气体或水溶液；

d. KI 淀粉试纸：检测 Cl_2 等有氧化性的物质；

e. 醋酸铅试纸：检验 H_2S 气体和水溶液以及可溶性硫化物的水溶液。

② 使用方法：

a. 检验溶液：将一小块试纸放在表面皿或玻璃片上，用沾有待测溶液的玻璃棒点在试纸上，观测试纸颜色变化。pH 试纸变色后与标准比色卡对照。

b. 检验气体：一般先用蒸馏水把试剂湿润，将之粘贴在玻璃棒的一端，置于待检气体出口(或管口、瓶口)处，观察试纸的颜色变化，并判断气体属性。

c. 注意事项：

· 试纸不可伸入或投入溶液中，也不能与容器口接触。

· 测溶液的 pH 时，pH 试纸决不能润湿。

· 观察或对比试纸的颜色应快，否则空气中的某些成分会影响其颜色，干扰判断。

1-14　固体与液体的分离及结晶操作

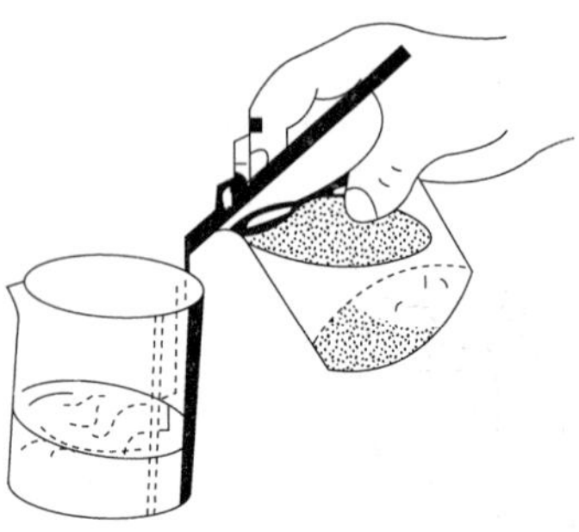

图 1-28　倾析法

(1) 倾析法

当沉淀的相对密度较大或结晶的颗粒较大，静止后能很快沉降至容器底部时，可用倾析法将沉淀上部的溶液倾入另一容器中而使沉淀与溶液分离，操作如图 1-28 所示。如需洗涤沉淀时，向盛沉淀的容器内加入少量水或洗涤液，将沉淀搅动均匀，待沉淀沉降到容器的底部后，再用倾析法分离。反复操作两三次，即能将沉淀洗净。要把沉淀转移到滤纸上，可先用洗涤液将沉淀搅起，将悬浮液倾倒在滤纸上，这样大部分沉淀就可从烧杯中移走，然后用洗瓶中的水冲下杯壁和玻棒上的沉淀，再行转移。

(2) 过滤法

过滤法是固液分离较常用的方法之一。溶液和沉淀的混合物通过过滤器(如滤纸)时，沉淀留在过滤器上，溶液则通过过滤器，过滤后所得的溶液叫作滤液。溶液的黏度、温度、过滤时的压力及沉淀物的性质、状态、过滤器孔径大小都会影响过滤速度。溶液的黏度越大，过滤越慢，热溶液比冷溶液容易过滤，减压过滤比常压过滤快。如果沉淀呈胶体状态时，易穿过一般过滤器(滤纸)，应先设法将胶体破坏(如用加热法)。常用的过滤方法有常压过滤、减压过滤和热过滤三种。

① 常压过滤。使用玻璃漏斗和滤纸进行过滤(图 1-29)。滤纸按用途分定性、定量两种；按滤纸的空隙大小，又分“快速”“中速”“慢速”三种。过滤时，把一圆形或方形滤纸对折两次成扇形(方形滤纸需剪成扇形)，展开使之呈锥形，恰能与 60°角的漏斗相密合。

如果漏斗的角度大于或小于 60°，应适当改变滤纸折成的角度，使之与漏斗相密合。滤纸边缘应略低于漏斗边缘，然后在三层滤纸的那边将外两层撕去一小角，用食指把滤纸按在漏斗内壁上，用少量蒸馏水润湿滤纸，再用玻璃棒轻压滤纸四周，赶走滤纸与漏斗壁间的气泡，使滤纸紧贴在漏斗壁上(图 1-30)。过滤时，漏斗要放在漏斗架上，并使漏斗管的末端紧靠接收器内壁。先倾倒溶液，后转移沉淀，转移时应使用玻棒，应使玻棒接触三层滤纸处，漏斗中的液面应低于滤纸边缘，如果沉淀需要洗涤，应待溶液转移完毕，再将少量洗涤液倒入沉淀上，然后用玻璃棒充分搅动，静止放置一段时间，待沉淀下沉后，将上清液倒入漏斗。洗涤 2~3 遍，最后把沉淀转移到滤纸上。

② 减压过滤(简称“抽滤”)。减压过滤可缩短过滤时间，并可把沉淀抽得比较干燥，但它不适用于胶状沉淀和颗粒太细的沉淀的过滤。利用水泵中急速的水流不断将空气带走，从而使吸滤瓶内的压力减小，在布氏漏斗内的液面与吸滤瓶之间造成一个压力差，提高了过滤的速度。在连接水泵的橡皮管和吸滤瓶之间安装一个安全瓶，如图 1-31 所示，用以防止因关闭水阀或水泵后流速的改变引起水泵水倒吸入吸滤瓶将滤液沾污。在停止过滤时，应先从吸滤瓶上拔掉橡皮管，然后才关闭水泵，以防止水泵水倒吸入瓶内。抽滤用的滤纸应比布氏漏斗的内径略小，但又能把瓷孔全部盖没。将滤纸放入并润湿后，慢慢打开水泵开关，先稍微抽气使滤纸紧贴，然后用玻璃棒往漏斗内转移溶液，注意加入的溶液不要超过漏斗容积的

三分之二。打开水泵开关，等溶液抽完后再转移沉淀。继续减压抽滤，直至沉淀抽干。滤毕，先拔掉橡皮管，再关水泵开关。用玻璃棒轻轻揭起滤纸边缘，取出滤纸和沉淀，滤液则由吸滤瓶的上口倾出。洗涤沉淀时，应关水泵开关或暂停抽滤，加入洗涤剂使其与沉淀充分接触后，再打开水泵开关将沉淀抽干。

图 1-29　常压过滤

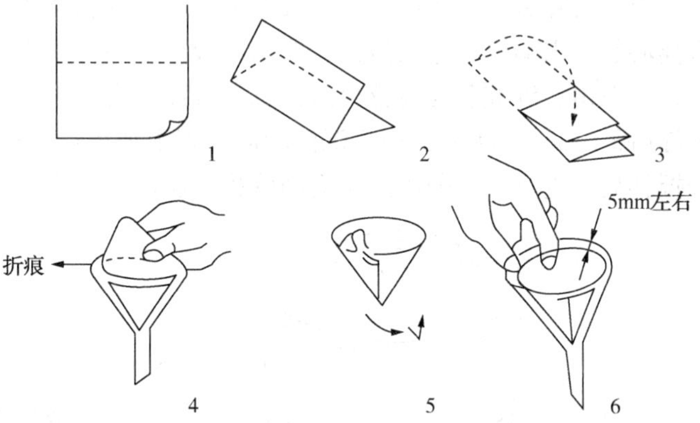

图 1-30　滤纸的折叠

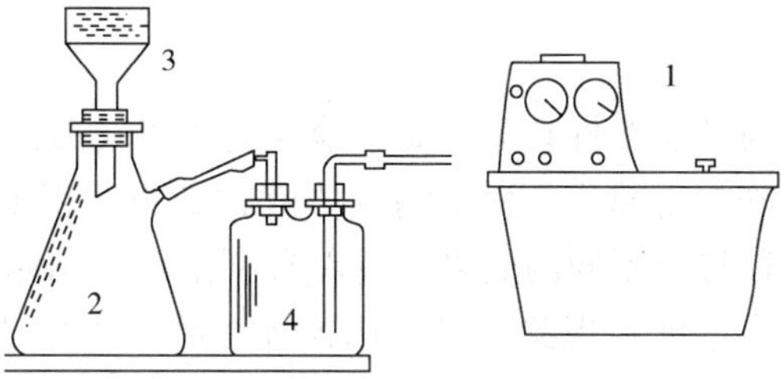

图 1-31　减压抽滤装置

1—水泵；2—抽滤瓶；3—布氏漏斗；4—安全瓶

有些浓的强酸、强碱和强氧化性溶液，过滤时不能用滤纸，可用石棉纤维来代替，也可用玻璃砂漏斗，这种漏斗是玻璃质的，可以根据沉淀颗粒的不同选用不同规格，这种漏斗不适用于强碱性溶液的过滤，因为强碱会腐蚀玻璃。

③ 热过滤。当溶质的溶解度对温度极为敏感易结晶析出时，可用热滤漏斗过滤(热过滤)。把玻璃漏斗放在金属制成的外套中，底部用橡皮塞连接并密封，夹套内充水至约三分之二处，灯焰放在夹套支管处加热，如图 1-32 所示。这种热滤漏斗的优点是能够使待滤液一直保持或接近其沸点，尤其适用于滤去热溶液中的脱色炭等细小颗粒的杂质。缺点是过滤速度慢。

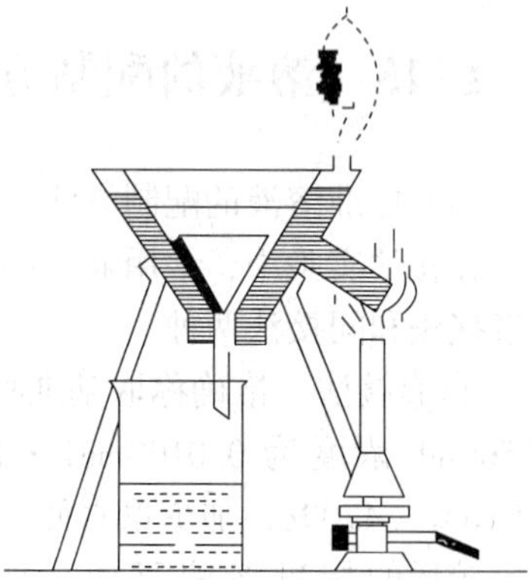

图 1-32　热过滤

(3) 离心分离

溶液和被分离的沉淀量都很少时，使用一般的方法过滤后，沉淀会粘在滤纸上，难以取下，这时可以用离心分离。离心分离可用电动离心机(固体颗粒较大，图 1-33)和高速离心机(固体颗粒小)。

使用离心机时，要在对称位置上放置质量相近的离心试管，以保持离心机平衡。如果只有一个试样，则在对称的位置上放一个离心试管，管内装等量的水。电动离心机转速极快，要注意安全。放好离心管后，盖好盖子。先慢速后加速，停止时应逐步减速，最后任其自行停下，决不能用手强制停止。

离心沉降后，要将沉淀和溶液分离时，左手斜持离心管，右手拿毛细滴管，把毛细管伸入离心管，末端恰好进入液面，取出清液。在毛细管末端接近沉淀时，要特别小心，以免沉淀也被取出，沉淀和溶液分离后，沉淀表面仍含有少量溶液，必须经过洗涤才能得到纯净的沉淀(图 1-34)。为此，往盛沉淀的离心管中加入适量的蒸馏水或洗涤用的溶液，用玻棒充分搅拌后，进行离心分离。用毛细管将上层清液取出，再用上述方法操作 2~3 遍。

图 1-33 电动离心机

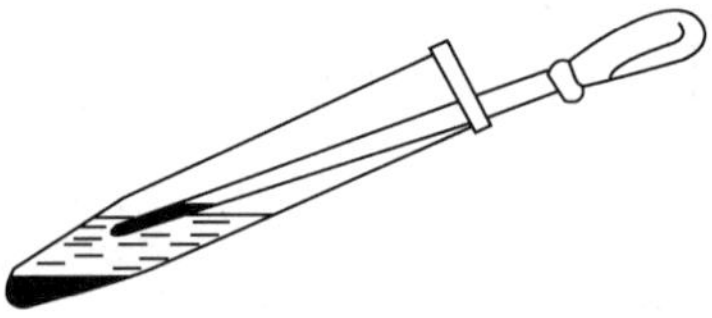

图 1-34 离心分离

(4) 结晶与重结晶

析出晶体的颗粒大小与结晶条件有关。如果溶液的浓度较高，溶质在水中的溶解度是随温度下降而显著减小的，冷却得越快，析出的晶体就越细小，否则就得到较大颗粒的结晶。搅拌溶液和静止溶液，可以得到不同的效果，前者有利于细小晶体的生成，后者有利于大晶体的生成。若溶液容易发生过饱和现象，可以用搅拌、摩擦器壁或投入几粒小晶体(晶种)等办法，使其形成结晶中心而结晶析出。

如果第一次结晶所得物质的纯度不合要求，可进行重结晶。其方法是在加热情况下使纯化的物质溶于一定量的水中，形成饱和溶液，趁热过滤，除去不溶性杂质，然后使滤液冷却，被纯化物质即结晶析出，而杂质则留在母液中，过滤便得到较纯净的物质。若一次重结晶达不到要求，可再次结晶。重结晶是使不纯物质通过重新结晶而获得纯化的过程，它是提纯固体物质常用的重要方法之一，适用于溶解度随温度有显著变化的化合物。

1-15 溶液的配制方法

(1) 标准溶液的配制方法

在化学实验中，常用 $mol \cdot L^{-1}$或 $mol \cdot dm^{-3}$表示标准溶液的浓度。溶液的配制方法主要分直接法和间接法两种。

① 直接法。准确称取基准物质，溶解后定容即成为准确浓度的标准溶液。例如，需配制 500mL 浓度为 $0.0100mol \cdot L^{-1}$ $K_2Cr_2O_7$ 溶液时，应在分析天平上准确称取基准物质 $K_2Cr_2O_7$ 1.4709g，加少量水使之溶解，定量转入 500mL 容量瓶中，加水稀释至刻度。

较稀的标准溶液可由较浓的标准溶液稀释而成，例如，光度分析中需用 $1.79 \times 10^{-3} mol \cdot L^{-1}$标准铁溶液。计算得知须准确称取 10mg 纯金属铁，但因称量质量太小使称量误差大。因此常常采用先配制储备标准溶液，然后再稀释至所需要浓度的方法：可准确称取高纯(99.99%)金属铁1.0000g放入小烧杯中，加入约30mL浓盐酸使之溶解，定量转入1L容量瓶中，用1mol·L^{-1}盐酸稀释至刻度。此标准溶液铁离子浓度为1.79×10^{-2}mol·L^{-1}。移取此标准溶液10.00mL于100mL容量瓶中，用1mol·L^{-1}盐酸稀释至刻度，摇匀，此标准溶液铁离子浓度为1.79×10^{-3}mol·L^{-1}。由储备液配制成操作溶液时，原则上只稀释一次，必要时可稀释两次。稀释次数多则累积误差太大，影响分析结果的准确度。

② 间接法。不能直接配制成准确浓度的标准溶液，可先配制成溶液，然后进行标定。作滴定剂用的酸碱溶液，一般先配制成约0.1mol·L^{-1}浓度。由原装的酸碱配制溶液时，一般只要求准确到1~2位有效数字，故可用量筒量取液体或在台秤上称取固体试剂，加入的溶剂(如水)用量筒或量杯量取即可。但是在标定溶液的整个过程中，一切操作要求严格、准确。称量基准物质要求使用分析天平(称准至小数点后四位有效数字)。所要标定溶液的体积，如要参加浓度计算的都要用容量瓶、移液管、滴定管准确操作。

(2) 一般溶液的配制及保存方法

近年来，人们常采用1∶1(即1+1)、1∶2(即1+2)等体积比表示浓度。例如，配制1∶1 H_2SO_4溶液，可量取1体积浓H_2SO_4与1体积水混合均匀。

配制溶液时，应根据对溶液浓度准确度的要求，确定在哪一级天平上称量；记录时应记准至几位有效数字；配制好的溶液选择合适的容器保存。

根据需要，应该准确时就必须很严格；允许误差大些的就可以不那么严格。这些“量”的概念要很明确，否则就会导致错误。如配制0.1mol·L^{-1} $Na_2S_2O_3$溶液需在台秤上称25g固体试剂，如在分析天平上称取试剂，反而是不必要的。

配制及保存溶液时可遵循下列原则：

① 经常并大量用的溶液，可先配制浓度约大10倍的储备液，使用时取储备液稀释10倍即可。

② 能腐蚀玻璃的溶液不能盛放在玻璃瓶内，如含氟的盐(NaF、NH_4F、NH_4HF_2)、苛性碱等应保存在聚乙烯塑料瓶中。

③ 易挥发、易分解的试剂及溶液，应存放在棕色瓶中，密封好放在避光阴凉处。如I_2、$KMnO_4$、H_2O_2、$AgNO_3$、$H_2C_2O_4$、$Na_2S_2O_3$、$TiCl_3$、氨水、溴水、CCl_4、$CHCl_3$、丙酮、乙醚、乙醇等水溶液及有机溶剂。

④ 配制溶液时，要合理选择试剂的级别，不许超规格使用试剂，以免造成浪费。

⑤ 配制好的溶液盛装在试剂瓶中，应贴好标签，注明溶液的浓度、名称及配制日期。

1-16 PHS-3C型酸度计的使用方法

(1) 操作步骤

① 打开电源开关，按“pH/mV”按钮，使仪器进入pH值测量状态。

② 按“温度”按钮，调节温度到室温，然后按“确认”键，仪器确定溶液温度后回到pH测量状态。

③ 把pH混合电极插入pH=4.00(或pH=9.18)的标准缓冲溶液中。“斜率”键不用调节，默认为100%。按定位按钮调节pH值为4.00，然后按“确认”键，仪器进入pH测量状态，pH完成标定(注：一般情况下，24h内仪器不需再标定，按键不能再动)。

④ 测量pH值：把电极浸入被测溶液中，轻轻摇动使溶液均匀，稳定半分钟读数，在显

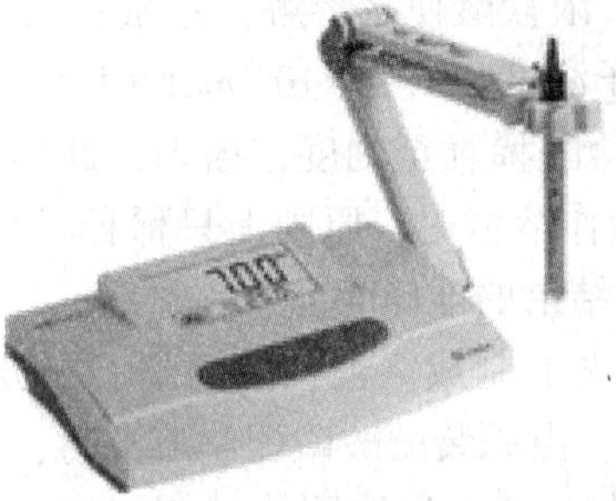

图 1-35　PHS-3C 型酸度计

示屏上读出溶液的 pH 值。

(2) 注意事项

① 电极在测量前必须用已知 pH 值的标准缓冲溶液进行定位校准。

② 取下电极保护套后，应避免电极的敏感玻璃泡与硬物接触。

③ 测量结束，及时将电极保护套套上，电极套内放少量 $3mol \cdot L^{-1}$ 氯化钾溶液，以保持电极球泡的湿润。

④ 电极有一定的使用寿命和保存期，如发现斜率下降或测量不稳定，应及时更换，以保证测量准确(图 1-35)。

1-17　电热式显微熔点测定仪的使用方法

(1) 操作步骤

① 对新购买的仪器，最好先用熔点标准药品进行测量标定。

② 对待测物进行干燥处理：把待测物品研细，用烘箱直接快速烘干(温度应控制在待测物品的熔点温度以下)。

③ 将热台放置在显微镜底座 ϕ100 孔上，并使放入盖玻片的端口位于右侧，以便于取放盖玻片及药品。将热台的电源线接入调压测温仪后侧的输出端，并将热电偶插入热台孔，将调压测温仪的电源线与 AC 220V 的电源相连。

④ 取两片盖玻片，用蘸有乙醚(或乙醚与酒精混合液)的脱脂棉擦拭干净。晾干后，取适量试样(不大于 0.1mg)放在一片载玻片上并使药品分布薄而匀，盖上另一载玻片，轻轻压实，然后放置在热台中心，盖上隔热玻璃。

⑤ 松开显微镜的升降手轮，上下调整显微镜，直到从目镜中能看到熔点热台中央的试样轮廓时锁紧该手轮；然后调节调焦手轮，直至能清晰地看到试样的像为止。

⑥ 打开调压测温仪的电源开关(注意：测试操作过程中，熔点热台属高温部件，一定要使用镊子夹持放入或取出熔点品，严禁用手触摸，以免烫伤!)。

⑦ 根据被测试样熔点的温度值，调控温度手钮 1 或 2(1—升温电压宽量调整；2—升温电压窄量调整，其电压变化可参考电压表的显示)，前段升温迅速、中段升温渐慢，后段升温平缓。具体方法如下：先将两调温手钮顺时针调到较大位置，使热台快速升温。当温度接近待测物质熔点温度以下 40℃左右时(中段)，将调温手钮逆时针调节至适当位置，使升温速度减慢。在被测物熔点值以下 10℃左右时(后段)，调整调温手钮控制升温速度约每分钟 1℃左右(注意：尤其是后段升温的控制对测量精度影响较大，在待测物熔点值以下 10℃左右，一定要将升温速度控制在大约每分钟 1℃)。

⑧ 观察试样的熔化过程，记录初熔和全熔时的温度值，用镊子取下隔热玻璃和盖玻片，即完成一次测试。如需重复测试，只需将散热器放在热台上，电压调为零或切断电源，使温度降至熔点值以下 40℃即可。

⑨ 对已知熔点的物质，可根据所测物质的熔点值及测温过程，适当调节调温旋钮，实现测量；对未知熔点物质，可先用较高电压快速粗测一次，找到物质熔点的大约值，在根据该值适当调整和精细控制测量过程，最后实现较精确测量。

⑩ 测试完毕，应及时切断电源，待热台冷却后，方可将仪器按规定装入包装。

用过的载玻片可用乙醇擦干净，以备下次使用(图 1-36)。

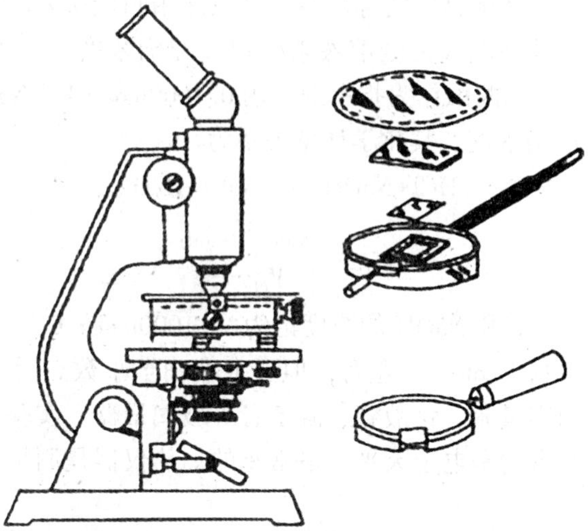

图 1-36　显微熔点测定仪

(2) 注意事项

① 用熔点测定仪测熔点时，取放盖玻片和隔热玻璃时，一定要用镊子夹持，严禁用手触摸，以免烫伤(因熔点热台属高温部件)。

② 控制升温速度，开始稍快，接近熔点时渐慢。

③ 样品要研细、混合均匀，使热量传导迅速均匀。

第二部分　实验内容

实验一　量器、称器的使用

1. 必备知识

① 预习认识和了解量筒、滴定管、移液管和容量瓶使用方法(见 1-12 液体的量取仪器及使用方法)。

② 预习托盘天平、电子天平的使用方法(见 1-11 天平的使用与称量方法)。

③ 预习常用的加热方法(见 1-9 常用的加热方法)。

④自学有效数字(见 1-6 有效数字)。

2. 实验目的

① 掌握量筒、滴定管、吸管、容量瓶等玻璃量器的使用。

② 了解酸碱滴定的原理并掌握酸碱滴定操作。

③ 学习托盘天平、电子天平等称量仪器的使用，掌握试样的称取方法。

④ 了解实验室的加热仪器，掌握常用的加热操作。

3. 实验原理

标准溶液是指浓度确切已知并可用来滴定的溶液。基准物质(基准试剂)可以直接用来配制标准溶液，除此之外，其他物质的标准溶液则只能用间接法来配制，即先配制近似于所需浓度的溶液，然后用基准物质或标准溶液来标定其准确浓度。如需要配制标准的 HCl 溶液($0.1000mol \cdot L^{-1}$)时，可以酚酞作为指示剂，用 $0.1000mol \cdot L^{-1}$ NaOH 标准溶液标定所配溶液，得到 HCl 溶液的准确浓度。其化学计量关系为

$$HCl+NaOH \xlongequal{} NaCl+H_2O$$

$$c_{(HCl)}=\frac{c_{(NaOH)}V_{(NaOH)}}{V_{(HCl)}}$$

这里需要说明的是，HCl 和 NaOH 的浓度记为"$0.1000mol \cdot L^{-1}$"，并非是它们的实际浓度，而是指它们的浓度在 $0.1mol \cdot L^{-1}$左右，但要求准确至小数点后四位数。标准溶液的配制和标定，常常需要用到容量瓶、移液管、滴定管等玻璃量器。实验室最常见的称量仪器是托盘天平，最方便而又精密的是电子天平。最常见的加热仪器是酒精灯和电热套。

4. 仪器及药品

仪器：25.00mL 滴定管(酸式、碱式或通用型)、10.00mL 移液管、100.00mL 容量瓶、锥形瓶、洗瓶、台秤(5 台)、电子分析天平(5 台)、表面皿、试管、烧杯、药勺、酒精灯、电热套、试管夹、称量瓶、100mL 小烧杯 1 个、硫酸纸。

药品：$1mol \cdot L^{-1}$ HCl 溶液、$0.1000mol \cdot L^{-1}$ NaOH 溶液、固体硫酸铜、$0.1mol \cdot L^{-1}$ $FeCl_3$ 溶液、1%酚酞溶液、固体草酸 $H_2C_2O_4 \cdot 2H_2O$。

5. 实验步骤

① 10.00mL 的吸管移取 10.00mL $1mol \cdot L^{-1}$ HCl 溶液于 100.00mL 容量瓶中，将其稀释为 $0.1mol \cdot L^{-1}$ HCl 溶液，然后以酚酞作为指示剂，用 $0.1000mol \cdot L^{-1}$ NaOH 标准溶液标定所配溶液，进而进推算出原盐酸溶液的准确浓度(保留四位有效数字)重复做 3 次。

② 用酒精灯加热试管中少量固体硫酸铜。

③ 用酒精灯加热试管中少量 $0.1mol \cdot L^{-1}$ $FeCl_3$ 溶液。

④ 托盘天平称量出一个表面皿的质量。

⑤ 电子天平的称量。

a. 直接法称量出表面皿的质量。先用天平称出硫酸纸质量记为 m_1，然后放上一个已用台秤(托盘天平)粗称过质量的表面皿，秤出其质量和硫酸纸质量之和 m_2，则表面皿的质量为 $m=m_2-m_1$。

b. 用差量法称取 3.00~3.20g 草酸($H_2C_2O_4 \cdot 2H_2O$)固体样品 3 份(保留到小数点后 4 位)。

先称出称量瓶和草酸的总重量。按一下"TARE"键除皮，此时数据显示为"0.0000g"，取出称量瓶。把称量瓶拿到干净的 100mL 烧杯上方，倾斜称量瓶，用称量瓶盖轻敲瓶口的上部，使草酸慢慢落入烧杯中，将称量瓶竖起，再用瓶盖轻敲瓶口下部，将附着在瓶口的草酸落入称量瓶。再将称量瓶放在天平上称量，屏幕显示的质量(负值)就是取出样品的质量。当显示的质量(负值)达到要求，即可记录称量结果。若所需试样不止一份，则再按一下"TARE"键重新使屏幕显示为零，重复上述操作可称得第二份试样、第三份试样。

注意：需戴手套操作，防止手上汗液沾到称量瓶外壁上。

6. 数据记录及处理

① 将 0. 1mol/L HCl 溶液的配置标定结果及溶液计算。填入表 1-5。

NaOH 标准溶液的浓度(c_2)为________mol/L。

表 1-5 HCl 溶液标定结果及溶液计算

编号	1	2	3
加入稀释后 HCl 溶液的体积 V_1/mL	20. 00	20. 00	20. 00
滴定至终点消耗 NaOH 标准溶液体积 V_2/mL			
稀释后 HCl 溶液的浓度($c_1=c_2V_2/V_1$)/mol · L^{-1}			
平均值 $c_{1,平}$/mol · L^{-1}			

通过实验求出稀释前 HCl 溶液的准确浓度

c_0=________mol/L(保留 4 位有效数字)。

② 表面皿的质量。托盘天平：________g；万分之一电子天平：________g。

③ 称取草酸 $H_2C_2O_4 \cdot 2H_2O$ 固体样品 3 份的质量：m_1=________g；m_2=________g；m_3=________g。

实验二 溶液的配制与酸碱滴定

1. 必备知识

① 预习溶液的配制方法(见 1-15 标准溶液的配制方法)。

② 复习量筒、移液管、容量瓶、滴定管的使用方法(见 1-12 液体的量取仪器及使用方法)。

③ 复习托盘天平、电子天平的使用方法(见 1-11 天平的使用与称量方法)。

2. 实验目的

① 掌握几种配制溶液的方法。

② 练习正确使用量筒、移液管、容量瓶、滴定管的方法。

③ 掌握酸碱滴定的原理和操作，测定 NaOH 和 HAc 溶液的浓度。

④ 注意掌握有效数字的表示与计算。

3. 实验原理

对于酸碱中和反应，化学计量关系为

$$c_{酸}=\frac{ac_{碱}V_{碱}}{bV_{酸}}$$

式中 a，b——酸碱反应式中酸和碱化学式的化学计量数。

用中和滴定的方法测定酸或碱的浓度，由指示剂的颜色变化来确定滴加的溶液是否与被测溶液定量反应。

强酸强碱滴定时，用变色点在弱碱性的指示剂(如酚酞)或变色点在弱酸性的指示剂(如甲基橙)均可；用强碱滴定弱酸时常采用变色点在弱碱性的指示剂；而用强酸滴定弱碱时常采用变色点在弱酸性的指示剂。

选择滴定顺序时要考虑到是否便于颜色的观察。如酚酞在酸性条件下为无色，碱性条件下为红色，以酚酞作指示剂用碱滴定酸时颜色由无色变到红色，滴定终点很容易判断；而用酸滴定碱时则溶液由红色逐渐变为无色，滴定终点很难判断。

本实验以酚酞作指示剂，以草酸作基准物配成标准溶液来标定氢氧化钠溶液，再由氢氧化钠溶液测定醋酸溶液的浓度。实验时用氢氧化钠溶液滴定酸，便于滴定终点的判断。

4. 仪器及药品

仪器：电子分析天平、台秤、量筒、容量瓶、移液管、碱式滴定管、锥形瓶、烧杯、洗瓶。

药品：$H_2C_2O_4 \cdot 2H_2O$ 固体(分析纯)、NaOH 固体(分析纯)、冰醋酸溶液(分析纯)、酚酞指示剂。

5. 实验步骤

(1) 容量瓶、移液管和滴定管的洗涤

将容量瓶、移液管和碱式滴定管用少量洗液润洗后，依次用自来水冲洗 3 次、蒸馏水润洗 3 次。

注意：用洗液润洗碱式滴定管前先将下端的短胶管拔下，避免洗液腐蚀胶管。

(2) 溶液的配制

① 配制草酸标准溶液($0.1mol \cdot L^{-1}$)。用电子分析天平准确称取 3.0～3.3g 草酸($H_2C_2O_4 \cdot 2H_2O$)，倒入 100mL 烧杯中，加少量蒸馏水溶解(若一次加水不能溶解，先将上部溶液转入容量瓶中，再加少量水溶解，直至草酸全部溶解，注意溶解草酸用水总量应控制存 150mL 以内)。溶液转入 250mL 容量瓶中，烧杯用少量蒸馏水洗涤，洗涤液转入容量瓶中，共需洗涤 3~4 次。加蒸馏水至容量瓶的刻度线，摇匀。

② 配制 NaOH 溶液($0.2mol \cdot L^{-1}$)。用台秤称量约 2.4g NaOH 固体(NaOH 有腐蚀性，易吸潮，应放在小烧杯中称量)，加入 100mL 蒸馏水，搅拌溶解后转入 500mL 烧杯中，再加入 200mL 蒸馏水，备用。

③ 配制 HAc 溶液($0.2mol \cdot L^{-1}$)。用小量筒取 2.3mL 浓 HAc(浓度约为 $17mol \cdot L^{-1}$)，加入 200mL 蒸馏水，备用。

(3) NaOH 溶液浓度的标定

① 把洗净的碱式滴定管用已配好的 NaOH 溶液润洗 3 次(每次用 NaOH 溶液约 5mL)。加入 NaOH 溶液，赶走气泡。调液面恰好在 0.00 位置。

② 将洗净的 25mL 移液管用少量草酸溶液润洗 3 次。

③ 用移液管取 25mL 草酸标准溶液放入洗净的锥形瓶中，加入 2～3 滴酚酞指示剂，摇匀。

④ 用左手挤压碱式滴定管下端胶管中的玻璃球，使 NaOH 溶液滴入右手拿的锥形瓶中，同时右手持锥形瓶沿同一方向做圆周摇动，使溶液混合均匀。开始滴定时，碱溶液滴出速度可快一些，但应成滴而不能成流。碱溶液滴入草酸标准溶液中溶液局部出现粉红色，随着锥形瓶的摇动颜色很快消失。当接近终点时，颜色消失较慢，这时应减慢滴加碱溶液速度，每加一滴碱溶液摇匀后由溶液颜色变化再决定是否再滴加碱溶液。最后，当溶液颜色消失很慢时，每次滴入半滴碱溶液，并用洗瓶冲洗锥形瓶壁、摇匀。滴定至溶液的红色在 30s 不褪色，即为终点。记下消耗碱溶液的体积。

再取一份 25mL 草酸标准溶液，重复上述滴定操作。滴定 3 次以上，直至有两次滴定数据平行(消耗碱溶液的体积互相不超过 0.02mL)为止。

(4) HAc 溶液浓度的测定

① 将洗净的 25mL 移液管用少量 HAc 溶液润洗 3 次。

② 用移液管移取 25mL 配制好的 HAc 溶液于锥形瓶中，加 2~3 滴酚酞指示剂，用 NaOH 溶液滴定至终点，记下消耗碱溶液的体积。至少滴定 3 次，保证有两次滴定数据平行。

6. 数据记录与结果处理

① 草酸浓度的计算

$H_2C_2O_4 \cdot 2H_2O$ 的质量/g：________；$H_2C_2O_4$ 溶液的浓度/(mol · L^{-1})：________。

② NaOH 溶液浓度的标定。将 NaOH 溶液浓度的标定数据和计算结果填入表 1-6。

表 1-6　NaOH 溶液标定数据和计算结果

实验序号	1	2	3	4
$H_2C_2O_4$ 溶液浓度/mol · L^{-1}				
$H_2C_2O_4$ 溶液用量/mL				
NaOH 溶液用量/mL				
NaOH 溶液浓度/mol · L^{-1}				
NaOH 溶液平均浓度/mol · L^{-1}				

注：计算平均浓度时用两次平行数据计算，下同。

③ HAc 溶液浓度的测定。将 HAc 溶液浓度的标定数据和计算结果填入表 1-7。

表 1-7　HAc 溶液标定数据和计算结果

实验序号	1	2	3	4
NaOH 溶液平均浓度/mol · L^{-1}				
NaOH 溶液用量/mL				
HAc 溶液用量/mL				
HAc 溶液浓度/mol · L^{-1}				
HAc 溶液平均浓度/mol · L^{-1}				

7. 思考题

① 滴定管和移液管为什么要用溶液润洗三次？锥形瓶是否要用溶液润洗？

② 接近滴定终点时，为什么用蒸馏水冲洗锥形瓶内壁？

③ 以下情况对实验结果是否有影响？为什么？

a. 滴定完成后，滴定管的尖嘴外还留有液滴；

b. 滴定完成后，发现滴定管的尖嘴内还有气泡；

c. 滴定过程中向锥形瓶中加入少量蒸馏水。

实验三　固液分离技术、重结晶及熔点测定

1. 必备知识

① 预习固液分离方法及重结晶法提纯固体有机化合物的原理和方法(见 1-14 固体与液

体的分离与结晶操作)。

② 预习显微熔点测定仪的使用方法(见 1-17 电热式显微熔点测定仪的使用方法)。

2. 实验目的

① 掌握几种常见的固液分离方法。

② 学习重结晶法提纯固体有机化合物的原理和方法。

③ 了解测定熔点的意义(测定有机化合物的熔点，判断化合物的纯度)，掌握用显微熔点测定仪测熔点的方法。

3. 仪器及药品

仪器：布氏漏斗、烧杯、酒精灯、抽滤瓶、减压过滤装置、显微熔点测定仪 、温度计(100℃，200℃)

药品：粗制的乙酰苯胺、活性炭。

4. 实验步骤

(1) 配制溶液及重结晶

将 2g 粗制的乙酰苯胺及计量的水加入 100mL 的烧杯中，制备热溶液，进行重结晶操作(表 1-8)。

表 1-8　乙酰苯胺在水中的溶解度与温度的关系

温度/℃	10	20	30	40	50	60	70	80	100
溶解度/(g/100g 水)	0.51	0.52	0.66	0.95	1.35	1.96	2.66	3.5	5.2

① 制备热溶液：将装有 2g 粗制乙酰苯胺试样的烧杯中加入 40mL 水，加热至沸腾，并用玻棒不断搅拌，直到试样溶解(若不溶解可适量添加少量热水，搅拌加热至接近沸腾使其溶解)。移去热源，取下烧杯稍冷后再加入少量(约 0.1g)活性炭于溶液中，搅拌后煮沸 5~10min。

② 趁热减压过滤。

③ 结晶的析出、分离和洗涤：滤液放置小烧杯中彻底冷却，待晶体析出，减压过滤，吸干，使结晶与母液尽量分开。停止吸滤，在布氏漏斗中加入少量溶剂，使晶体润湿，用玻棒搅松晶体，减压吸干，并用少量溶剂(水)洗涤晶体 1~2 次。

④ 干燥、称量、计算回收率。

(2) 熔点测定

用显微熔点测定仪对精制的乙酰苯胺进行熔点的测定(测 2 次)。

晶体化合物的固液两态在大气压力下成平衡时的温度称为该化合物的熔点。纯粹的固体有机化合物一般都有固定的熔点，即在一定的压力下，固液两态之间的变化是非常敏锐的，自初熔至全熔(熔点范围称为熔程)，温度不超过 0.5~ 1℃。如果该物质含有杂质，则其熔点往往较纯粹者为低，且熔程较长。故测定熔点对于鉴定纯粹有机物和定性判断固体化合物的纯度具有很大的价值。

5. 注意事项

① 溶剂用量影响产品纯度与收率，因此应先加入比按溶解度计算量稍少些的溶剂，加热煮沸。若未全溶，可分批添加溶剂，每次均应加热煮沸至样品溶解，溶剂用量一般比需要量多 15%~20%，容积过量造成溶质损失，影响收率；溶剂过少，热过滤时因挥发、降温而

使溶液过饱和，在滤纸上析出晶体，收率亦低。

② 加活性炭脱色除去有色杂质时，待化合物全部溶解以后，稍冷再加入活性炭，以免引起暴沸；加入活性炭的量一般为粗产品质量的 1%~5%，加入量过多，活性炭将吸附一部分纯产品，加入量少，脱色不彻底。

③ 停止抽滤时先将抽滤瓶与抽滤泵间连接的橡皮管拆开，或者将安全瓶上的活塞打开与大气相通，再关闭泵，防止水倒流入抽滤瓶内。

④ 用熔点测定仪测熔点时，取放盖玻片和隔热玻璃时，一定要用镊子夹持，严禁用手触摸，以免烫伤(因熔点热台属高温部件)。

⑤ 控制升温速度。前段<70℃快，中段 70~100℃稍快(2℃/min)，接近熔点 100~114℃时渐慢(1℃/min)。

⑥ 样品要少量均匀，便于观察晶体熔化过程，记录熔程(即初熔~全熔的温度)。

6. 数据记录与处理

① 粗产品：________g，精制产品：________g，　回收率：________。

观察记录产品颜色及形状：________。

② 将熔程数据记录于表 1-9 中。

表 1-9　熔程数据　　℃

样 品	第一次		第二次		平均值（初熔~全熔）
	初熔点	全熔点	初熔点	全熔点	

实验四　氯化钠的提纯及纯度测定

1. 必备知识

① 预习蒸发皿的使用方法，(见 1-10 加热操作)。

② 复习托盘天平、常压过滤、减压过滤、结晶和干燥等基本操作。

2. 实验目的

① 学会用化学方法提纯粗食盐的原理和方法。

② 练习托盘天平的使用，以及加热、溶解、沉淀、常压过滤、减压过滤、蒸发浓缩、结晶、干燥等基本操作。

③ 学习食盐中 Ca^{2+}、Mg^{2+}、SO_4^{2-} 的定性检验方法。

3. 实验原理

粗食盐中含有 Ca^{2+}、Mg^{2+}、K^+ 和 SO_4^{2-} 等可溶性杂质和泥沙等不溶性杂质。选择适当的试剂可使 Ca^{2+}、Mg^{2+}、SO_4^{2-} 等离子生成难溶盐沉淀而除去；为了检验提纯后的产品质量，进行 Ca^{2+}、Mg^{2+}、SO_4^{2-} 的定性鉴定。

粗食盐提纯，一般先在食盐溶液中加过量 $BaCl_2$ 溶液，除去 SO_4^{2-}：

$$Ba^{2+}+SO_4^{2-} \xlongequal{} BaSO_4(s)$$

然后再在溶液中加过量 Na_2CO_3 溶液，除去 Ca^{2+}、Mg^{2+} 和过量的 Ba^{2+}：

$$Ca^{2+}+CO_3^{2-}=\!=\!=CaCO_3(s)$$
$$Ba^{2+}+CO_3^{2-}=\!=\!=BaCO_3(s)$$
$$2Mg^{2+}+2OH^-+CO_3^{2-}=\!=\!=Mg_2(OH)_2CO_3(s)$$

过量的 Na_2CO_3 溶液用 HCl 中和，粗食盐中的 K^+ 仍留在溶液中。由于 KCl 溶解度比 NaCl 大，而且粗食盐中含量少，所以在蒸发和浓缩食盐溶液时，NaCl 先结晶出来，而 KCl 仍留在溶液中，最后弃去。

4. 仪器及药品

仪器：电磁加热搅拌器(可用玻璃棒)、循环水泵、抽滤瓶、布氏漏斗、普通漏斗、烧杯、蒸发皿、量筒(10mL 1 个、50mL 1 个)、石棉网、坩埚钳、台秤、滤纸、pH 试纸。

药品：粗食盐、$BaCl_2$(1mol·L^{-1})、NaOH(2mol·L^{-1})、Na_2CO_3(1mol·L^{-1})、HCl(2mol·L^{-1})、$(NH_4)_2C_2O_4$(0.5mol·L^{-1})、镁试剂。

5. 实验步骤

(1) 粗食盐的提纯

① 粗食盐的称量和溶解：在台秤上，称取 8g 粗食盐，放入 100mL 小烧杯中，加 30mL 蒸馏水，用玻璃棒搅动，并加热使其溶解。

② SO_4^{2-}的除去：在煮沸的食盐水溶液中，边搅拌边滴入 1mol·L^{-1}浓度的 $BaCl_2$ 溶液至沉淀完全(约 2mL)，继续加热，使 $BaSO_4$ 颗粒长大易于沉淀和过滤。为了试验沉淀是否完全，可将烧杯从石棉网上取下，待沉淀沉降后，在上层清液中加入 1~2 滴 $BaCl_2$ 溶液，观察澄清液中是否还有混浊现象，如果无混浊现象，说明 SO_4^{2-}已完全沉淀。如果仍有混浊现象，则需继续滴加 $BaCl_2$ 溶液，直到上层清液在加入一滴 $BaCl_2$ 后，不再产生混浊现象为止。沉淀完全后，继续小火加热 3~5min，以使沉淀颗粒长大而易于沉降，用普通漏斗过滤，保留母液，弃去沉淀。

③ Ca^{2+}、Mg^{2+}、Ba^{2+}的去除：在滤液中加入 1mL 2mol·L^{-1}的 NaOH 溶液和 3mL 1mol·L^{-1}的 Na_2CO_3 溶液加热至沸。待沉淀沉降后，在上层清液中滴加 1mol·L^{-1}的 Na_2CO_3 溶液至不再产生沉淀为止，用普通漏斗过滤，保留母液，弃去沉淀。

④ 调节溶液的 pH：在滤液中滴加入 2mol·L^{-1}的 HCl 溶液，并用玻璃棒蘸取滤液在 pH 试纸上试验，直到溶液呈微酸性为止(pH =4~5)。

⑤ 蒸发浓缩：将溶液倒入蒸发皿中，用小火加热蒸发，浓缩至稀糊状为止，但切不可将溶液蒸发至干。

⑥ 结晶、减压过滤、干燥：将浓缩液冷却至室温后，用布氏漏斗过滤，尽量抽干。再将结晶移入蒸发皿中，在石棉网上用小火加热干燥。

⑦ 冷却后称其质量，计算产率。

(2) 产品纯度的检验

取粗食盐和提纯后的食盐各 1g，分别用 5mL 蒸馏水溶解，然后各盛于 3 支试管中，组成 3 组，用下述方法对照检验它们的纯度。

① SO_4^{2-}的检验：分别加入 1 滴 2mol·L^{-1}的 HCl 溶液，2 滴 1mol·L^{-1}的 $BaCl_2$ 溶液，观察有无白色 $BaSO_4$ 沉淀生成。

② Ca^{2+}的检验：各加入 2 滴 0.5mol·L^{-1}的$(NH_4)_2C_2O_4$ 溶液，稍待片刻，观察有无白色 CaC_2O_4 沉淀生成。

③ Mg^{2+}的检验：各加入 2~3 滴 2mol · L^{-1}的 NaOH 溶液，使溶液呈碱性(用 pH 试纸试验)再各加入 2~3 滴镁试剂，如有蓝色沉淀产生，表示有 Mg^{2+}存在。

注意：镁试剂是一种有机染料，它在酸性溶液中呈黄色，在碱性溶液中呈红色或紫色，但被 $Mg(OH)_2$ 沉淀吸附后，则呈天蓝色，因此可以用来检验 Mg^{2+}的存在。

6. 实验结果

(1) 观察并记录

① 粗盐产品外观：________；②精盐产品外观：________；

③ 粗盐质量________g，精盐质量________g；④产品纯度% = ________。

(2) 产品纯度检验

将实验现象及结论记入表 1-10。

表 1-10 实验现象及结论

检验目标	检验方法	被检溶液	实验现象	结论
SO_4^{2-}	2mol · L^{-1} HCl 溶液、1mol · L^{-1} $BaCl_2$ 溶液	1mL 粗 NaCl 溶液		
		1mL 纯 NaCl 溶液		
Ca^{2+}	0.5mol · $L^{-1}$$(NH_4)_2C_2O_4$ 溶液	1mL 粗 NaCl 溶液		
		1mL 纯 NaCl 溶液		
Mg^{2+}	2mol · L^{-1} NaOH 溶液 镁试剂	1mL 粗 NaCl 溶液		
		1mL 纯 NaCl 溶液		

7. 思考题

① 在除去 Ca^{2+}、Mg^{2+}、SO_4^{2-}时，为什么要先加入 $BaCl_2$ 溶液，然后再加入 Na_2CO_3 溶液？

② 在蒸发时为什么不能将溶液蒸干？

③ 在蒸发前为什么要用盐酸将溶液的 pH 值调至 4~5？

模块二 物质结构基础

世界是物质的，宏观物质是由微观粒子构成的，也就是说，宏观物质的性质是由微观粒子的组成和结构决定的。为了探究宏观物质世界的性质和变化规律，必须从微观粒子入手，去掌握和认识原子结构、分子结构、晶体结构，为学好化学打下坚实的结构基础。模块二主要包括三部分内容：原子结构与元素周期律、离子键和离子晶体和共价键和分子结构。

第一部分 基础知识

※ 原子结构与元素周期律

通过中学化学的学习，我们知道分子是由原子构成的，离子是带电的原子或原子团。所以首先我们要掌握原子结构知识。而一般的化学变化是不涉及原子核的，原子的化学性质主要与原子核外电子的排布规律有关。因此掌握原子核外电子的排布规律是我们的学习重点。

人们对原子结构知识的认识有一个漫长的过程，由最初的西瓜模型到卢瑟福的行星式模型的建立，这对于早期人们认识原子结构知识起了非常重要的作用，后来人们为了揭示氢光谱实验(氢光谱实验见拓展阅读 2.1)结论即所有原子光谱是线状光谱的事实，玻尔结合普朗克的量子论和爱因斯坦的光子学说，提出了著名的玻尔原子结构模型即玻尔理论。

2-1 玻尔理论

玻尔理论从三个方面阐述了原子结构。

第一，电子只能在某些特定的圆形轨道上绕原子核运动，在这些轨道上运动的电子既不放出能量，也不吸收能量。这一点说明原子是能够稳定存在的，电子不会落到原子核上导致原子毁灭。

R1 玻尔

第二，电子在不同轨道上运动时，它的能量是不同的。电子在离核越远的轨道上运动时，其能量越高；在离核越近的轨道上运动时，其能量越低。轨道中这些不同的能量状态称为能级，其中能量最低的状态称为基态，其余能量高于基态的状态称为激发态。原子轨道的能量是量子化的，氢原子轨道的能量为

$$E_n = \frac{-13.6}{n^2}\text{eV}$$

这一点说明电子在不同轨道上运动时，能量是量子化的。n 为量子数，取值是不连续的。

第三，只有当电子在能量不同的轨道之间跃迁时，原子才会吸收能量或放出能量。当电子从能量较高的轨道跃迁到能量较低的轨道时，原子将能量以光的形式发射出去，发射出光的频率与轨道的能量之间的关系为

$$v = \frac{E_2 - E_1}{h}$$

由于轨道的能量是不连续的，所以发出光谱的频率也是不连续的，从而揭示了原子光谱为线状光谱的事实。其中，v 为光子的频率；h 为普朗克常数，$h = 6.626 \times 10^{-34}\ \mathrm{J \cdot s}$。

玻尔理论的不足之处是没有认识到电子运动的波动性，认为电子运动具有宏观物质的固定运行轨迹，在揭示多电子原子光谱和氢光谱精细结构时遇到困难。

2-2 薛定谔方程

R2 普朗克

后来人们认识到微观粒子是同时具有波粒二象性的(微观粒子的波粒二象性见拓展阅读 2.2)，它的运动符合统计学规律。既然电子具有波动性，其运动规律不再服从牛顿力学规律，而遵循量子力学的规律，1926 年奥地利物理学家薛定谔提出了描述电子等微观粒子的运动规律的波动方程——薛定谔方程。薛定谔方程是一个二级偏微分方程：

$$\frac{\partial^2 \psi}{\partial x^2} + \frac{\partial^2 \psi}{\partial y^2} + \frac{\partial^2 \psi}{\partial z^2} + \frac{8\pi^2 m}{h^2}(E - V)\psi = 0$$

R3 薛定谔

式中 m——电子的质量；

E——系统的总能量；

V——系统的势能；

h——普朗克常数；

ψ——空间坐标 x、y、z 的函数，叫作波函数，是描述核外电子运动状态的数学函数式。

由于每个波函数都表示核外电子的一种运动状态，因此波函数又称原子轨道函数简称为原子轨道。这里所说的“轨道”不是玻尔原子结构模型中原子核外电子运动的某个固定的圆形轨道，它是电子的运动状态即电子在核外运动的某个空间范围。

2-3 四个量子数

电子的波函数 ψ 可以通过解薛定谔方程得到。目前，只有对氢原子可精确求解。在求解中需引入三个量子数(n，l，m)，它们只有取合理数值时波函数才有物理意义，用它们的合理组合就可以表示出不同的原子轨道。后来，在研究氢原子和碱金属原子的原子光谱时，发现其每个谱线是由两条离得很近的谱线组成的，称为光谱的精细结构。这是由于电子的自旋运动不同造成的，因此，引出了第四个量子数——自旋量子数。其物理意义和可取的数值

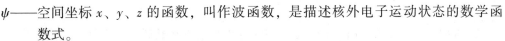

分述如下：

（1）主量子数（n）

表示电子离核的平均距离和原子轨道能量的高低。n 可以取任何正整数，其数值越大，电子离核越远，原子轨道能量就越高。主量子数相同的轨道组成电子层，电子层常用符号表示，其关系如下：

主量子数 n：1　2　3　4　5　6　7

电子层符号：K　L　M　N　O　P　Q

在氢原子或类氢离子中，电子的能量仅由主量子数 n 决定。

$$E_n = -13.6 \times \left(\frac{Z}{n}\right)^2 \text{eV}$$

（2）角量子数（l）

表示原子轨道的不同形状，它的取值为 0、1、2……$n-1$。角量子数相同的轨道称为电子亚层。当 $l=0$、1、2、3 时，分别称为 s、p、d、f 亚层。s 亚层为球形，p 亚层为哑铃形，d 亚层为花瓣形，f 亚层轨道形状较复杂。在多电子原子中，l 与 n 一起决定原子轨道的能量。当 n 相同时，随 l 的增大，原子轨道的能量升高。

$n=1$ 时，$l=0$，K 层只有 s 亚层；

$n=2$ 时，$l=0$、1，L 层有 s、p 亚层；

$n=3$ 时，$l=0$、1、2，M 层有 s、p、d 亚层；

$n=4$ 时，$l=0$、1、2、3，N 层有 s、p、d、f 亚层。

（3）磁量子数（m）

表示在特定的亚层中所包含的轨道数和轨道在空间的不同取向。它的取值为 0、±1、±2……$\pm l$，共有 $2l+1$ 种取向，即有 $2l+1$ 个原子轨道。

$l=0$ 时，m 只能取 0，s 亚层只有 1 个轨道，即呈球形，在空间只有一种取向。

$l=1$ 时，m 可取 0、±1，表示 p 亚层有 3 个轨道，可记为 p_x、p_y、p_z。

$l=2$ 时，m 可取 0、±1、±2，表示 d 亚层有 5 个轨道，分别记为 d_{xy}、d_{xz}、d_{yz}、$d_{x^2-y^2}$、d_{z^2}。

$l=3$ 时，m 可取 0、±1、±2、±3，表示 f 亚层有 7 个轨道，在空间有 7 种取向。

在没有外加磁场下同一亚层的原子轨道（如 p_x、p_y、p_z 和 d_{xy}、d_{xz}、d_{yz}、$d_{x^2-y^2}$、d_{z^2}。等）能量相等，称为简并轨道或等价轨道。

例如：试分别写出 $n=3$，即 M 层中的全部原子轨道及其符号。

解：$n=3$ 时，$l=0$、1、2，M 层有 s、p、d 亚层。据此列表见表 2-1。

表 2-1　原子轨道及符号

电子层	n	l	亚层符号	m	轨道数	轨道符号
M	3	0	3s	0	1	3s
		1	3p	−1，0，+1	3	$3p_x$，$3p_y$，$3p_z$
		2	3d	−2，−1，0，+1，+2	5	$3d_{xy}$，$3d_{xz}$，$3d_{yz}$，$3d_{z^2}$，$3d_{x^2-y^2}$

（4）自旋量子数(m_s)

在研究氢原子和碱金属原子的原子光谱时，发现其每个谱线是由两条离得很近的谱线组成的，称为光谱的精细结构。这是由于电子的自旋运动不同造成的，因此，引出了第四个量子数——自旋量子数。它的取值为+1/2 和-1/2，常用箭号↑和↓表示电子的两种自旋方向。

综上所述，n、l 和 m 三个量子数可以确定一个原子轨道，而 n、l、m 和 m_s 四个量子数可以确定电子的运动状态(表 2-2)。

表 2-2　核外电子运动可能的状态

主量子数 n	电子层符号	角量子数 l	轨道符号	磁量子数 m	轨道在空间取向	每一层中的轨道	自旋量子数 m_s	各亚层运动状态	各电子层运动状态总数
1	K	0	1s	0	1	1	±1/2	2	2
2	L	0	2s	0	1	4	±1/2	2	8
		1	2p	0、±1	3		±1/2	6	
3	M	0	3s	0	1	9	±1/2	2	18
		1	3p	0、±1	3		±1/2	6	
		2	3d	0、±1、±2	5		±1/2	10	
4	N	0	4s	0	1	16	±1/2	2	32
		1	4p	0、±1	3		±1/2	6	
		2	4d	0、±1、±2	5		±1/2	10	
		3	4f	0、±1、±2、±3	7		±1/2	14	

2-4　波函数与电子云

波函数 ψ 是描述核外电子运动状态的数学函数式，本身并没有直观的物理意义，但 $|\Psi|^2$ 表示在核外空间某处电子出现的概率密度，电子在核外空间某一区域出现的概率等于概率密度与该区域体积的乘积。人们把用小黑点的疏密表示概率密度分布的图形称为电子云图。小黑点较密的地方，概率密度较大，单位体积内电子出现的机会多(图 2-1)。

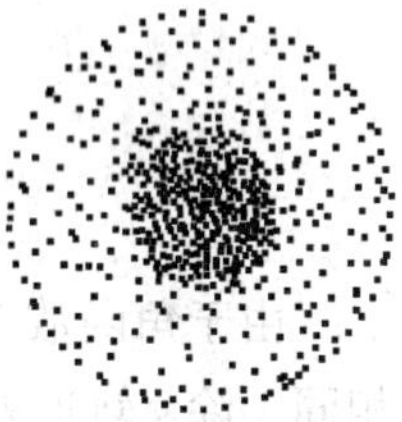

图 2-1　氢原子 1s 的电子云图

2-5　氢原子的原子轨道的角分布图和电子云的角分布图

由于 ψ 是空间坐标 x、y、z 的函数，为了方便解析波动方程，实现变量分离，我们进行了坐标转换，把直角坐标 x、y、z 变换成球坐标 r、θ、ϕ。

$$\psi(r,\ \theta,\ \phi)=R(r)\cdot\Theta(\theta)\cdot\Phi(\phi)$$

令
$$Y(\theta,\ \phi)=\Theta(\theta)\cdot\Phi(\phi)$$

波函数 $\psi(r,\ \theta,\ \phi)$ 称为原子轨道，$Y(\theta,\ \phi)$ 称为角函数，$R(r)$ 称为径向函数。

氢原子的原子轨道的角分布图是氢原子的角函数 $Y(\theta,\ \phi)$ 随角 θ，ϕ 变化的图形（图 2-2）。

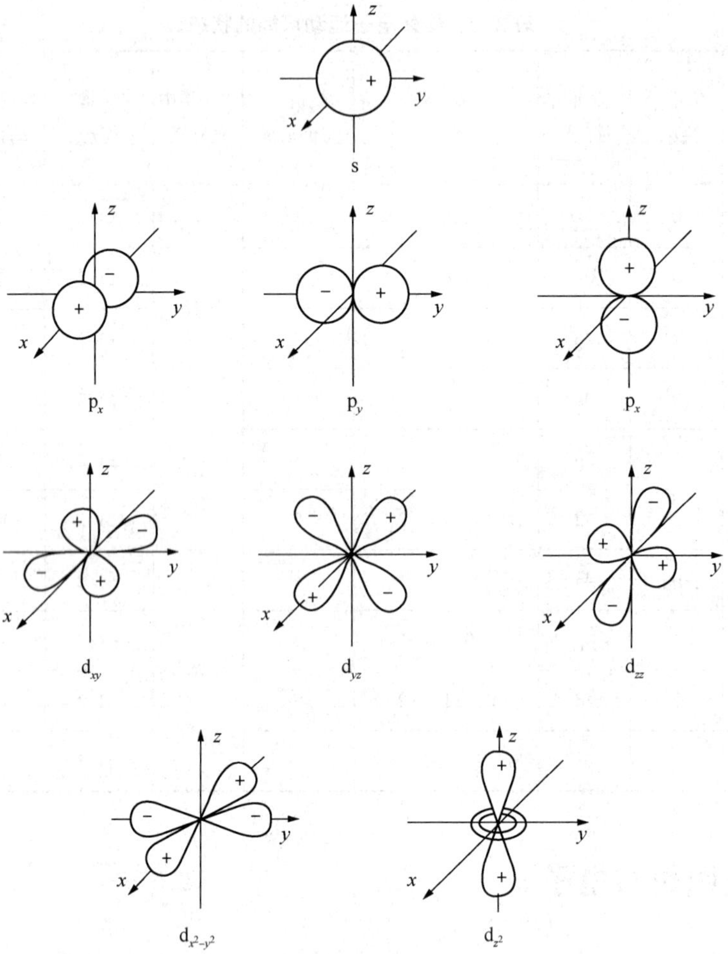

图 2-2　氢原子原子轨道的角分布图

由于角函数 $Y(\theta,\ \phi)$ 与主量子数 n 无关，所以当 l 和 m 都相同时，原子轨道角函数图相同，除 s 轨道外，p 轨道和 d 轨道的角度分布图都有"+"和"−"号。表示角函数 $Y(\theta,\ \phi)$ 的正负。

以氢原子的概率密度的角函数 $|Y(\theta,\ \phi)|^2$ 对角 θ，ϕ 作图，所得图形称为氢原子电子云的角分布图（图 2-3）。

电子云的角分布图表示概率密度的角函数 $|Y(\theta,\ \phi)|^2$ 随角 θ，ϕ 的变化情况，从角的侧面反映了概率密度分布的方向性。

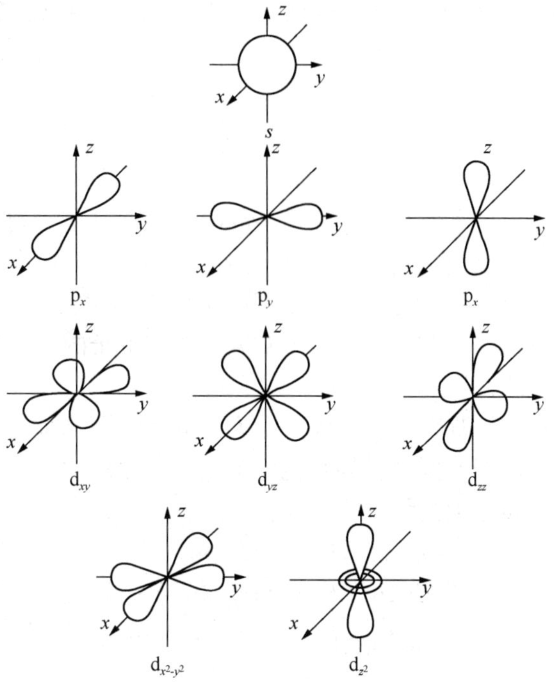

图 2-3　氢原子电子云的角分布图

2-6　氢原子的径向分布图

$D(r)$称为径向分布函数，其在数值上等于半径为 r 的单位厚度球壳内电子出现的概率。以 D(r)对 r 作图，得到的图形称为径向分布图(图 2-4)。

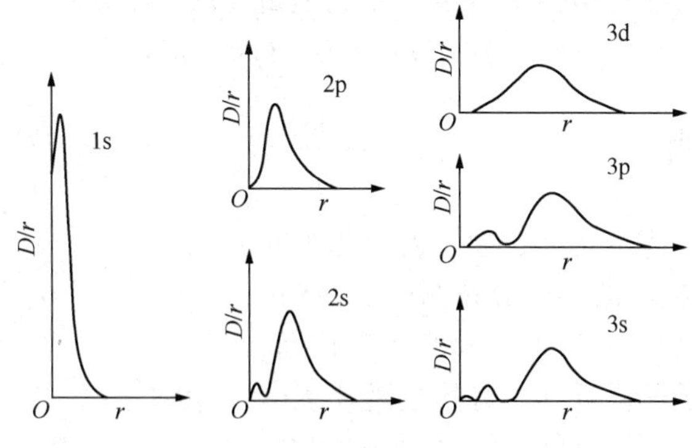

图 2-4　氢原子的径向分布图

由氢原子的径向分布图，可以得出如下几点结论：

① 1s 轨道在距核 52. 9pm 处 $D(r)$ 有极大值，表明基态氢原子的电子在 r 为 52. 9pm 的单位厚度薄球壳中出现的概率最大(r=52. 9pm，正好是玻尔半径 a_0)。

② 径向分布图中有 $n-l$ 个极大值峰，当 n 相同时，l 越小，极大值峰就越多。如 3d 轨道的 n=3、l=2，其极大值峰为 1 个。3p 轨道的 n=3、l=1、其极大值峰为 2 个。

③ 当 l 相同时，n 越大，径向分布曲线的最高峰离原子核越远，但它的次高峰可能出现

在离原子核较近处。当 n 相同时，l 越小的轨道，它的第一个峰离原子核越近，即 l 越小，轨道的一个峰钻得越深。

2-7 屏蔽效应

在多电子原子中，每个电子不仅受到原子核的吸引，而且还受到其他电子的排斥。电子之间的排斥作用与原子核的吸引作用正好相反，因此，其他电子的存在必然会减弱原子核对电子的吸引力。由于电子都是高速运动着的，要准确地确定电子之间的排斥作用是不可能的。通常采用一种近似方法，即把将其他电子对某个指定电子的排斥作用归结为抵消了部分核电荷的作用称为屏蔽效应。

对于 l 相同的原子轨道，随着主量子数的增大，其径向分布曲线的主峰离原子核越远，原子核对该电子的吸引力减弱，同时受到其他电子的屏蔽作用增大，其能量也越高。当 l 相同时，各亚层的能量随主量子数的增大而升高：

$$E(1s)<E(2s)<E(3s)<\cdots$$

$$E(2p)<E(3p)<E(4p)<\cdots$$

$$E(3d)<E(4d)<E(5d)<\cdots$$

2-8 钻穿效应

多电子原子中，每个电子既被其他电子所屏蔽，同时也对其他电子起屏蔽作用，而决定这两者相对大小的因素，就是电子在空间的概率分布。一般来说，如果电子钻到原子核附近的概率较大，就可以较好地避免其他电子对它的屏蔽作用，使其他电子的能量升高。这种由于电子钻到原子核附近的概率较大，因而使其能量降低的现象称为钻穿效应。

当 n 相同时，l 越小的电子钻到原子核附近的概率越大，原子核作用在该电子上的核电荷越大，其能量也越低。同一电子层中各亚层的能量高低顺序为

$$E(ns)<E(np)<E(nd)<E(nf)$$

2-9 能级交错

当 n 和 l 都不同时，某些原子的轨道发生能级交错现象。如氢原子 3d 和 4s 的径向分布图(图 2-5)，虽然 4s 轨道的最大峰比 3d 轨道的最大峰离核较远，但 4s 有小峰钻到离原子核很近处，有效地避开了内层轨道对它的屏蔽作用，对降低轨道能量影响较大，超过了主量子数较大对轨道能量升高的作用，因此 4s 轨道的能量低于 3d 轨道。

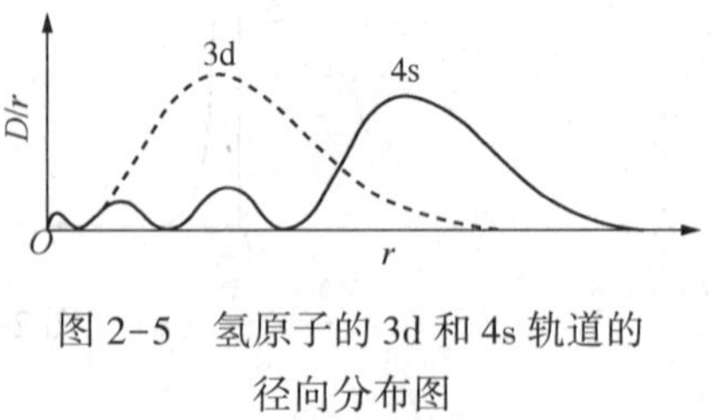

图 2-5 氢原子的 3d 和 4s 轨道的径向分布图

2-10 鲍林近似能级图

美国化学家鲍林根据光谱实验的结果，总结出多电子原子的原子轨道的能量高低顺序(图 2-6)。

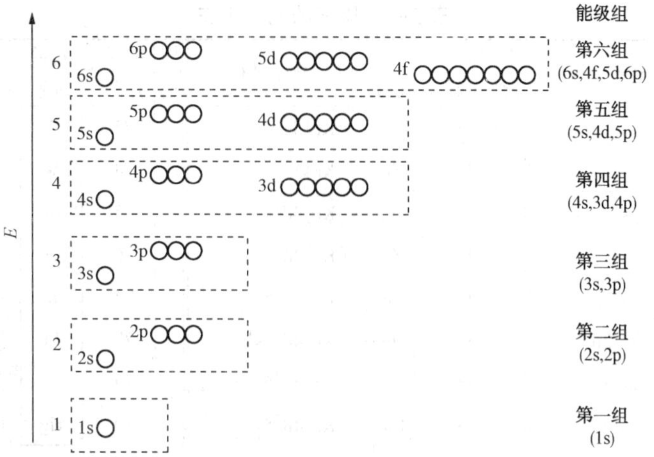

图 2-6　鲍林近似能级图

图中每个虚线方框代表一个能级组，对应于周期表中的一个周期；虚线方框内的每一横排圆的数目表示各能级组中的原子轨道数；虚线方框和圆的位置高低表示各能级组和原子轨道能量的相对高低。相邻两个能级组之间的能量差较大，而每个能级组中能级之间的能量差则比较小。

R4 鲍林

应当指出：鲍林近似能级图是假定所有元素原子的轨道高低顺序都是相同的，但实际上并非如此。电子在某一轨道上的能量，实际上是与原子序数(即核电荷数)有关。

2-11　多电子原子基态原子核外电子排布三个规律

泡利(Pauli)不相容原理：1925 年，奥地利物理学家泡利(Pauli)指出，在同一个原子中，不可能存在四个量子数完全相同的两个电子。由泡利不相容原理，可知一个原子轨道最多只能容纳两个电子，而且这两个电子的自旋必须相反。

能量最低原理：在遵守泡利不相容原理的前提下，电子在原子核外排布时优先排布在能量最低的原子轨道上，当能量最低的原子轨道排满后，电子才依次排布在能量较高的原子轨道上。

洪德(Hund)规则：1925 年，德国物理学家洪德(Hund)总结出一条规律，电子在简并轨道上排布时，应优先分占尽可能多的轨道，且自旋方向相同。作为洪德规则的补充，简并轨道在全充满、半充满和全空时是比较稳定的。即当电子分布为全充满(p^6、d^{10}、f^{14})、半充满(p^3、d^5、f^7)、全空(p^0、d^0、f^0)时，原子结构较稳定。

例如，碳原子的电子排布式为 $1s^2 2s^2 sp^2$，如图 2-7 所示。

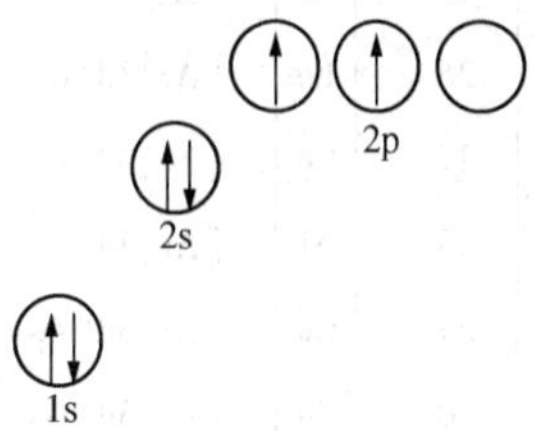

图 2-7　碳原子的电子排布图

氮原子的电子排布式为：$1s^2 2s^2 sp^3$；也可以写成：[He]$2s^2 sp^3$。

式中，[He]表示氮原子的原子实。所谓“原子实”是指某原子的电子排布同某稀有气体原子的电子排布相同的那一部分实体。

根据以上原理，可将电子依次填充在不同的原子轨道上，用 n 和 l 表示的一种核外电子排布方式(表 2-3)。

表 2-3　原子的电子排布

周期	原子序数	元素符号	电子结构
1	1	H	$1s^{1}$
	2	He	$1s^{2}$
2	3	Li	[He]$2s^{1}$
	4	Be	[He]$2s^{2}$
	5	B	[He]$2s^{2}2p^{1}$
	6	C	[He]$2s^{2}2p^{2}$
	7	N	[He]$2s^{2}2p^{3}$
	8	O	[He]$2s^{2}2p^{4}$
	9	F	[He]$2s^{2}2p^{5}$
	10	Ne	[He]$2s^{2}2p^{6}$
3	11	Na	[Ne]$3s^{1}$
	12	Mg	[Ne]$3s^{2}$
	13	Al	[Ne]$3s^{2}3p^{1}$
	14	Si	[Ne]$3s^{2}3p^{2}$
	15	P	[Ne]$3s^{2}3p^{3}$
	16	S	[Ne]$3s^{2}3p^{4}$
	17	Cl	[Ne]$3s^{2}3p^{5}$
	18	Ar	[Ne]$3s^{2}3p^{6}$
4	19	K	[Ar]$4s^{1}$
	20	Ca	[Ar]$4s^{2}$
	21	Sc	[Ar]$3d^{1}4s^{2}$
	22	Ti	[Ar]$3d^{2}4s^{2}$
	23	V	[Ar]$3d^{3}4s^{2}$
	24	Cr	[Ar]$3d^{5}4s^{1}$
	25	Mn	[Ar]$3d^{5}4s^{2}$
	26	Fe	[Ar]$3d^{6}4s^{2}$
	27	Co	[Ar]$3d^{7}4s^{2}$
	28	Ni	[Ar]$3d^{8}4s^{2}$
	29	Cu	[Ar]$3d^{10}4s^{1}$
	30	Zn	[Ar]$3d^{10}4s^{2}$
	31	Ga	[Ar]$3d^{10}4s^{2}4p^{1}$
	32	Ge	[Ar]$3d^{10}4s^{2}4p^{2}$
	33	As	[Ar]$3d^{10}4s^{2}4p^{3}$
	34	Se	[Ar]$3d^{10}4s^{2}4p^{4}$
	35	Br	[Ar]$3d^{10}4s^{2}4p^{5}$
	36	Kr	[Ar]$3d^{10}4s^{2}4p^{6}$

周期	原子序数	元素符号	电子结构
5	37	Rb	[Kr]$5s^{1}$
	38	Sr	[Kr]$5s^{2}$
	39	Y	[Kr]$4d^{1}5s^{2}$
	40	Zr	[Kr]$4d^{2}5s^{2}$
	41	Nb	[Kr]$4d^{4}5s^{1}$
	42	Mo	[Kr]$4d^{5}5s^{1}$
	43	Tc	[Kr]$4d^{5}5s^{2}$
	44	Ru	[Kr]$4d^{7}5s^{1}$
	45	Rh	[Kr]$4d^{8}5s^{1}$
	46	Pd	[Kr]$4d^{10}$
	47	Ag	[Kr]$4d^{10}5s^{1}$
	48	Cd	[Kr]$4d^{10}5s^{2}$
	49	In	[Kr]$4d^{10}5s^{2}5p^{1}$
	50	Sn	[Kr]$4d^{10}5s^{2}5p^{2}$
	51	Sb	[Kr]$4d^{10}5s^{2}5p^{3}$
	52	Te	[Kr]$4d^{10}5s^{2}5p^{4}$
	53	I	[Kr]$4d^{10}5s^{2}5p^{5}$
	54	Xe	[Kr]$4d^{10}5s^{2}5p^{6}$
6	55	Cs	[Xe]$6s^{1}$
	56	Ba	[Xe]$6s^{2}$
	57	La	[Xe]$5d^{1}6s^{2}$
	58	Ce	[Xe]$4f^{1}5d^{1}6s^{2}$
	59	Pr	[Xe]$4f^{3}6s^{2}$
	60	Nd	[Xe]$4f^{4}6s^{2}$
	61	Pm	[Xe]$4f^{5}6s^{2}$
	62	Sm	[Xe]$4f^{6}6s^{2}$
	63	Eu	[Xe]$4f^{7}6s^{2}$
	64	Gd	[Xe]$4f^{7}5d^{1}6s^{2}$
	65	Tb	[Xe]$4f^{9}6s^{2}$
	66	Dy	[Xe]$4f^{10}6s^{2}$
	67	Ho	[Xe]$4f^{11}6s^{2}$
	68	Er	[Xe]$4f^{12}6s^{2}$
	69	Tm	[Xe]$4f^{13}6s^{2}$
	70	Yb	[Xe]$4f^{14}6s^{2}$
	71	Lu	[Xe]$4f^{14}5d^{1}6s^{2}$
	72	Hf	[Xe]$4f^{14}5d^{2}6s^{2}$

周期	原子序数	元素符号	电子结构
6	73	Ta	[Xe]$4f^{14}5d^{3}6s^{2}$
	74	W	[Xe]$4f^{14}5d^{4}6s^{2}$
	75	Re	[Xe]$4f^{14}5d^{5}6s^{2}$
	76	Os	[Xe]$4f^{14}5d^{6}6s^{2}$
	77	Ir	[Xe]$4f^{14}5d^{7}6s^{2}$
	78	Pt	[Xe]$4f^{14}5d^{9}6s^{1}$
	79	Au	[Xe]$4f^{14}5d^{10}6s^{1}$
	80	Hg	[Xe]$4f^{14}5d^{10}6s^{2}$
	81	Tl	[Xe]$4f^{14}5d^{10}6s^{2}6p^{1}$
	82	Pb	[Xe]$4f^{14}5d^{10}6s^{2}6p^{2}$
	83	Bi	[Xe]$4f^{14}5d^{10}6s^{2}6p^{3}$
	84	Po	[Xe]$4f^{14}5d^{10}6s^{2}6p^{4}$
	85	At	[Xe]$4f^{14}5d^{10}6s^{2}6p^{5}$
	86	Rn	[Xe]$4f^{14}5d^{10}6s^{2}6p^{6}$
7	87	Fr	[Rn]$7s^{1}$
	88	Ra	[Rn]$7s^{2}$
	89	Ac	[Rn]$6d^{1}7s^{2}$
	90	Th	[Rn]$6d^{2}7s^{2}$
	91	Pa	[Rn]$5f^{2}6d^{1}7s^{2}$
	92	U	[Rn]$5f^{3}6d^{1}7s^{2}$
	93	Np	[Rn]$5f^{4}6d^{1}7s^{2}$
	94	Pu	[Rn]$5f^{6}7s^{2}$
	95	Am	[Rn]$5f^{7}7s^{2}$
	96	Cm	[Rn]$5f^{7}6d^{1}7s^{2}$
	97	Bk	[Rn]$5f^{9}7s^{2}$
	98	Cf	[Rn]$5f^{10}7s^{2}$
	99	Es	[Rn]$5f^{11}7s^{2}$
	100	Fm	[Rn]$5f^{12}7s^{2}$
	101	Md	[Rn]$5f^{13}7s^{2}$
	102	No	[Rn]$5f^{14}7s^{2}$
	103	Lr	[Rn]$5f^{14}6d^{1}7s^{2}$
	104	Rf	[Rn]$5f^{14}6d^{2}7s^{2}$
	105	Db	[Rn]$5f^{14}6d^{3}7s^{2}$
	106	Sg	[Rn]$5f^{14}6d^{4}7s^{2}$
	107	Bh	[Rn]$5f^{14}6d^{5}7s^{2}$
	108	Hs	[Rn]$5f^{14}6d^{6}7s^{2}$
	109	Mt	[Rn]$5f^{14}6d^{7}7s^{2}$
	110	Ds	[Rn]$5f^{14}6d^{8}7s^{2}$

注：表中单框中的元素是过渡元素，双框中的元素是镧系或锕系元素。

2-12　元素电子层结构与周期的关系

元素周期表共有七个横行，每一横行为一个周期，共有七个周期。第一周期、第二周期和第三周期称为短周期，第四周期、第五周期、第六周期和第七周期称为长周期。

元素在周期表中所属周期数等于该元素基态原子排布电子的电子层数，也等于该元素基态原子排布电子最外电子层的主量子数。

元素周期表中各周期所包含元素的数目，等于相应能级组中的原子轨道所能容纳的电子总数(表 2-4)。

表 2-4　周期与能级组的关系

周期	能级组	能级组内原子轨道	元素数目	电子最大容量
1	Ⅰ	1s	2	2
2	Ⅱ	2s　2p	8	8
3	Ⅲ	3s　3p	8	8
4	Ⅳ	4s　3d　4p	18	18
5	Ⅴ	5s　4d　5p	18	18
6	Ⅵ	6s　4f　5d　6p	32	32
7	Ⅶ	7s　5f　6d　7p	26(未满)	32

2-13　元素电子层结构与族的关系

元素分为 16 个族，除第 8、9 和 10 三个纵行为一个族外，其余 15 个纵行，每一个纵行为一个族。第 1 纵行和第 2 纵行分别为 ⅠA 族和 ⅡA 族，第 3～7 纵行分别为ⅢB～ⅦB 族，第 8～10 纵行为Ⅷ 族，第 11 纵行和第 12 纵行分别为 ⅠB 族和 ⅡB 族，第 13～17 纵行分别为ⅢA～ⅦA 族，第 18 纵行为 0 族。A 族由长周期元素和短周期元素组成，也称主族；B 族只由长周期元素组成，也称副族。

2-14　元素外层电子组态与元素的分区

s 区元素：包括 ⅠA 族和 ⅡA 族元素，外层电子组态为 $ns^{1\sim2}$ 。

p 区元素：包括ⅢA～ⅦA 族和 0 族元素，除 He 元素外，外层电子组态为 $ns^2np^{1\sim6}$ 。

d 区元素：包括ⅢB～ⅦB 族和Ⅷ族元素，外层电子组态为 $(n-1)d^{1\sim9}ns^{1\sim2}$ 。

ds 区元素：包括 ⅠB 族和 ⅡB 族元素，外层电子组态为 $(n-1)d^{10}ns^{1\sim2}$ 。

f 区元素：包括镧系和锕系元素，外层电子组态为 $(n-2)f^{1\sim14}(n-1)d^{0\sim2}ns^2$。

根据元素基态原子的外层电子组态，可把周期表分为 s 区、p 区、d 区、ds 区、和 f 区(表 2-5)。

表 2-5　周期表中元素的分区

族 周期	1 ⅠA	2 ⅡA	3 ⅢB	4 ⅣB	5 ⅤB	6 ⅥB	7 ⅦB	8	9	10	11 ⅠB	12 ⅡB	13 ⅢA	14 ⅣA	15 ⅤA	16 ⅥA	17 ⅦA	18 0
								Ⅷ										
1																		
2																		
3																		
4	s												P					
5			d								ds							
6																		
7																		

镧系	f
锕系	

2-15　元素性质的周期性

元素的性质取决于原子的电子层结构。由于原子的电子层结构随元素原子序数的增大发生周期性变化，因此与电子层有关的元素性质如原子半径、电离能、电子亲和能、电负性等也呈现出明显的周期性变化。

(1) 原子半径的周期性

通常所说的原子半径，是指分子或晶体中相邻两个同种原子原子核之间距离的一半。原子半径可分为共价半径、金属半径和范德华半径。

同种元素的原子以共价单键结合成分子或晶体时，相邻两个原子核之间距离的一半称为共价半径。

在金属单质晶体中，两个直接相邻金属原子的原子核之间距离的一半称为金属半径。

在稀有气体的单原子分子晶体中，两个同种原子的原子核之间距离的一半称为范德华半径。

一般来说，共价半径比金属半径小，这是因为形成共价单键时，原子轨道重叠程度较大；而范德华半径总是最大，因为分子间作用力较小，分子间距离较大。

在讨论原子半径的变化规律时，非金属元素使用的是共价半径，金属元素使用的是金属半径，而稀有气体元素使用的是范德华半径(表 2-6)。

表 2-6　周期表中某些元素的原子半径(r/pm)

1 IA																	18 0
H 32	2 IIA											13 IIIA	14 IVA	15 VA	16 VIA	17 VIIA	He 93
Li 123	Be 89											B 82	C 77	N 70	O 66	F 64	Ne 112
Na 154	Mg 136	3 IIIB	4 IVB	5 VB	6 VIB	7 VIIB	8 VIII	9	10	11 IB	12 IIB	Al 118	Si 117	P 110	S 104	Cl 99	Ar 154
K 203	Ca 174	Sc 144	Ti 132	V 122	Cr 118	Mn 117	Fe 117	Co 116	Ni 115	Cu 117	Zn 125	Ga 126	Ge 122	As 121	Se 117	Br 114	Kr 169
Rb 216	Sr 191	Y 162	Zr 145	Nb 134	Mo 130	Te 127	Ru 125	Rh 125	Pd 128	Ag 134	Cd 148	In 144	Sn 140	Sb 141	Te 137	I 133	Xe 190
Cs 235	Ba 198	La 169	Hf 144	Ta 134	W 130	Re 128	Os 126	Ir 127	Pt 130	Au 134	Hg 144	Tl 148	Pb 147	Bi 146	Po 146	At 145	Rn 222

La	Ce	Pr	Nd	Pm	Sm	Eu	Gd	Tb	Dy	Ho	Er	Tm	Yb	Lu
169	165	164	164	163	162	185	162	161	160	158	158	158	170	158

原子半径在周期表中的变化规律如下：

① 同一周期的主族元素，从左到右，原子核对外层电子的引力逐渐增强，原子半径依次明显减小。

② 同一周期的副族元素，从左到右，原子半径减小比较缓慢。

③ 同一族的主族和 0 族元素，从上到下，原子核对外层电子引力减弱，使原子半径依次显著增大。

④ 同一族的副族元素，原子半径的变化趋势与主族元素相同，但原子半径增大的程度较小。

⑤ 第六周期的 f 区元素，从左到右，随着原子序数的增大，原子半径减小的程度更小。镧系元素随着原子序数的增大，原子半径缓慢减小的这种现象称为镧系收缩。

由于镧系收缩原子半径共减少 11pm，使得镧系以后的第六周期的一些元素原子半径与第五周期元素的原子半径非常接近(如 Zr 与 Hf、Nb 与 Ta、Mo 与 W)性质极为相似。

(2) 元素的电离能

某元素的基态气态原子失去 1 个电子成为电荷数为+1 的气态阳离子所消耗的能量称为该元素的第一电离能。

电荷数为+1 的气态阳离子再失去 1 个电子成为电荷数为+2 的气态阳离子所消耗的能量称为该元素的第二电离能。

由于电荷数为+1 的阳离子对电子的吸引作用比中性原子对电子的吸引力大，因此元素的第二电离能大于第一电离能。同理，元素的第三电离能大于第二电离能。因此，同一元素的各级电离能依次增大。

通常所说的电离能是指第一电离能(图 2-8)。

同一周期的主族和 0 族元素，从左到右，随核电荷数增大，原子半径逐渐减小，原子核对最外层电子的吸引力逐渐增强，元素的第一电离能呈现出增大趋势。同一周期的副族元素，从左到右，由于增加的电子排布在次外层的 d 轨道上，使原子半径减小缓慢，第一电离能增加不显著，且没有规律。

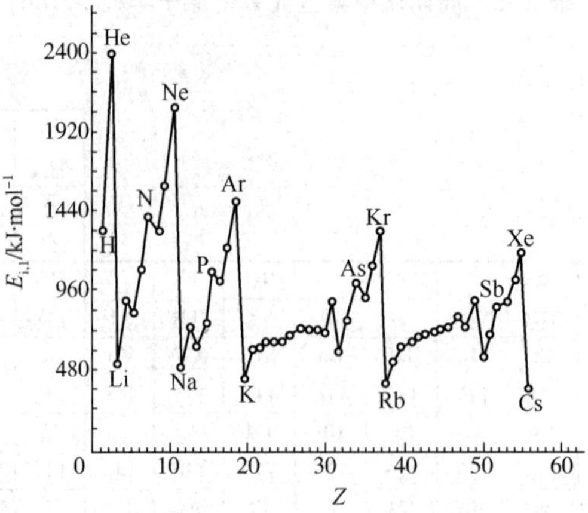

图 2-8　元素的第一电离能与原子序数的关系

0 族元素具有稳定的电子层结构，在同一周期中第一电离能最大。虽然同一周期元素第一电离能呈增大的趋势，但仍有起伏变化。如：N、P、As、Be、Mg 均比相邻的元素大，这是由于 N、P、As 元素的电子层结构为半充满，Be、Mg 元素的电子层结构为全充满，具有比较稳定的结构，较难失去电子。

同一族的主族和 0 族元素，从上到下，第一电离能减小。

(3) 元素的电子亲和能

元素的基态气态原子获得 1 个电子成为电荷数为-1 的阴离子所放出的能量称为元素的电子亲和能。

电子亲和能正、负号的规定与电离能的规定恰好相反。由于电荷数为-1 的阴离子对最外层电子的吸引力比相应的原子小，因此电子亲和能一般仅约为电离能的几十分之一。

大多数元素的电子亲和能为正值，表明元素的原子在得到一个电子形成电荷数为-1 的阴离子时放出能量；某些元素的电子亲和能为负值，表明元素的原子得到一个电子时要吸收能量，这说明这种元素的原子很难得到电子(表 2-7)。

表 2-7　主族和 0 族元素的电子亲和能 E_{ea}　　kJ · mol^{-1}

H 72.8							He (-48)
Li 60	Be (-48)	B 27	C 122	N -6.8	O 141.1	F 328	Ne (-116)
Na 52.7	Mg (-39)	Al 44	Si 120	P 71.7	S 210.4	C1 348.8	Ar (-97)
K 48.4	Ca (-29)	Ga 29	Ge 116	As 77	Se 195	Br 324.6	Kr (-97)
Rb 47.0	Sr (-29)	In 29	Sn 116	Sb 106	Te 190	I 295	Xe (-77)
Cs 46.0	Ba (-29)	Tl 31	Pb 96	Bi 92	Po 174	At 270	Rn (-68)

注：括号内为理论计算值。

电子亲和能反映了元素的原子得到电子的难易程度。影响电子亲和能的主要因素有原子的核电荷数、原子半径和原子的电子层结构。

同一周期的主族和0族元素，从左到右，元素的电子亲和能逐渐增大，至卤族元素达到最大值。ⅤA族元素的电子亲和能较小；ⅡA族元素的电子亲和能为负值；稀有气体元素的亲和能为最小。这与元素的最外层电子组态有关系。

同一族的主族和0族元素，从上到下，电子亲和能逐渐减小，但第二周期元素的电子亲和能反而比第三周期同一族元素的小。这是由于第二周期元素的原子半径较小，电子密度较高，电子之间排斥力较大，使结合电子时放出的能量较少

(4) 元素的电负性

元素的电负性是指元素的原子在分子中吸引成键电子的能力。鲍林指定F元素的电负性为4.0，再将其他元素与F元素相比较，得到其他元素的电负性。

元素的电负性越大，该元素的原子吸引成键电子的能力越强，元素的非金属性就越强；元素的电负性越小，元素的金属性就越强。一般来说，金属元素的电负性小于2.0，非金属元素的电负性大于2.0(表2-8)。

表2-8 元素的电负性

s区		d区								ds区		p区				
H 2.1																
Li 1.0	Be 1.5											B 2.0	C 2.5	N 3.0	O 3.5	F 4.0
Na 0.9	Mg 1.2											Al 1.5	Si 1.8	P 2.1	S 2.5	Cl 3.0
K 0.8	Ca 1.0	Sc 1.3	Ti 1.5	V 1.6	Cr 1.6	Mn 1.5	Fe 1.8	Co 1.9	Ni 1.9	Cu 1.9	Zn 1.6	Ga 1.6	Ge 1.8	As 2.0	Se 2.4	Br 2.8
Rb 0.8	Sr 1.0	Y 1.2	Zr 1.4	Nb 1.6	Mo 1.8	Tc 1.9	Ru 2.2	Rh 2.2	Pd 2.2	Ag 1.9	Cd 1.7	In 1.7	Sn 1.8	Sb 1.9	Te 2.1	I 2.5
Cs 0.7	Ba 0.9	Lu 1.2	Hf 1.3	Ta 1.5	W 1.7	Re 1.9	Os 2.2	Ir 2.2	Pt 2.2	Au 2.4	Hg 1.9	Tl 1.8	Pb 1.9	Bi 1.9	Po 2.0	At 2.2

同一周期主族元素的电负性，从左到右，随着核电荷数增加而增大；同一族主族元素的电负性，从上到下，随着电子层的增加而减小。

同一周期副族元素，从左到右，电负性基本上依次增大；同一族副族元素，从上到下，电负性总体上依次增大，但也有例外。

※ 离子键和离子晶体

在分子或晶体中，直接相邻的原子或离子之间存在强烈相互作用。化学上把分子或晶体中直接相邻的原子或离子之间的强烈相互作用称为化学键。化学键的类型有离子键、共价键和金属键。

晶体的种类繁多，但若按晶格内部微粒间的作用力来划分，可分为离子晶体、原子晶体、分子晶体和金属晶体四种基本类型。

2-16 离子键的形成

当电负性较小的活泼金属元素的原子与电负性较大的活泼非金属元素的原子相互接近

时，金属原子失去最外层电子形成带正电荷的阳离子，而非金属原子得到电子形成带负电荷的阴离子。阳离子与阴离子之间除了静电相互吸引外，还存在电子与电子、原子核与原子核之间的相互排斥作用。当阳离子与阴离子接近到一定距离时，吸引作用和排斥作用达到了平衡，系统的能量降到最低，阳离子与阴离子之间就形成了稳定的化学键。这种阳离子与阴离子间通过静电作用所形成的化学键称为离子键。离子键的强弱用离子晶体的晶格能来衡量（离子晶体的晶格能见拓展阅读 2.3）。

2-17　离子键的特征

离子键的特征是没有方向性和没有饱和性。

由于离子的电荷分布是球形对称的，它在空间各个方向与带相反电荷的离子的静电作用都是相同的，阴离子与阳离子可以从各个方向相互接近形成离子键，所以离子键没有方向性。

在形成离子键时，只要空间条件允许，每一个离子可以吸引尽可能多的带相反电荷的离子，并不受离子的电荷数的限制，因此离子键没有饱和性。

形成离子键的必要条件是相互化合的元素原子间的电负性差足够大。一般说来，当非金属元素与金属元素的电负性差大于 1.7 时，它们主要形成离子键。

2-18　离子的特征

离子的电荷数、离子的电子组态和离子半径是离子的三个重要特征。

① 离子的电荷数。从离子键的形成过程可知，阳离子的电荷数就是相应原子失去的电子数；阴离子的电荷数就是相应原子得到的电子数。阴离子和阳离子的电荷数主要取决于相应原子的电子层组态、电离能和电子亲和能等。

② 离子的电子组态：

2 电子组态：离子只有 2 个电子，外层电子组态为 $1s^2$，如：Li^+、Be^{2+}；

8 电子组态：离子的最外电子层有 8 个电子，外层电子组态为 ns^2np^6，如：Na^+、Ca^{2+}、F^-；

18 电子组态：离子的最外电子层有 18 个电子，外层电子组态为 $ns^2np^6nd^{10}$，如：Ag^+、Zn^{2+}；

18+2 电子组态：离子的次外电子层有 18 个电子，最外电子层有 2 个电子，外层电子组态为 $(n-1)s^2(n-1)p^6(n-1)d^{10}ns^2$，如：$Sn^{2+}$、$Pb^{2+}$、$Bi^{3+}$；

9~17 电子组态：离子的最外电子层有 9~17 个电子，外层电子组态为 $ns^2np^6nd^{1\sim9}$，如：Fe^{3+}、Cr^{3+}。

③ 离子半径。离子半径是根据离子晶体中阴离子与阳离子的核间距测出的，并假定阴离子与阳离子的平衡核间距等于阴离子与阳离子的半径之和。

离子半径具有如下规律：

同一元素的阴离子半径大于原子半径，而阳离子半径小于原子半径，阳离子的电荷数越大，它的离子半径越小。

同一周期中电子层结构相同的阳离子半径，随离子电荷数的增大而减小；而阴离子半径随离子电荷数的绝对值增大而增大。

同一族的主族元素的电荷数相同的离子的半径，随离子的电子层数增加而增大。

2-19　晶格和晶胞

按一定规律组成的几何构型称为晶格。晶格上微观粒子所处的位置称为晶格结点。晶格中能表达晶体结构一切特征的最小结构单元称为晶胞。晶体就是由无数个相互紧密排列的晶胞所组成。

2-20　离子晶体的特征

离子晶体一般具有较高的熔点、沸点和较大的硬度。离子晶体的硬度虽然较大，但比较脆，延展性较差。离子晶体不导电(图 2-9)。

图 2-9　离子晶体的错动

2-21　离子晶体的类型

CsCl 型晶体：CsCl 型晶体的晶胞是正立方体，1 个 Cs^+处于立方体中心，8 个 Cl 位于立方体的 8 个顶点处，每个晶胞中有 1 个 Cs^+和 1 个 Cl^-。CsCl 晶体就是 CsCl 晶胞沿着立方体的面心依次紧密堆积而成。在 CsCl 晶体中，每个 Cs^+被 8 个 Cl^-包围，同时每个 Cl^-也被 8 个 Cs^+包围，Cs^+与 Cl^-的个数比为 1∶1。

NaCl 型晶体：NaCl 型晶体是 AB 型晶体中最常见的晶体构型，它的晶胞也是正立方体，每个晶胞中有 4 个 Na^+和 4 个 Cl^-。在 NaCl 晶体中，每个 Na^+被 6 个 Cl^-所包围，同时每个 Cl^-也被 6 个 Na^+所包围，Na^+与 Cl^-的个数比为 1∶1。

ZnS 型晶体：ZnS 型晶体的晶胞也是正立方体，每个晶胞中有 4 个 Zn^{2+}和 4 个 S^{2-}。在 ZnS 晶体中，每个 Zn^{2+}被 4 个 S^{2-}包围，同时每个 S^{2-}也被 4 个 Zn^{2+}包围，Zn^{2+}与 S^{2-}的个数比为 1∶1(图 2-10)。

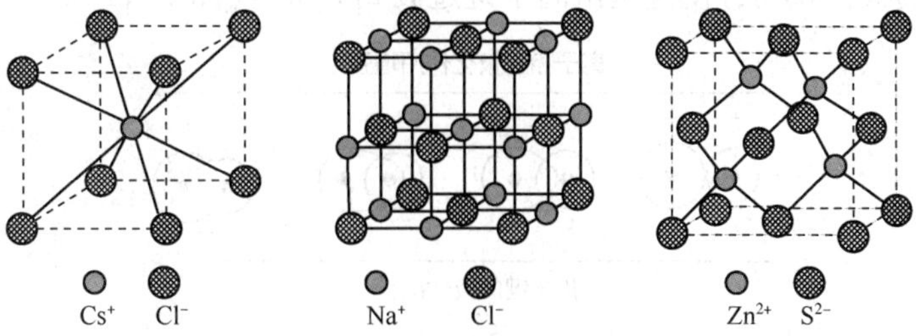

(a) CsCl型晶体　(b) NaCl型晶体　(c) ZnS型晶体

图 2-10　CsCl 型晶体、NaCl 型晶体和 ZnS 型晶体的晶胞

2-22 离子极化

离子在周围带相反电荷离子的作用下，原子核与电子发生相对位移，导致离子变形而产生诱导偶极，这种现象称为离子极化。

（1）离子的极化力和变形性

离子极化的强弱决定于离子的极化力和离子的变形性。离子的极化力是指离子使带相反电荷的离子变形的能力，它取决于离子所产生的电场强度。影响离子的极化力的因素有离子的半径、电荷数和外层电子组态。

① 离子的半径：当离子的电荷数和外层电子组态相同时，离子的半径越小，离子的极化力就越强。

② 离子的电荷数：当离子的外层电子组态相同和离子半径相近时，阳离子的电荷数越大，离子的极化力就越强。

③ 离子的外层电子组态：当离子半径相近和电荷数相同时，离子的极化力与外层电子组态有关。18、18+2、2 电子>9~17 电子>8 电子。

离子的变形性是指离子被带相反电荷离子的极化而发生变形的能力。影响因素：

① 当离子的电荷数和外层电子组态相同时，离子的半径越大，变形性就越大。

② 当外层电子组态相同时，阴离子电荷数的绝对值越大，它的变形性就越大；而阳离子的电荷数越大，它的变形性就越小。

③ 当离子的半径相近和电荷数相同时，阳离子的变形性大小顺序为：18、18+2 电子>9~17 电子>8 电子。

虽然阳离子和阴离子都有极化力和变形性，但一般说来，阳离子半径小，极化力大，变形性小；而阴离子半径大，极化力小，变形性大。因此在讨论离子极化时，主要考虑阳离子的极化力和阴离子的变形性。但如果阳离子也具有一定的变形性，它也能被阴离子极化而变形，阳离子被极化后，又增加了它对阴离子的极化作用。这种加强的极化作用称为附加极化作用。

（2）离子极化对化学键类型的影响

阳离子与阴离子之间如果完全没有极化作用，则所形成的化学键为离子键。实际上，阳离子与阴离子之间存在不同程度的极化作用。当极化力强、变形性又大的阳离子与变形性大的阴离子结合时，由于阳离子与阴离子相互极化作用显著，使阳离子和阴离子发生强烈变形，导致阳离子的外层原子轨道与阴离子外层原子轨道发生重叠，使阳离子与阴离子的核间距缩短，化学键的极性减弱，使键型由离子键过渡到共价键（图 2-11）。

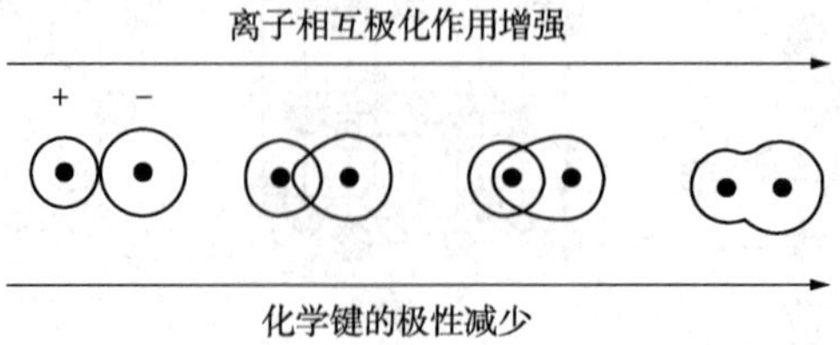

图 2-11 离子极化对化学键类型的影响

(3) 离子极化对晶体构型的影响

当离子极化作用显著时，阳离子的外层原子轨道与阴离子的外层原子轨道发生部分重叠，化学键中共价键成分增大，使离子晶体转变为原子晶体或分子晶体。例如，第三周期氧化物晶型的变化见表 2-9。

表 2-9 第三周期氧化物晶型的变化

Na_2O	MgO	Al_2O_3	SiO_2	P_2O_5	SO_3	Cl_2O_7
离子晶体	离子晶体	离子晶体	原子晶体	分子晶体	分子晶体	分子晶体

如果阳离子与阴离子之间存在强烈的相互极化作用，会使化学键的键长缩短，晶体构型也向配位数较小的晶体构型转变。

例如：AgCl、AgBr 配位数是 6，AgI 为 4。许多 18 电子组态阳离子形成的离子晶体配位数均为 4，如 CuX、ZnS、CdS、HgS。

(4) 离子极化对化合物性质的影响

① 离子极化对无机化合物溶解度的影响。当阳离子与阴离子之间的极化作用显著时，使离子键过渡到共价键。由于水不能有效地减弱共价键的结合力，所以离子极化使无机化合物在水中的溶解度减小。例如：AgF > AgCl > AgBr > AgI。

影响无机化合物溶解度的因素是多方面的，但离子极化往往起着重要的作用。

② 离子极化对化合物颜色的影响。物质对可见光的吸收与否，取决于组成物质的原子的基态与激发态的能量差。典型的离子型化合物，其基态与激发态的能量差较大，电子激发时吸收比可见光的能量更大的紫外光，因此在白光照射下为无色物质。

离子极化使晶体中的化学键由离子键向共价键过渡，使基态与激发态之间的能量差减小，电子激发时所需的能量落在可见光的能量范围内，当白光照射在物质上，某些波长的可见光被吸收，而呈现出反射光的颜色。离子极化作用越强，基态与激发态的能量差就越小，吸收可见光的波长越长，物质呈现的颜色就越深。例如：Ag^+、I^- 均为无色；AgI 为黄色。

※ 分子结构、分子间作用力和氢键

2-23 现代价键理论

(1) 共价键的本质

1916 年，美国化学家路易斯提出了早期共价键理论。路易斯认为：分子中的每个原子都有达到稳定的稀有气体元素稳定结构的倾向，在由非金属原子组成的分子中，原子达到稀有气体元素稳定结构是通过共用一对或几对电子实现的。这种原子之间通过共用电子对所形成的化学键称为共价键。

海特勒和伦敦用量子力学处理氢原子形成氢分子过程，得到氢分子的能量与核间距之间的关系曲线(图 2-12)。如果两个氢原子的电子自旋方向相反，当它们相互接近时，随着核间距减小，两个氢原子的 1s 轨道发生重叠，两个原子核

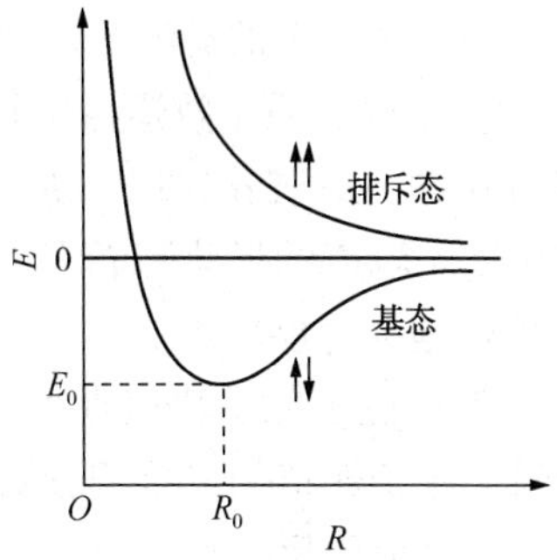

图 2-12 氢分子能量与核间距关系曲线

间形成一个电子出现的概率密度较大的区域，既降低了两个原子核间的正电排斥，又增加了两个原子核对核间电子出现的概率密度较大区域的吸引，系统能量逐渐降低，当核间距减小到平衡距离时，能量降低到最低值，两个氢原子形成氢分子。

如果两个氢原子的电子自旋方向相同，当这两个氢原子相互接近时，随着核间距的减小，两个原子核间电子出现的概率密度降低，增大了两个原子核之间的排斥力，系统能量逐渐升高，而且比两个远离的氢原子能量还高，不能形成氢分子(图 2-13)。

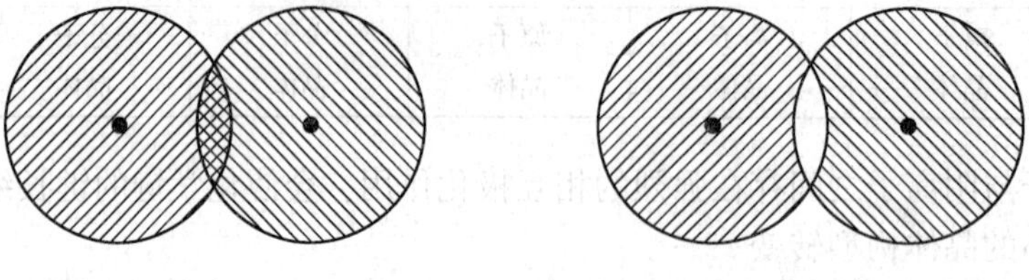

图 2-13　两个氢原子相互接近时原子轨道重叠示意图

(2) 价键理论的基本要点

① 两个原子接近时，原子中两个自旋方向相反的未成对电子可以配对形成共价键。

② 一个原子含有几个未成对电子，就能与其他原子的几个自旋方向相反的未成对电子形成几个共价键。一个原子所形成的共价键的数目，一般受未成对电子数目的限制，这就是共价键的饱和性。

③ 成键的原子轨道重叠越多，两核间电子出现的概率密度就越大，形成的共价键就越牢固。在可能情况下，共价键总是沿着原子轨道最大重叠的方向形成，这就是共价键的方向性(图 2-14)。

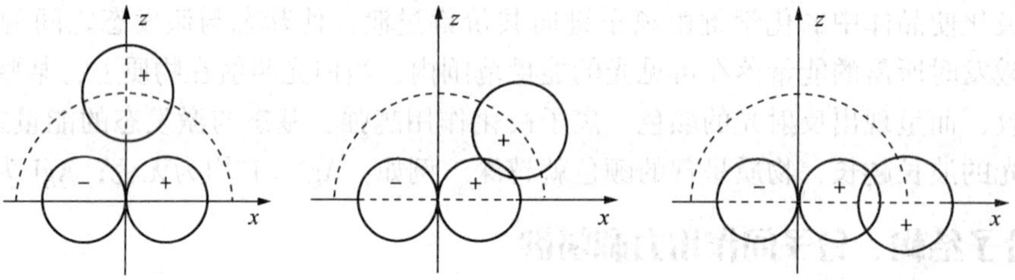

图 2-14　H 的 1s 轨道与 Cl 的 $3p_x$ 轨道重叠示意图

(3) 共价键的类型

① σ 键。原子轨道沿键轴(两原子核间连线)方向以“头碰头”方式重叠所形成的共价键称为 σ 键。形成 σ 键时，原子轨道的重叠部分对于键轴呈圆柱形对称，沿键轴方向旋转任意角度，轨道的形状和符号均不改变。由于形成 σ 键时，原子轨道达到最大程度的重叠，所以 σ 键的键能较大。

② π 键。原子轨道垂直于键轴以“肩并肩”方式重叠所形成的共价键称为 π 键。形成 π 键时，原子轨道的重叠部分对等地分布在包括键轴在内的平面上、下两侧，形状相同，符号相反，呈镜面反对称。由于形成 π 键时，原子轨道的重叠程度较小，所以 π 键的键能较小。

从原子轨道重叠程度来看，π 键的重叠程度比 σ 键的重叠程度小，因此 π 键的键能小于 σ 键的键能，所以 π 键的稳定性低于 σ 键，它是化学反应的积极参与者(图 2-15)。

两个原子形成共价单键时，原子轨道总是沿键轴方向达到最大程度的重叠，所以单键都

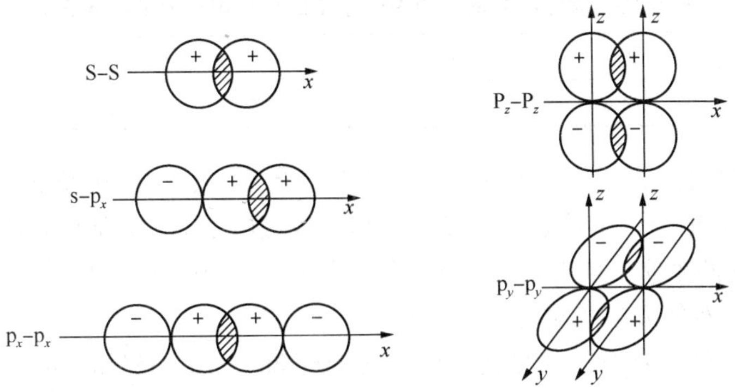

图 2-15　σ 键和 π 键的形成

是 σ 键；形成共价双键时，有一个 σ 键和一个 π 键；形成共价三键时，有一个 σ 键和两个 π 键(图 2-16)。

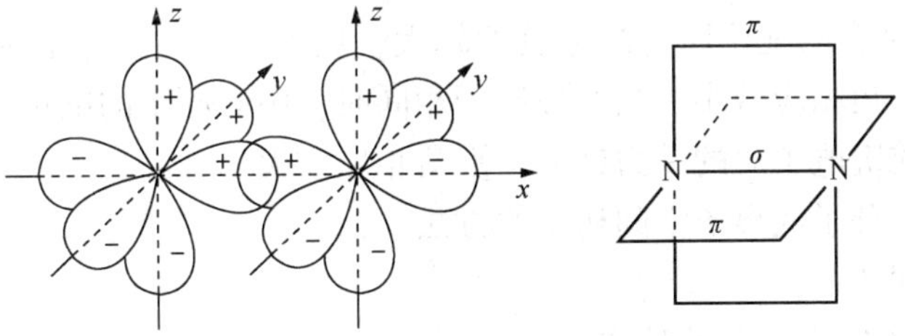

图 2-16　N_2中的共价三键示意图

(4) 配位共价键

按共用电子对提供的方式不同，共价键又可分为正常共价键和配位共价键。

由一个原子单独提供共用电子对而形成的共价键称为配位共价键，简称配位键。配位键用箭号"→"表示，箭头方向由提供电子对的原子指向接受电子对的原子。形成配位键的条件是：

① 电子对给予体的最外层有孤对电子；

② 电子对接受体的最外层有可接受孤对电子的空轨道。

共价键参数见拓展阅读 2.4。

2-24　价层电子对互斥理论

价键理论成功地阐明了共价键的本质和特性，但在判断和解释多原子分子的空间构型遇到了很大困难。为了方便地预测多原子分子或多原子离子的空间构型，1940 年英国科学家西奇微克(Sidgwick)和美国科学家鲍威尔(Powell)提出价层电子对互斥理论，20 世纪 60 年代初，加拿大科学家吉莱斯皮(Gillespie)和尼霍姆(Nyholm)进一步发展了这一理论。

(1) 价层电子对互斥理论的基本要点(AB_n型)

① 多原子分子或多原子离子的空间构型取决于中心原子的价层电子对。价层电子对是指 σ 键电子对和未成键的孤对电子。

② 中心原子的价层电子对之间尽可能远离，以使斥力最小(表 2-10)。

表 2-10　静电斥力最小的中心原子的价层电子对的排布方式

价层电子对数	2	3	4	5	6
电子对排布方式	直线形	平面三角形	四面体	三角双锥	八面体

③ 价层电子对之间的斥力与价层电子对的类型有关(只考虑90°角之间的斥力)：

孤对电子-孤对电子> 孤对电子-成键电子对>成键电子对-成键电子对

成键电子对受两个原子核吸引，电子云比较紧密，而孤对电子只受中心原子的吸引，电子云比较“肥大”，对邻近电子对的斥力较大。

例如：CH_4、NH_3、H_2O 分子中键角分别为 109°28′、107°18′和 104°30′。这是因为 CH_4 中 C 原子没有孤对电子，NH_3 分子中 N 原子有一对孤对电子，H_2O 分子 O 原子有两对孤对电子。

④ 中心原子若形成共价双键或共价三键，仍按共价单键处理。但由于双键或三键中成键电子多，相应斥力也大：

三键>双键>单键

⑤ 与中心原子结合的配位原子的电负性越大，成键电子对离中心原子越远，减少了成键电子对的斥力，键角相应减小。当配位原子相同时，中心原子的电负性越大，成键电子对越偏向中心原子，成键电子对的斥力越大，键角相应增大。

(2) 判断多原子分子或离子空间构型的方法

判断构型的步骤如下：

① 确定中心原子的价层电子对数：

价层电子对数=(中心原子的价电子数+配位原子提供的电子数)/2

② 根据中心原子的价层电子对数，找出中心原子的价层电子对空间排布方式。

③ 每一对电子连接一个配位原子，未结合配位原子的电子对是孤对电子。

若中心原子的价层电子对全部是成键电子对，则分子或离子的空间构型与中心原子的价层电子对的分布方式相同；若价层电子对中有孤对电子，应选择静电斥力最小的结构，即为分子或离子的空间构型(表 2-11)。

表 2-11　中心原子价层电子对的排布和 AB_n 型共价分子的构型

价层电子对数	价层电子对的空间排布	成键电子对数	孤对电子数	分子类型	电子对的排布方式	分子的空间构型	实例
2	直线形	2	0	AB_2	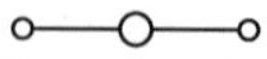	直线形	$HgCl_2$
3	平面三角形	3	0	AB_3	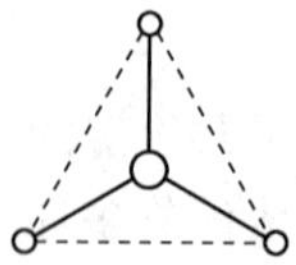	平面三角形	BF_3
		2	1	AB_2	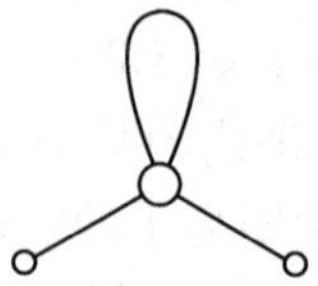	V 形	$PbCl_2$

续表

价层电子对数	价层电子对的空间排布	成键电子对数	孤对电子数	分子类型	电子对的排布方式	分子的空间构型	实例
4	四面体	4	0	AB_4	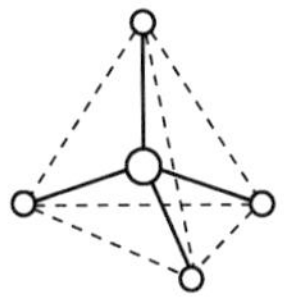	正四面体	CH_4
		3	1	AB_3	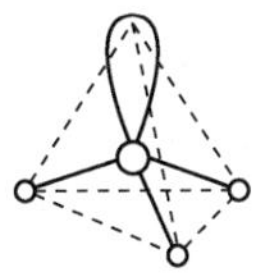	三角锥形	NH_3
		2	2	AB_2	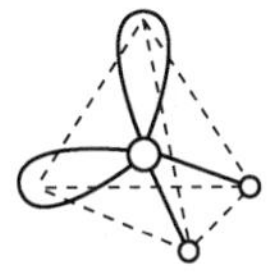	V 形	H_2O

2-25　杂化轨道理论

为了解释多原子分子或多原子离子的空间构型，鲍林和斯莱特提出了杂化轨道理论，进一步补充和发展了价键理论。

中心原子在形成分子的过程中，在成键原子的影响下，中心原子能量相近的原子轨道重新组合成一组新的原子轨道，称为原子轨道的杂化，杂化后得到的原子轨道称为杂化轨道。

(1) 杂化轨道理论的基本要点

① 只有在形成分子的过程中，中心原子能量相近的原子轨道才能进行杂化。

② 杂化轨道的成键能力比未杂化原子轨道的成键能力强。

③ 原子轨道进行杂化时，原子轨道的数目不变，但原子轨道在空间的伸展方向发生变化。

④ 组合得到的杂化轨道与其他原子形成 σ 键或排布孤对电子，而不能以空轨道的形式存在。

⑤ 中心原子采取的杂化类型决定了杂化轨道分布形状及所形成的分子的空间构型。

(2) s-p 杂化轨道及有关分子的空间构型

由原子轨道组合得到的一组杂化轨道中，如果每个杂化轨道中的 s 轨道成分和 p 轨道成分分别相等，则称为等性杂化轨道。如果组合得到的一组杂化轨道中，每个杂化轨道中的 s 轨道成分和 p 轨道的成分不分别相等，则称为不等性杂化轨道。

由 s 轨道和 p 轨道杂化得到的原子轨道称为 s-p 杂化轨道。s 轨道与 p 轨道的杂化方式有三种。

① sp 杂化轨道及有关分子的空间构型。由一个 ns 轨道和一个 np 轨道参与的杂化称为 sp 杂化，形成的两个杂化轨道称为 sp 杂化轨道。每个 sp 杂化轨道中含有 1/2s 轨道成分和 1/2p 轨道成分，杂化轨道间的夹角为 180°(图 2-17)。

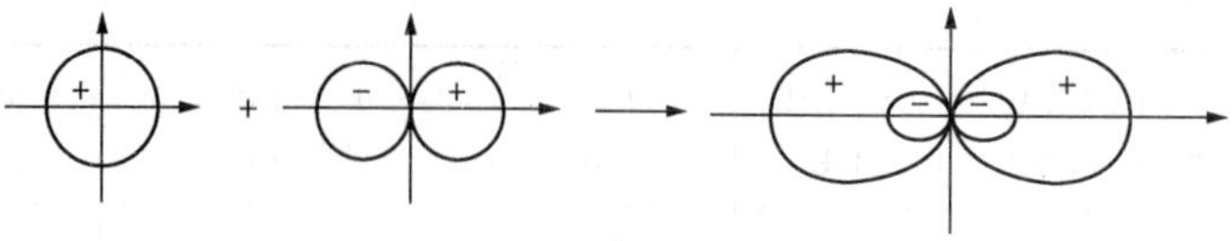

图 2-17　sp 杂化示意图

基态 Be 原子的外层电子组态为 $2s^2$，在形成 $BeCl_2$ 分子时，在 Cl 原子的影响下，Be 原子的一个 2s 轨道和一个 2P 轨道进行 sp 杂化，形成两个 sp 杂化轨道，每个杂化轨道中各有一个未成对电子。Be 原子用两个 sp 杂化轨道分别与两个 Cl 原子含有未成对电子的 3P 轨道重叠，形成了两个 σ 键。由于 Be 原子提供的两个 sp 杂化轨道之间的夹角是 180°，因此所形成的 $BeCl_2$ 分子的空间构型为直线形，如图 2-18 所示。

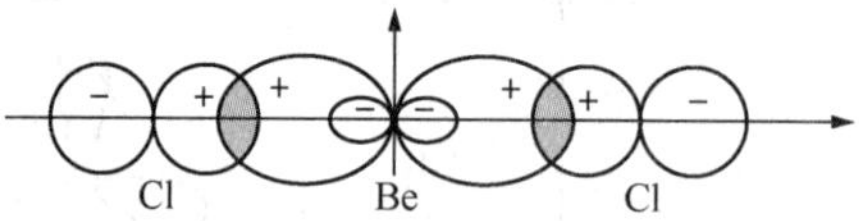

图 2-18　$BeCl_2$ 分子的形成示意图

② sp^2 杂化轨道及有关分子的空间构型。由一个 *n*s 轨道和两个 *n*p 轨道参与的杂化称为 sp^2 杂化，形成的三个杂化轨道称为 sp^2 杂化轨道。每个 sp^2 杂化轨道中含有 1/3 的 s 轨道成分和 2/3 的 p 轨道成分，杂化轨道之间的夹角为 120°，呈平面正三角形，如图 2-19(a)所示。

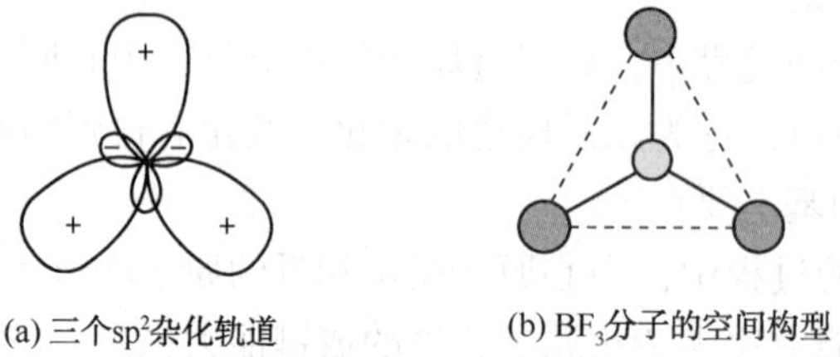

图 2-19　sp^2 杂化轨道示意图

基态 B 原子的外层电子组态为 $2s^22p^1$，在形成 BF_3 分子时，在 F 原子的影响下，B 原子的一个 2s 轨道和两个 2p 轨道进行 sp^2 杂化，形成三个 sp^2 杂化轨道。每个 sp^2 杂化轨道中各有一个未成对电子，B 原子用三个 sp^2 杂化轨道分别与三个 F 原子含有未成对电子的 3p 轨道重叠形成三个 σ 键。由于 B 原子提供的三个 sp^2 杂化轨道之间的夹角是 120°，所有 BF_3 分子的空间构型是平面正三角形，如图 2-19(b)所示。

③ sp^3 等性杂化轨道及有关分子的空间构型。由一个 *n*s 轨道和三个 *n*p 轨道参与的等性杂化称为 sp^3 等性杂化，形成的四个杂化轨道称为 sp^3 等性杂化轨道。每个 sp^3 杂化轨道中含有 1/4 的 s 轨道成分和 3/4 的 p 轨道成分，杂化轨道之间的夹角为 109°28′，如图 2-20(a)所示。

基态 C 原子的外层电子组态为 $2s^22p^2$，在形成 CH_4 分子时，在 H 原子的影响下，C 原子的一个 2s 轨道和三个 2p 轨道进行 sp^3 杂化，形成四个 sp^3 等性杂化轨道。每个 sp^3 杂化轨道中各有一个未成对电子，C 原子用四个 sp^3 杂化轨道分别与四个 H 原子的 1s 轨道重叠形

成四个 σ 键。由于 C 原子提供的四个 sp^3 杂化轨道之间的夹角是 109°28′，所有 CH_4 分子的空间构型为正四面体，如图 2-20(b)所示。

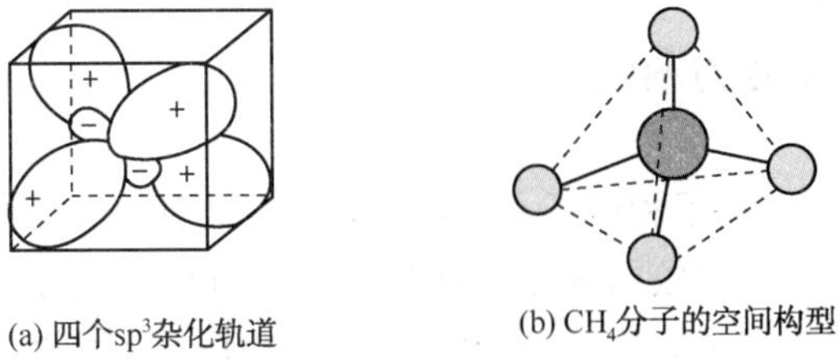

图 2-20　sp^3 等性杂化轨道和 CH_4 分子的空间构型

④ sp^3 不等性杂化轨道及有关分子的空间构型。对于价层含孤对电子的中心原子，由于孤对电子要占据杂化轨道，而又不参与成键，将使形成分子的能量升高。若采用 sp^3 等性杂化，则由于孤对电子占据的 sp^3 杂化轨道中 s 成分较少，因此能量较高，分子的稳定性较低。为了使分子的能量尽可能低，含孤对电子的中心原子采用 sp^3 不等性杂化，在满足成键杂化轨道有尽可能大的成键能力的前提下，尽可能增加非键杂化轨道中的 s 轨道成分和减小 p 轨道成分，并相应减少成键杂化轨道的 s 轨道成分和增大 p 轨道成分，使形成的分子的能量比等性杂化时有所降低。

NH_3、PH_3 和 H_2S 等分子中的中心原子 N、P 和 S 原子在形成共价键时均采用 sp^3 不等性杂化。

基态 N 的外层电子组态为 $2s^22p^3$，形成 NH_3 分子时，在 H 影响下，N 的一个 2s 轨道和三个 2p 轨道进行 sp^3 不等性杂化，形成两组能量不相等的 sp^3 杂化轨道。其中三个 sp^3 成键杂化轨道的能量相等，每个杂化轨道含 0.226s 轨道成分和 0.774p 轨道成分；而 sp^3 非键杂化轨道中含 0.322s 轨道成分和 0.678p 轨道成分。N 原子用三个各含一个未成对电子的 sp^3 成键杂化轨道分别与三个 H 的 1s 轨道重叠，形成三个 N—H 键，孤对电子则占据 s 轨道成分较高的 sp^3 非键杂化轨道。因此，NH_3 分子的空间构型为三角锥形，如图 2-21(a)所示。

基态 O 的外层电子组态为 $2s^22p^4$，形成 H_2O 分子时在 H 的影响下，O 采取 sp^3 不等性杂化，形成两组能量不同的 sp^3 杂化轨道，其中两个成键 sp^3 杂化轨道含 0.20s 轨道成分和 0.80p 轨道成分，两个 sp^3 非键杂化轨道含 0.30s 轨道成分和 0.70p 轨道成分。O 原子用两个各含有一个未成对电子的 sp^3 成键杂化轨道分别与两个 H 原子的 1s 轨道重叠，形成两个 O—H 键，两对孤对电子各占据一个 sp^3 非键杂化轨道。因此，H_2O 的空间构型为 V 形。如图 2-21(b)所示。

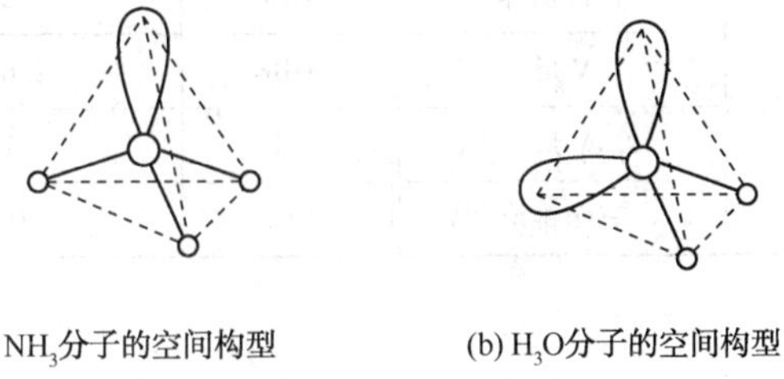

图 2-21　NH_3 分子和 H_2O 分子的空间构型

分子晶体见拓展阅读 2.5；原子晶体见拓展阅读 2.6；金属键及金属晶体见拓展阅读 2.7。

2-26 分子间作用力和氢键

离子键和共价键是存在于离子和原子之间的强烈相互作用力，键能为 100～800kJ · mol^{-1}。此外，在分子之间还存在一种比较弱的相互作用力，为化学键键能的 1/10～1/100。这种存在于分子之间比较弱的相互作用力称为分子间作用力。由于分子间作用力最早是由荷兰物理学家范德华(van der Waals)提出的，因此也称为范德华力。分子间作用力除了与分子的结构有关外，也与分子的极性有关。

(1) 分子的极性

分子的正电荷中心与负电荷中心重合，为非极性分子；如果分子的正电荷中心与负电荷的中心不重合，则为极性分子。

双原子分子的极性决定于共价键的极性，如果共价键为极性键，则分子为极性分子；如果共价键为非极性键，则分子为非极性分子。

多原子分子的极性不仅与共价键的极性有关，还与分子的空间构型有关。如果分子中共价键是极性键，但分子的空间构型是完全对称的，则为非极性分子；如果分子中的共价键为极性键，且分子的空间构型不对称，则为极性分子。

分子极性的大小常用分子电偶极矩衡量。分子电偶极矩等于正电荷中心和或负电荷中心的电荷量与正电荷中心和负电荷中心间的距离的乘积：

$$\mu = q \cdot d$$

分子电偶极矩越大，分子的极性就越大；分子电偶极矩越小，分子的极性就越小；分子电偶极矩为零的分子是非极性分子(表 2-12)。

表 2-12 一些分子的分子电偶极矩与分子空间构型

分子	$\mu/10^{-30}$C · m	分子空间构型	分子	$\mu/10^{-30}$C · m	分子空间构型
H_2	0	直线形	SO_2	5.28	V 形
N_2	0	直线形	$CHCl_3$	3.63	四面体
CO_2	0	直线形	CO	0.33	直线形
CS_2	0	直线形	O_3	1.67	V 形
CCl_4	0	正四面体	HF	6.47	直线形
CH_4	0	正四面体	HCl	3.60	直线形
H_2S	3.63	V 形	HBr	2.60	直线形
H_2O	6.17	V 形	HI	1.27	直线形
NH_3	4.29	三角锥形	BF_3	0	平面正三角形

(2) 分子间作用力

① 取向力。极性分子的正电荷中心与负电荷中心不重合，分子中存在永久偶极。当极性分子相互接近时，极性分子的永久偶极之间同极相斥、异极相吸，使极性分子发生相对旋转，处于异极相邻而产生静电作用。

这种由于极性分子发生相对旋转取向而在极性分子的永久偶极之间产生的静电作用力称为取向力。取向力的本质是静电作用，极性分子的分子电偶极矩越大，取向力也就越大(图 2-22)。

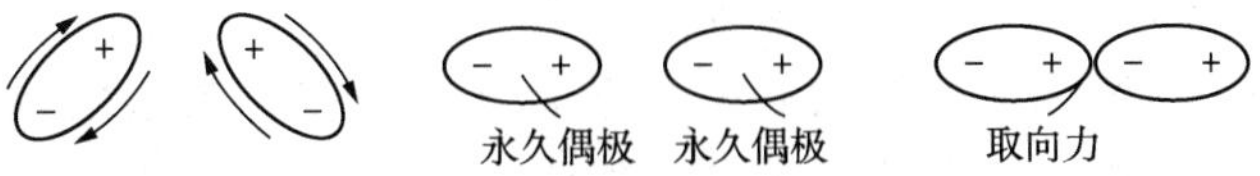

图 2-22　极性分子之间的相互作用

② 诱导力。当极性分子与非极性分子相互接近时，在极性分子永久偶极的影响下，非极性分子原来重合的正电荷中心与负电荷中心发生相对位移而产生诱导偶极，在极性分子的永久偶极与非极性分子的诱导偶极之间产生静电作用。这种极性分子的永久偶极与非极性分子的诱导偶极之间产生的作用力称为诱导力。

当极性分子相互接近时，在各自永久偶极的影响下，每个极性分子的正电荷中心与负电荷中心的距离被拉大，也将产生诱导偶极，因此诱导力也存在于极性分子之间(图 2-23)。

③ 色散力。在非极性分子中，由于电子的运动和原子核的振动，在一瞬间分子的正电荷中心与负电荷中心发生相对位移，产生瞬间偶极，瞬间偶极诱导相邻非极性分子产生相应的瞬间诱导偶极，在瞬间偶极与瞬间诱导偶极之间产生静电作用。这种瞬间偶极与瞬间诱导偶极之间产生的作用力称为色散力。虽然瞬时偶极和瞬间诱导偶极存在时间极短，但是这种情况不断重复，因此色散力始终存在着。

由于极性分子也会产生瞬间偶极和瞬间诱导偶极，因此，非极性分子与极性分子之间及极性分子之间也存在色散力。

在非极性分子之间，只存在色散力；在极性分子与非极性分子之间，存在色散力和诱导力；在极性分子之间存在色散力、诱导力和取向力。对于大多数分子来说，色散力是主要的；只有当分子的极性很大时，取向力才比较显著；而诱导力通常很小。

分子间作用力是决定分子晶体的熔点、沸点的主要因素。分子间作用力越大，分子晶体的熔点、沸点就越高(图 2-24)。

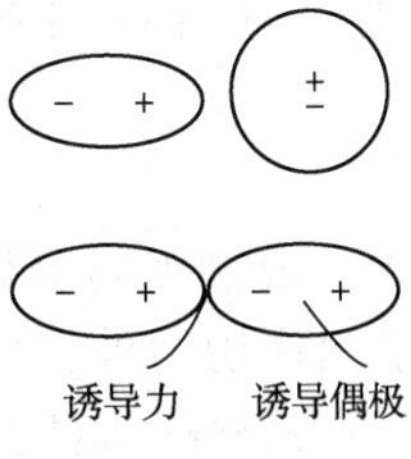

图 2-23　极性分子与非极性分子之间的相互作用

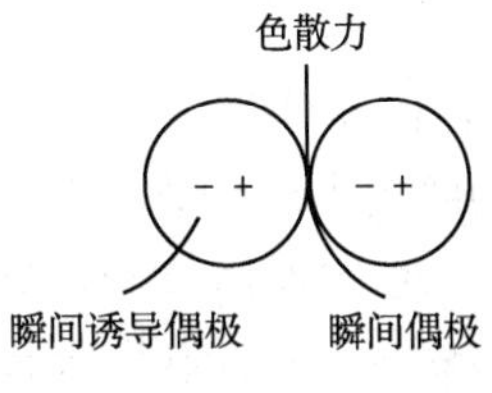

图 2-24　非极性分子之间的相互作用

(3) 氢键

当氢原子与电负性大、半径小的 X 原子形成共价键后，共用电子对偏向于 X 原子，使氢原子几乎变成了“裸核”。“裸核”的体积很小，又没有内层电子，不被其他原子的电子所排斥，还能与另一个电负性大、半径小的 Y 原子中的孤对电子产生静电吸引。这种产生在氢原子与电负性大的元素原子的孤对电子之间的静电吸引作用称为氢键。

① 氢键具有方向性和饱和性。氢键的方向性是指形成氢键 X—H……Y 时，X、H 和 Y

原子尽可能在一条直线上，这样可使 X 原子与 Y 原子之间距离最远，它们之间的排斥力最小。

氢键的饱和性是指一个 X—H 分子只能与一个 Y 原子形成氢键，当 X—H 分子与一个 Y 原子形成氢键 X—H……Y 后，如果再有一个 Y 原子接近时，则这个原子受到 X—H……Y 上的 X 和 Y 原子的排斥力远大于 H 原子对它的吸引力，使 H 原子不可能再与第二个 Y 原子形成第二个氢键。

② 氢键可分为分子间氢键和分子内氢键两种类型。

分子间氢键：可分为同种分子间的氢键和不同种分子间的氢键两大类。同种分子间的氢键也可分为二聚分子中的氢键和多聚分子中的氢键。

二聚分子中的氢键的一个比较典型例子是二聚甲酸（$(HCOOH)_2$）中的氢键，如图 2-25 所示。

多聚分子中氢键的链状结构的一个示例是固体氟化氢，如图 2-26 和图 2-27 所示。

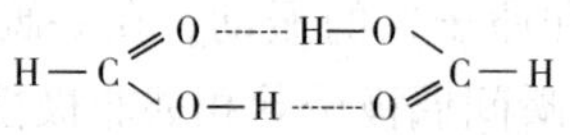

图 2-25　二聚甲酸中氢键的结构

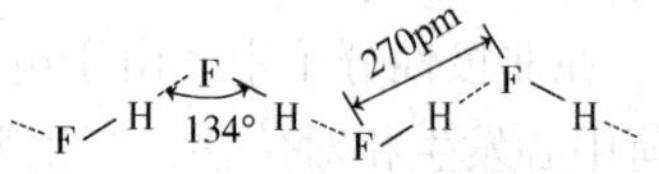

图 2-26　固体氟化氢中氢键的链状结构

分子内氢键：在某些分子中，存在着分子内氢键，如图 2-28 所示。

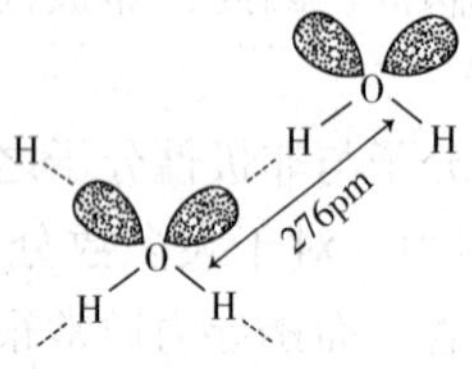

图 2-27　水分子间的氢键

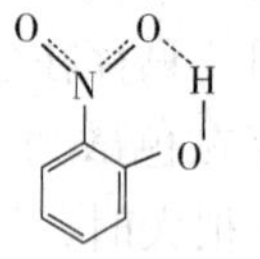

图 2-28　邻硝基苯酚

由于受分子结构的限制，形成分子内氢键的三个原子不在同一直线上，键角一般约为 150°。

（4）氢键对化合物性质的影响

① 氢键对化合物的沸点和熔点的影响。化合物分子形成分子间氢键时，将使化合物的沸点和熔点升高。因为要使液体汽化，除了要克服分子间作用力外，还必须拆开分子间氢键，需要消耗较多的能量；而要使晶体熔化，也要拆开一部分分子间氢键，也需要消耗较多的能量。

如果生成分子内氢键，必然使生成分子间氢键的机会减少，因此与形成分子间氢键的化合物相比较，其沸点和熔点就会降低。

② 氢键对化合物的溶解度的影响。如果溶质分子与溶剂分子形成分子间氢键，则溶质在溶剂中的溶解度增大。如果溶质分子形成分子内氢键，则在极性溶剂中的溶解度减小，而在非极性溶剂中的溶解度增大。

氢键在生命过程中具有非常重要的意义。与生命现象密切相关的蛋白质和核酸分子中都含有氢键，氢键在决定蛋白质和核酸等分子的结构和功能方面起着极为重要的作用。在这些分子中，一旦氢键被破坏，分子的空间结构就要改变，生物活性就会丧失。

第二部分　典型例题

【例 1-1】　应用核外电子填充轨道顺序图，根据泡利不相容原理、能量最低原理、洪特规则，可以写出元素原子的核外电子分布式。

如：$_{7}N$　$1s^22s^22p^3$

$_{19}K$　$1s^22s^22p^63s^23p^64s^1$

$_{26}Fe$　$1s^22s^22p^63s^23p^63d^64s^2$

【例 1-2】　核外电子填充轨道顺序，19 种元素原子的外层电子分布有例外。

如：$_{29}Cu$　$1s^22s^22p^63s^23p^63d^{10}4s^1$　全充满　同样有：$_{46}Pd$、$_{47}Ag$、$_{79}Au$

$_{24}Cr$　$1s^22s^22p^63s^23p^63d^54s^1$　半充满　同样有：$_{42}Mo$、$_{64}Gd$、$_{96}Cm$

当电子分布为全充满（p^6、d^{10}、f^{14}）、半充满（p^3、d^5、f^7）、全空（p^0、d^0、f^0）时，原子结构较稳定。例外的还有：$_{41}Nb$、$_{44}Ru$、$_{45}Rh$、$_{57}La$、$_{58}Ce$、$_{78}Pt$、$_{89}Ac$、$_{90}Th$、$_{91}Pa$、$_{92}U$、$_{93}Np$。

【例 1-3】　基态原子外层电子填充顺序及价电子电离顺序经验规律。

填充顺序：　$\longrightarrow ns \longrightarrow (n-2)f \longrightarrow (n-1)d \longrightarrow np$

价电子电离顺序：　$\longrightarrow np \longrightarrow ns \longrightarrow (n-1)d \longrightarrow (n-2)f$

如：$_{26}Fe$　$1s^22s^22p^63s^23p^63d^64s^2$或[Ar]$3d^64s^2$

Fe^{2+}　$1s^22s^22p^63s^23p^63d^64s^0$　或[Ar]$3d^6$

其中[Ar]称为原子实：即原子中除去最高能级组以外的原子实体。

【例 1-4】　推断元素在周期表的位置（周期、区、族）取决于该元素原子核外电子的分布。

如$_{20}$Ca：

① 写出电子排布式　　$1s^22s^22p^63s^23p^64s^2$ 或[Ar]$4s^2$

② 周期数＝电子层数　　四周期

③ 最后一个电子填入 s 亚层　　s 区元素

④ 族数＝最外层电子数＝2　　ⅡA

结论：Ca 为第四周期、ⅡA 族元素。

如$_{24}$Cr：

① 写出电子排布式　　$1s^22s^22p^63s^23p^63d^54s^1$ 或[Ar]$4s^1$

② 周期数＝电子层数　　四周期

③ 最后一个电子填入次外层 d 亚层　　d 区元素

④ 族数＝（最外层＋次外层 d）电子数

＝（1＋5）＝6　　ⅥB

结论：Cr 为第四周期、ⅥB 族元素。

如$_{47}$Ag：

① 写出电子排布式　　[Kr]$4d^{10}5s^1$

② 周期数＝电子层数　　五周期

③ 最后一个电子填入次外层 d 亚层，而 d 电子数为 10　　ds 区元素

④ 族数=最外层电子数=1　　ⅠB

结论：Ag 为第五周期、ⅠB 族元素。

【例 1-5】 已知某副族元素 A 原子，最后一个电子填入 3d 轨道，族号=3。试写出该元素核外电子排布式。

① 最后一个电子填入次外层 d 亚层，为 d 区元素，故最外层电子数=2；

② 族数=(最外层+次外层)电子数=3　则 d 电子数=3-2=1；

③ 周期数=电子层数=4。

结论：该元素核外电子排布式为 $1s^2 2s^2 2p^6 3s^2 3p^6 3d^1 4s^2$。

【例 1-6】 根据价层电子对互斥理论预测 CCl_4 分子的空间构型。

在 CCl_4 分子中，C 原子有 4 个价电子，4 个 Cl 原子各提供 1 个电子，C 原子的价电子对为 4 对。由表 2-10 可知 C 原子的价层电子对的空间排布为正四面体。由于价层电子对全部是成键电子对，因此 CCl_4 分子的空间构型为正四面体。

【例 1-7】 根据价层电子对互斥理论预测 PCl_3 分子的空间构型。

在 PCl_3 分子中，P 原子有 5 个价电子，3 个 Cl 原子各提供 1 个电子，P 原子的价层电子对为 4 对，由表 2-10 可知 P 原子的价层电子对的空间排布为四面体，四面体的 3 个顶角被 3 个 Cl 原子占据，余下的一个顶角被孤对电子占据，因此 PCl_3 分子空间构型为三角锥形。

【例 1-8】 根据价层电子对互斥理论预测 NO_3^-的空间构型。

在 NO_3^-中，N 原子有 5 个价电子，再加上得到的 1 个电子，N 原子共有 3 对价层电子对，价层电子对的空间排布为平面三角形。由于中心原子的价层电子对全部是成键电子对，因此 NO_3^-的空间构型为平面正三角形(注意：计算价层电子对时，O 作配位原子时不提供电子)。

【例 1-9】 根据价层电子对互斥理论预测 H_2S 分子的空间构型。

在 H_2S 分子中，S 原子有 6 个价电子，两个 H 原子各提供 1 个电子，S 原子有 4 对价层电子对，S 原子的价层电子对的空间排布为四面体。由于 S 原子的 4 对价层电子对中，只有 2 对成键电子时，另外 2 对是孤对电子，因此 H_2S 分子的空间构型为 V 字形。

【例 1-10】 根据价层电子对互斥理论预测 IF_2^- 的空间构型。

在 IF_2^- 中，中心原子共有 5 个价层电子对，价层电子对的分布为三角双锥形。在中心原子的 5 对价层电子对中，有 2 对成键电子对和 3 对孤对电子，有如图 2-29 所示的三种可能结构。

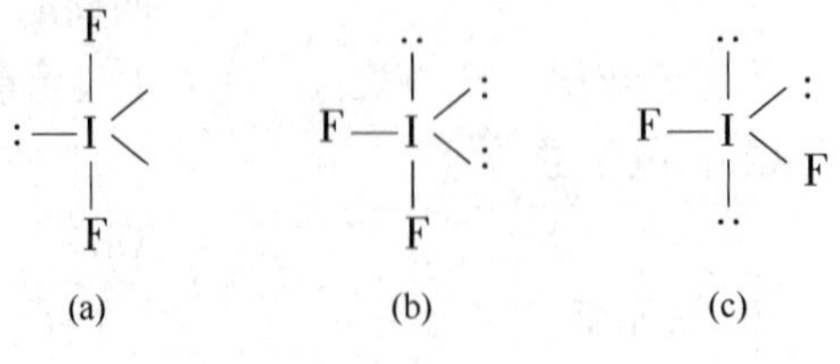

图 2-29　空间结构

其正确结构应为图 2-29(a)所示。

第三部分　实验内容

实验五　简单分子结构与晶体结构模型的制作

1. 必备知识

① 预习价层电子对互斥理论，会用该理论推测 AX_n 型共价分子和离子构型。

② 预习杂化轨道理论，会用该理论解释 AX_n 型共价分子和离子构型。

③ 预习三种典型的 AB 型离子晶体构型。

④ 预习金属晶体常见的三种密堆积方式。

2. 实验目的

① 组装一些简单无机分子或离子的结构模型，加深对原子结构和分子结构理论的理解。

② 组装三种典型的离子晶体结构模型和金属晶体三种密堆积模型，加深对晶体结构理论的理解。

3. 实验器材

球棒模型(多孔塑料模型球，金属棍)3 套、乒乓球 30 个、双面胶带 1 卷、剪刀 1 把。

4. 实验步骤

① 分子结构模型的组装。应用价层电子对互斥理论推测表 2-13 中分子的空间构型，用模型球和金属棍组装出各分子的结构模型，指出各中心原子分别以何种杂化轨道成键。

表 2-13　一些分子的空间构型

分子	中心原子的价层电子对数	分子的空间构型	中心原子的轨道杂化方式
$BeCl_2$			
BF_3			
$SnCl_2$			
CH_4			
NH_3			
H_2O			
$SnCl_5$			
SF_4			
BrF_3			
XeF_2			
SF_6			
BrF_3			
XeF_4			

② 三种典型 AB 型离子晶体结构模型的组装。用模型球和金属棍组装出 NaCl 型、CsCl 型、立方 ZnS 型离子晶体的晶胞各一个并完成表 2-14。

表 2-14　三种典型离子晶体

离子晶体结构	负离子的堆积类型	正离子所占空隙	正、负离子的配位比	晶胞中正负离子的个数
NaCl 型				
CsCl 型				
立方 ZnS				

③ 金属晶体密堆积模型的组装。用乒乓球代表金属原子，相邻两个乒乓球之间用双面胶粘接，组装出金属的三种密堆积结构形式，并完成表 2-15。

表 2-15　金属晶体的密堆积

金属晶体密堆积的类型	金属原子的配位数	晶胞中的原子数	空间利用率
面心立方密堆积			
六方密堆积			
体心密堆积			

5. 思考题

① 试推测下列多原子分子和离子的空间构型：NO_2^+、CO_3^{2-}、NO_2^-、SO_4^{2-}、ClO_3^-、SiF_5^-、TlI_4^{3-}、I_3^-、PCl_6^-、TeF_5^-、ICl_4^-。

② 在 NaCl 型、CsCl 型、立方 ZnS 型离子晶体中，正离子在空间分别构成何种晶格？

③ IA 族金属结构为体心立方堆积，而ⅡA 族金属结构为面心立方密堆积或六方密堆积，这种结构上的差异对它们的密度和硬度有何影响？

第四部分　思考题和习题

思　考　题

思考题 2-1　下列说法是否正确，为什么？

① 一个原子中不可能存在两个运动状态完全相同的电子。

② 当主量子数为 3 时，有 3s、3p 和 3d 三个原子轨道。

③ 氢原子的原子轨道的能量只由主量子数 n 决定。

思考题 2-2　写出四个量子数的符号、名称和取值要求，并说明 n、l 和 m 之间的关系。

思考题 2-3　用哪些量子数才能确定电子层、能级和原子轨道？

思考题 2-4　当主量子数 $n=4$ 时，有几个能级？各能级中有几个原子轨道？最多容纳多少个电子？各原子轨道之间的能量关系如何？

思考题 2-5　什么叫屏蔽效应？什么叫钻穿效应？如何解释下列原子轨道的能量高低顺序？

① $E(1s)<E(2s)<E(3s)<E(4s)$；

② $E(3s)<E(3p)<E(3d)$；

③ $E(4s)<E(3d)$。

思考题 2-6 氢原子中的 4s 轨道和 3d 轨道中，哪一个轨道能量高？19 号元素钾的 4s 轨道和 3d 轨道中，哪一个能量高？说明理由。

思考题 2-7 为什么多电子原子的最外电子层上最多只能有 8 个电子，次外电子层上最多有 18 个电子？

思考题 2-8 元素在周期表中所属的族数等于该元素原子的最外层电子数，这种说法对不对？为什么？

思考题 2-9 主族元素的原子半径随着原子序数的增加，在元素周期表中由上到下和由左到右分别呈现什么变化规律？

思考题 2-10 为什么元素的电离能都是正值，而元素的电子亲和能却有负有正，且数值比电离能小得多？

思考题 2-11 H 原子和 Na 原子的最外电子层都只有 1 个电子，为什么 H 元素的电离能比 Na 元素的第一电离能大得多？

思考题 2-12 元素电负性的大小与元素金属性和非金属性有何关系？

思考题 2-13 对于氢原子，在 3s、$3P_x$，$3P_y$，$3P_z$、$3d_{xy}$、$3d_{xz}$、$3d_{yz}$、$3d_{x^2-y^2}$和 $3d_{z^2}$轨道中，哪些原子轨道是简并轨道？对于多电子原子，上述原子轨道中哪些是简并轨道？

思考题 2-14 试解释下列元素的第一电离能的大小：

① $E_{i,1}(Li)<E_{i,1}(B)<E_{i,1}(Be)$

② $E_{i,1}(C)<E_{i,1}(O)<E_{i,1}(N)$

思考题 2-15 在ⅥA 族元素中，O 元素的电子亲和能比 S 元素的小；而在ⅦA 族元素中，F 元素的电子亲和能比 C1 元素小。试解释这些反常现象。

思考题 2-16 元素的电子亲和能和元素的电负性都表示元素的原子吸引电子的能力，两者有何区别？

思考题 2-17 指出下列叙述是否正确：

① 价层电子组态为 ns^1 的元素一定是碱金属元素。

② Ⅷ族元素的价层电子组态为$(n-1)d^6ns^2$。

③ F 元素是最活泼的非金属元素，因为它的电子亲和能最大。

思考题 2-18 离子的价电子层组态分为哪几种类型？

思考题 2-19 试述离子键的形成过程及离子键的特征。

思考题 2-20 离子的极化力和变形性与离子的电荷数、半径和价电子层组态有何关系？离子极化对化合物的性质有何影响？

思考题 2-21 Cu^+的半径与 Na^+相近，但为什么 NaCl 晶体易溶于水，而 CuCl 晶体难溶于水？

思考题 2-22 晶体可分为哪几种基本类型？

思考题 2-23 已知 AlF_3 晶体为离子晶体，$AlCl_3$ 晶体和 $AlBr_3$ 晶体为过渡型晶体，AlI_3 晶体为共价型分子晶体，试说明它们晶体类型差别的原因。

思考题 2-24 离子的电荷数和离子半径对离子晶体的性质有何影响？

思考题 2-25 什么叫离子晶体的晶格能？

思考题 2-26 简述现代价键理论的基本要点。

思考题 2-27 如何理解共价键具有方向性和饱和性？

思考题 2-28 简要说明 σ 键和 π 键的主要区别。

思考题 2-29 共价键的键能与键解离能有何不同？

思考题 2-30 中心原子的轨道杂化类型与多原子分子或多原子离子的空间构型有何对应关系？

思考题 2-31 什么是配位共价键？在什么情况下可以形成配位共价键？配位共价键与正常共价键有什么区别？

思考题 2-32 下列说法是否正确，为什么？

① 相同原子之间形成的共价三键的键能是共价单键的键能的 3 倍。

② 对于多原子分子来说，其化学键的键能就等于键解离能。

③ 分子中的化学键为极性共价键．则分子为极性分子。

④ 氢化物分子之间均能形成氢键。

思考题 2-33 什么是氢键？哪类化合物可形成氢键？什么是分子内氢键和分子间氢键？

思考题 2-34 下列说法是否正确？说明原因。

① 凡是中心原子采用 sp^3 杂化轨道与配位原子形成的分子，其空间构型一定是正四面体。

② 非极性分子中一定不含极性共价键。

③ 直线形分子一定是非极性分子。

④ 非金属单质的分子之间只存在色散力。

思考题 2-35 已知ⅥA 族元素所形成氢化物的沸点如表 2-16 所示。

表 2-16 氢化物沸点

氢化物	H_2O	H_2S	H_2Se	H_2Te
沸点/℃	100	-61	-41	-2

如果设想水分子之间没有氢键存在，水的沸点将在怎样的温度范围内？想象一下，地球上将会呈现出怎样面貌？

习　题

习题 2-1 有无以下的电子运动状态？为什么？

① $n = 1,\ l = 1,\ m = 0$　　② $n = 2,\ l = 0,\ m = -1$

③ $n = 3,\ l = 3,\ m = -3$　　④ $n = 4,\ l = 3,\ m = -2$

答案：没有①~③这种电子运动状态

习题 2-2 填充合理的量子数。

① $n = ?,\ l = 2,\ m = 0,\ m_s = +1/2$　　② $n = 2,\ l = ?,\ m = -1,\ m_s = -1/2$

③ $n = 4,\ l = 2,\ m = 0,\ m_s = ?$　　④ $n = 2,\ l = 0,\ m = ?,\ m_s = +1/2$

答案：①n 为大于或等于 3 的正整数；

②$l=1$；③$m_s=+1/2$ 或$-1/2$；④$m=0$

习题 2-3 已知某元素原子的电子具有下列量子数，试排列出它们能量高低的次序。

① 3，2，+1，+1/2　　②2，1，+1，-1/2

③ 2，1，0，+1/2 ④3，1，-1，-1/2

⑤ 3，1，0，+1/2 ⑥2，0，0，-1/2

答案：①>④=⑤>②=③>⑥

习题 2-4 下列元素的基态原子的电子组态，各违背了什么原理？写出改正后的电子组态。

① B：$1s^22s^3$ ② Be：$1s^22p^2$

③ N：$1s^22s^22p_x^22p_y^1$

答案：略

习题 2-5 下列电子组态中，哪种属于基态？哪种属于激发态？哪种是错误的？

① $1s^22s^12p^2$ ②$1s^22s^22p^63s^13d^1$

③ $1s^22s^22d^1$ ④$1s^22s^22p^43s^1$

⑤ $1s^22s^32p^1$ ⑥$1s^22s^22p^63s^1$

答案：①②和④属于激发态；⑥属于基态；③和⑤是错误的

习题 2-6 根据鲍林近似能级图，指出表 2-17 中各电子层的电子数有无错误，并说明理由。

表 2-17 已知条件

元素	K	L	M	N	O	P
19	2	8	9			
22	2	10	8	2		
30	2	8	18	2		
33	2	8	20	3		
60	2	8	18	18	12	2

答案：19、22、33、60 号有误，理由略

习题 2-7 用 s、p、d 符号表示出原子序数分别为 13、19、26、30 元素的基态原子的电子排布式，并指出它们分别是属于哪一区、哪一族、哪一周期的元素。

答案：略

习题 2-8 基态原子具有下列价电子组态的元素位于元素周期表中的哪一个区？它们是金属元素还是非金属元素？

① ns^2 ② ns^2np^5

③ $(n-1)d^5ns^2$ ④ $(n-1)d^{10}ns^2$

答案：①位于 s 区，金属元素；②位于 p 区，非金属元素；③位于 d 区，金属元素；④位于 ds 区，金属元素

习题 2-9 试根据原子结构理论预测：

① 第八周期将包括多少种元素？

② 原子核外出现第一个 5g(l =4) 电子的元素的原子序数是多少？

③ 114 号元素属于哪一周期？哪一族？试写出该元素基态原子的电子组态。

答案：①50 种元素；②原子序数为 121；③第七周期，ⅣA 族元素 $1s^22s^22p^63s^23p^63d^{10}4s^24p^64d^{10}4f^{14}5s^25p^65d^{10}5f^{14}6s^26p^66d^{10}7s^27p^2$

习题 2-10 已知 M^{2+} 的 3d 轨道中有 5 个电子，试推出：

① 基态 M 原子的电子组态。

② 基态 M 原子的最外层和最高能级组中电子数各为多少？

③ M 元素在元素周期表中的位置。

答案：①$1s^22s^22p^63s^23p^63d^54s^2$；

②第四周期即第四能级组，共 7 个电子；

③第四周期 d 区ⅦB 族元素

习题 2-11 基态原子的电子组态满足下列条件的是哪一类元素或哪一种元素？

① 具有两个 p 电子。

② 有两个 $n=4$、$l=0$ 的电子，六个 $n=3$、$l=2$ 的电子。

③ 3d 轨道为全充满，4s 轨道上只有一个电子。

答案：①为 C 元素；②为 Fe 元素；③为 Cu 元素

习题 2-12 在 A、B、C 和 D 四种元素中，A 元素为第四周期元素，它可与 D 元素形成原子个数比为 1∶1 和 1∶2 的两种化合物；B 元素为第四周期 d 区元素，最高氧化值为+7；C 元素和 B 元素是同一周期的元素，具有相同的最高氧化值；在所有元素中，D 元素的电负性仅小于氟元素。写出 A、B、C 和 D 四种元素的元素符号，并按电负性由大到小的顺序排列四种元素。

答案：A 为 Ca；B 为 Mn；C 为 Br；D 为 O

电负性由大到小顺序为 O>Br>Mn>Ca

习题 2-13 有 A、B、C、D、E 和 F 六种元素，试按下列条件推测各元素在周期表中的位置和元素符号，给出各元素的价电子组态。

① A 元素、B 元素和 C 元素为同一周期活泼金属元素，原子半径为 A>B>C，已知 C 元素的基态原子有三个电子层上排布电子。

② D 元素和 E 元素为非金属元素，分别与 H 元素生成 HD 和 HE，在室温下 D 元素的单质为液体，而 E 元素的单质为固体。

③ F 元素为金属元素，它的基态原子有四个电子层上排布电子，且有 6 个未成对电子。

答案：略

习题 2-14 第四周期中的 A、B、C 和 D 四种元素，它们的基态原子的最外层电子数依次是 1、2、2 和 7 个，它们的原子序数按 A、B、C 和 D 的顺序增大。已知 A 元素和 B 元素基态原子的次外电子层上的电子数都是 8 个，而 C 元素和 D 元素基态原子的次外电子层上的电子数是 18 个。

① 哪几种元素是金属元素？

② 哪几种元素是非金属元素？

③ 哪一种元素的氢氧化物的碱性最强？

④ 这些元素之间能形成什么类型的化合物？写出这些化合物的化学式。

答案：①K、Ca 和 Zn 元素为金属元素；②Br 为非金属元素；

③KOH 的碱性最强；④KBr 和 $CaBr_2$ 为离子化合物，$ZnBr_2$ 为共价化合物

习题 2-15 已知 K 元素和 Ca 元素的电离能数据，见表 2-18。

表 2-18 电离的数据

元素	$E_{i,1}$/kJ · mol^{-1}	$E_{i,2}$/kJ · mol^{-1}	$E_{i,3}$/kJ · mol^{-1}
K	427	3071	4439
Ca	594	1146	4941

试以电子组态和电离能数据，说明在化学反应中 K 元素的氧化值表现为+1，而 Ca 元素的氧化值表现为+2 的原因。

答案：略

习题 2-16 指出下列各离子的价电子层组态，并指出分别属于哪一种类型离子的电子组态：

Li^{+}　Cr^{3+}　Fe^{2+}　Ag^{+}　Zn^{2+}　Sn^{4+}　Pb^{2+}　Tl^{+}　S^{2-}　Br^{-}

答案：略

习题 2-17 计算 ZnS 晶体的一个晶胞中含有的 Zn^{2+} 和 S^{2-} 离子的数目。

答案：1 个 ZnS 晶胞中含有 4 个 Zn^{2+} 和 4 个 S^{2-}

习题 2-18 试推测下表中的三种物质分别属于哪一类晶体？

物质	B	LiCl	BCl_3
熔点/℃	2300	605	-107.3

答案：B 原子晶体，LiCl 为离子晶体，BCl_3 为分子晶体

习题 2-19 试将下列化合物按离子极化作用由强到弱的顺序排列：

$MgCl_2$　$SnCl_4$　NaCl　$AlCl_3$

答案：$SiCl_4>AlCl_3>MgCl_2>NaCl$

习题 2-20 已知 NaF 晶体、KBr 晶体和 MgO 晶体都是离子晶体，试推测它们的熔点的相对高低，并说明理由。

答案：MgO>NaF>KBr

习题 2-21 BF_3 分子的空间构型是平面三角形，但 NF_3 分子的空间构型却是三角锥形，试用杂化轨道理论加以解释。

答案：略

习题 2-22 已知 NO_2、CS_2 和 SO_2 的键角分别为 132°、180°和 120°，试判断三种分子中的中心原子轨道杂化的方式。

答案：N 是 SP^2 杂化，C 是 SP 杂化，S 是 SP^2 杂化

习题 2-23 利用价层电子对互斥理论判断下列分子或离子的空间构型：

BeF_2　BF_3　H_2S　NH_3　CS_2　SO_2　SO_3　PO_4^{3-}　BrO_3^-　ClO_2^-　NO_2^-

答案：略

习题 2-24 下列分子中，哪些是极性分子？哪些是非极性分子？为什么？

CCl_4　$CHCl_3$　BCl_3　NF_3　H_2S　CS_2

答案：CCl_4、BCl_3、CS_2 是非极性分子；

$CHCl_3$、NF_3、H_2S 是极性分子；原因略

习题 2-25 比较下列各组分子的分子电偶极矩的大小：

① CO_2 和 SO_2　②CCl_4 和 CH_4　③PH_3 和 NH_3

④ BF_3 和 NH_3　⑤H_2O 和 H_2S

答案：①$CO_2<SO_2$；②$CCl_4=CH_4=0$；③$PH_3<NH_3$；

④$BF_3<NH_3$；⑤$H_2O>H_2S$；原因略

习题 2-26 判断下列各组分子之间存在什么形式的作用力？

① C_6H_6和 CCl_4　　② He 和 H_2O　　③CO_2 气体

④HBr 气体　　⑤CH_3OH 和 H_2O

答案：略

习题 2-27　下列各化合物中是否存在氢键？若存在氢键，是属于分子间氢键，还是分子内氢键？

① NH_3　　②H_3BO_3　　③CFH_3

④ 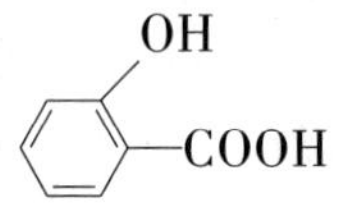

⑤ 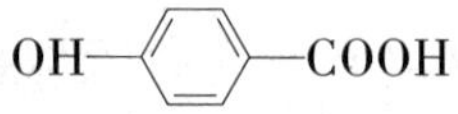

答案：①、②、④、⑤含有氢键；④为分子内氢键；
①、②、⑤是分子间氢键

习题 2-28　根据所学晶体结构知识，填写表 2-19。

表 2-19　晶体结构

物质	晶格结点上的粒子	晶格结点上的粒子间的作用力	晶体类型	预测熔点（高或低）
N_2				
SiC				
Cu				
冰				
$BaCl_2$				

答案：略

第五部分　拓展阅读

2.1　氢光谱实验

人们用眼睛能观察到的可见光，其波长范围为 400~760nm。当一束白光通过石英棱镜时，不同波长的光由于折射率不同，形成红、橙、黄、绿、青、蓝、紫等没有明显分界线的彩色带状光谱，这种带状光谱称为连续光谱（图 2-30）。

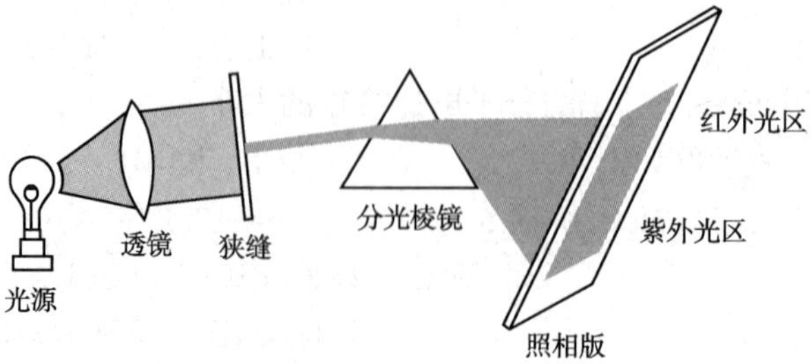

图 2-30　连续光谱

气态原子被火花、电弧或其他方法激发产生的光，经棱镜分光后，得到不连续的线状光谱，这种线状光谱称为原子光谱。

氢原子光谱是最简单的原子光谱，它在可见光区有四条比较明显的谱线，分别用 H_{α}、H_{β}、H_{γ}、H_{δ}表示。此外，在红外区和紫外区也有一系列不连续的光谱。

需要指出的是，在某一瞬间一个氢原子只能产生一条谱线，实验中之所以能同时观察到全部谱线，是由于很多个氢原子受到激发，跃迁到高能级后又返回低能级的结果(图 2-31)。

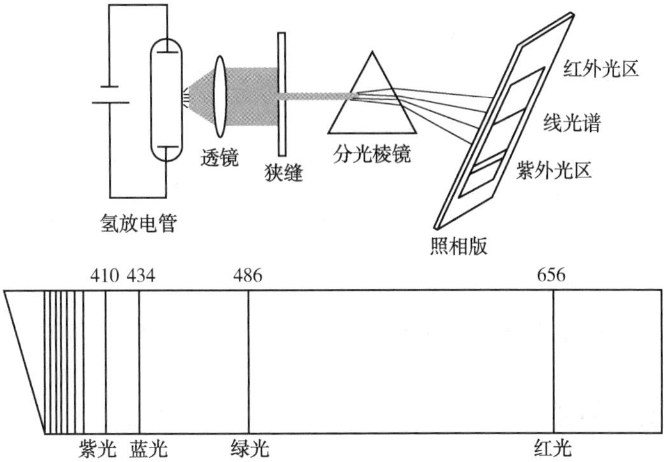

图 2-31　氢原子光谱及实验示意图

2.2　微观粒子的波粒二象性

1924 年，法国物理学家德布罗意大胆预言电子等微粒也具有波粒二象性。并指出质量为 m、运动速率为 v 的微粒，其相应的波长为

$$\lambda = \frac{h}{mv} = \frac{h}{p}$$

1927 年，美国物理学家戴维逊和革末用电子束代替 X 射线进行晶体衍射实验，得到了衍射环纹图，确认了电子具有波动性(图 2-32)。

1928 年，实验进一步证实分子、原子、质子、中子等微观粒子也都具有波动性。

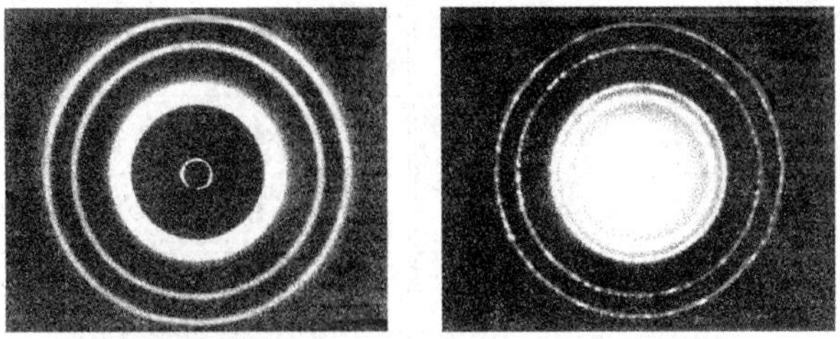

(a) X射线衍射图　　(b) 电子衍射图

图 2-32　X 射线衍射图和电子衍射图

2.3　离子晶体的晶格能

离子键的强度用离子晶体的晶格能来度量。在标准状态下，使单位物质的量的离子晶体

变为气态阳离子和气态阴离子时所吸收的能量称为离子晶体的晶格能。

离子晶格的晶格能越大，离子键的强度也就越大，熔化或破坏离子晶体时消耗的能量也就越多，离子晶体的熔点越高，硬度也越大。

离子晶体的晶格能可通过玻恩–哈伯循环进行计算。以 NaCl 晶体为例，设计玻恩–哈伯循环如下：

$$Na(s) \ + \ \frac{1}{2}Cl_2(g) \xrightarrow{\Delta_f H_m^{\ominus}(NaCl)} NaCl(s)$$

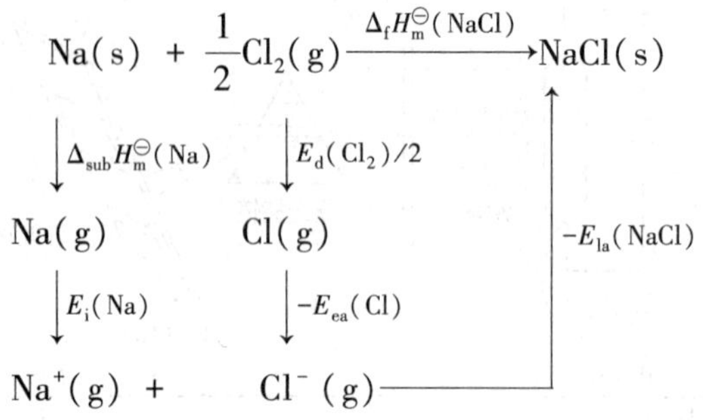

$$E_{la}(NaCl) = \Delta_{sub}H_m^{\ominus}(Na) + E_i(Na) + E_d(Cl_2)/2 - E_{ea}(Cl) - \Delta_f H_m^{\ominus}(NaCl)$$

2.4 共价键参数

① 键能。在标准状态下，使单位物质的量的气态分子 AB 解离成气态原子 A 和 B 需要的能量称为键解离能。

对于双原子分子，键能等于键解离能。对于多原子分子，键能等于键解离能的平均值，例如 NH_3，NH_3 分子中有三个等同的 N—H 键，但每个 N—H 键的解离能是不同的。

② 键长。分子中两个成键原子的原子核之间的平衡距离称为键长（表 2-20）。

表 2-20　一些共价键的键能和键长

共价键	l/pm	$E_b/kJ \cdot mol^{-1}$	共价键	l/pm	$E_b/kJ \cdot mol^{-1}$
H—H	74	436	C—C	154	346
H—F	92	570	C=C	134	602
H—Cl	127	432	C≡C	120	835
H—Br	141	366	N—N	145	159
H—I	161	298	N≡N	110	946
F—F	141	159	C—H	109	414
Cl—Cl	199	243	N—H	101	389
Br—Br	228	193	O—H	96	464
I—I	267	151	S—H	134	368

③ 键角。在多原子分子中，键与键之间的夹角称为键角。

④ 共价键的极性。按共用电子对是否发生偏移，共价键可分为非极性共价键和极性共价键。当两个相同原子以共价键结合时，由于两个原子对共用电子对的吸引能力相同，

共用电子对不偏向于任何一个原子。这种共价键称为非极性共价键。当两个不同元素的原子以共价键结合时，共用电子对偏向于电负性较大的原子。电负性较大的原子带部分负电荷，电负性较小的原子带部分正电荷。这种共用电子对发生偏移的共价键称为极性共价键。

共价键的极性与成键两原子的电负性差有关，电负性差越大，共价键的极性就越大。

2.5 分子晶体

分子晶体的晶格结点上排列的微粒是分子，微粒间的作用力是分子间作用力或氢键(图2-33)。分子晶体在固态和液态时都不导电。分子晶体的硬度很小，熔点和沸点都很低。

2.6 原子晶体

原子晶体的晶格结点上排列的微粒是原子，原子之间以共价键结合。在原子晶体中，不存在独立的小分子。

金刚石就是原子晶体的典型代表，在晶体中碳原子占据晶格结点的位置，每一个碳原子都分别以四个 sp^3 杂化轨道与四个相邻原子形成四个等同的共价键，组成四面体，键角为 109°28′，无数个碳原子构成三维空间网状结构，如图 2-34 所示。

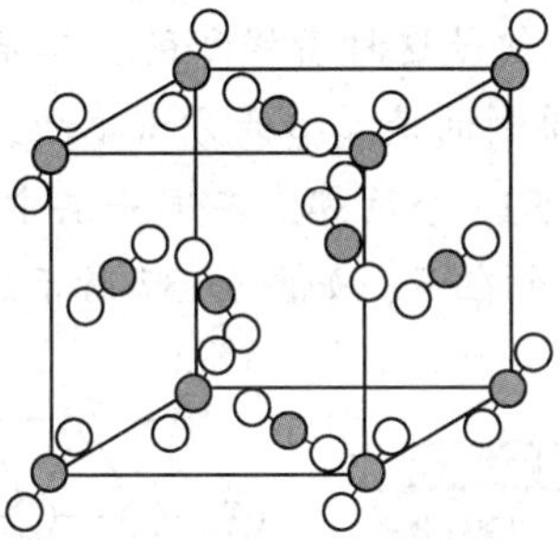

图 2-33　干冰的晶胞

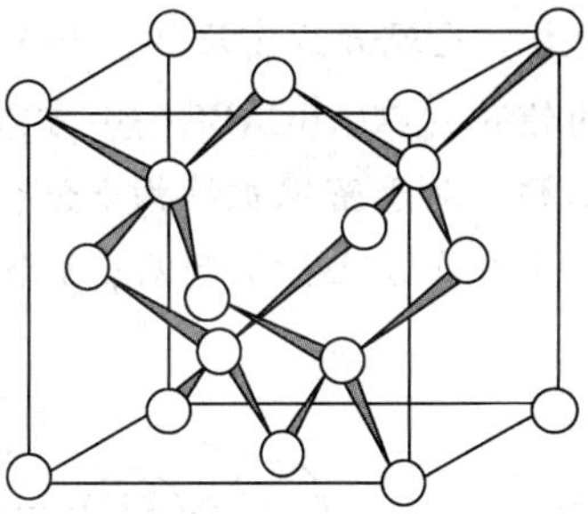

图 2-34　金刚石晶体的晶胞

原子晶体具有很高的熔点和很大的硬度，一般不导电。由于共价键具有方向性和饱和性，使原子晶体不能采取密堆积方式，只能以低配位数方式排列。

2.7 金属键及金属晶体

(1) 金属键

20 世纪初 p. Drude 和 H. A. Lorentz 就金属及其合金中电子的运动状态，提出了自由电子模型，认为金属原子电负性、电离能较小，价电子容易脱离原子的束缚，这些价电子有类似理想气体分子，在阳离子之间可以自由运动，形成了离域的自由电子气。自由电子气把金属阳离子“胶合”成金属晶体。金属晶体中金属原子间的结合力称为金属键。金属键没有方向性和饱和性。自由电子气的存在使金属具有良好的导电性、导热性和延展性。但金属结构毕竟是很复杂的，致使金属的熔点、硬度相差很大(图 2-35)。

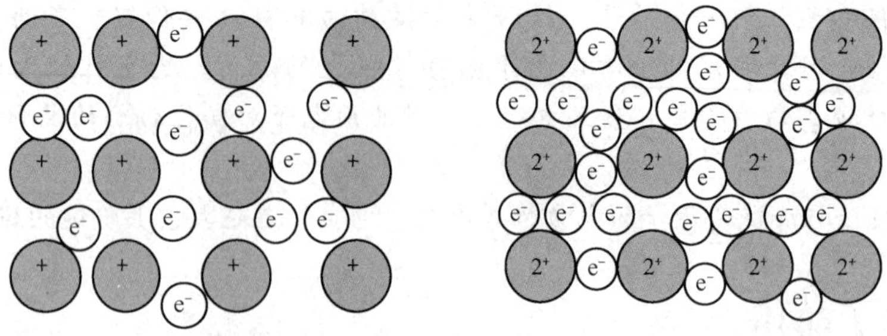

(a) 碱金属　　(b) 碱土金属

图 2-35　金属键的电子海洋模型

(2) 金属晶体

由于金属键没有饱和性和方向性，因此金属晶体的结构要求金属原子或金属正离子的紧密堆积，最紧密的堆积是最稳定的结构。金属密堆积是由球状的刚性金属原子一个挨一个堆积在一起而组成的。金属晶体中粒子的排布方式有三种：六方密堆积(hep)、面心立方密堆积(ccp)和体心立方堆积(bcc)。

如图 2-36 所示，同一层中，每个球周围可排 6 个球构成密堆积。第二层排在第一层上时，每个球放入第一层 3 个球形成的空隙上。第一层球用 A 表示，第二层球用 B 表示，第三层密堆积球加到已排好的两层上时，可能有两种情况：一是第三层球与第一层球对齐。产生 ABAB……方式，呈现六方密堆积，如金属镁原子便是这种密堆积的，二是第三层球与第一层球有一定的错位，以 ABCABC……方式排列，得到的是面心六方密堆积，如金属铜原子便是这种密堆积的。对于密堆积结构来说，每个球有 12 个近邻，在同一层中有 6 个以 六角形排列，另外 6 个分布在上、下两层，3 个在上，3 个在下，如图 2-37 所示。

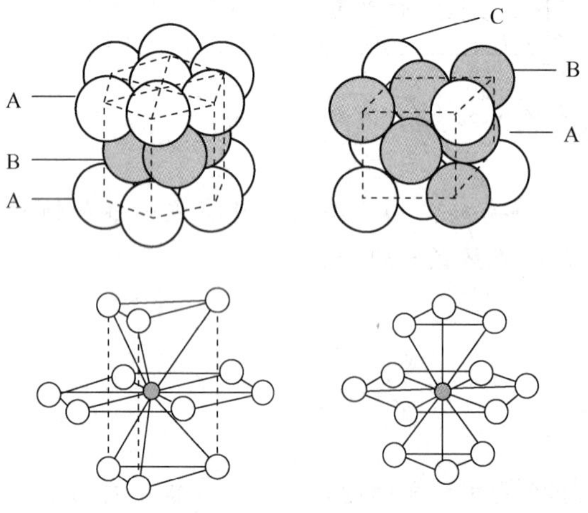

(a) 六方密堆积　　(b) 面心立方密堆积

图 2-36　六方密堆积和面心立方密堆积

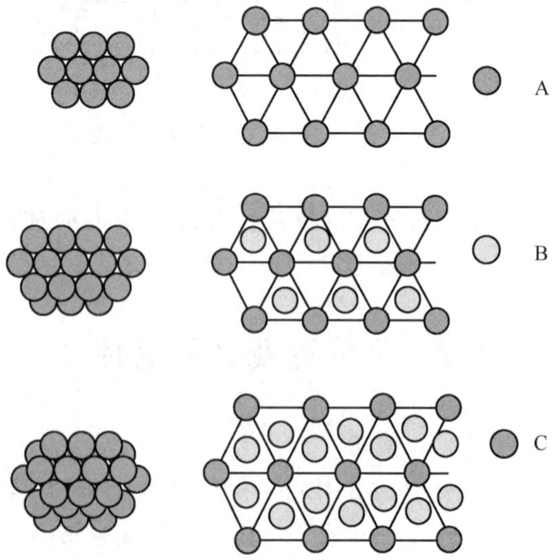

图 2-37　密堆积层

在密堆积层间有空隙，这种空隙有两类：四面体型和八面体型。在一层的 3 个球与上、下层最紧密接触的第 4 个球间存在的空隙叫作四面体型。如图 2-38(a)和图 2-38(b)所示，而在一层的 3 个球与交错排列的另一层的 3 个球之间形成较大的空隙，称为八面体型。如图 2-38(c)所示，后者也可以这样观察，即以 4 个球排列成正方形，只有 2 个球在该正方形的上下，6 个球形成一个八面体，其中的空隙就是八面体型。如图 2-38(d)所示，这些空隙具有重要的意义，许多合金的结构、离子型化合物结构等均可看作是某些原子或离子占据金属原子或负离子的密堆积结构的空隙形成的。

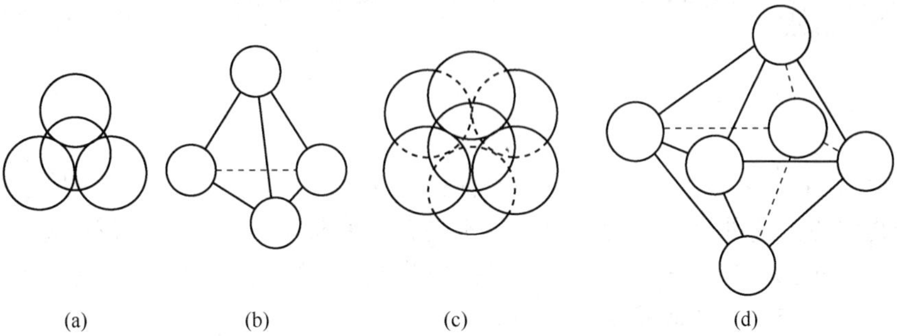

图 2-38　四面体空隙和八面体空隙

密堆积还有一种体心立方堆积，如金属钾。立方体晶胞的中心和 8 个角上各有一个钾原子，粒子的配位数是 8，如图 2-39 所示。

不少金属具有多种结构，这与温度和压力有关。

研究金属结构类型，有利于我们了解它们的性质并在实践中应用。例如：Fe、Co、Ni 等金属是常见的催化剂，其催化作用除了与它们的 d 轨道有关外，也和它们的晶体结构有关。对某些加氢反应而言，面心六方的 β-Ni 具有较高的催化活性，而六方堆积的 α-Ni 则没有这种活性，又如结构相同的两种金属易互溶而成合金。

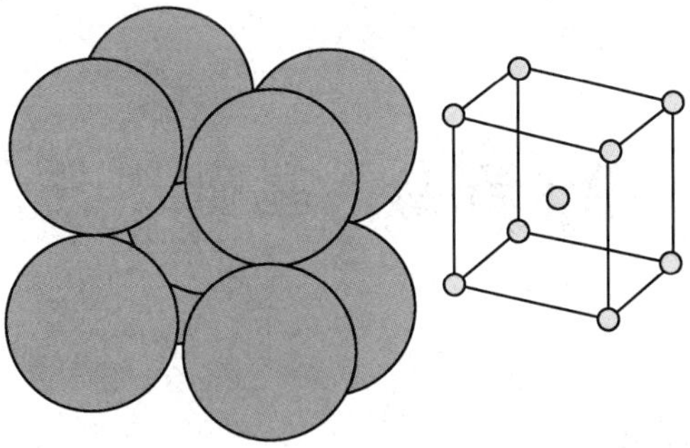

图 2-39　体心六方晶胞

模块三 酸碱平衡与沉淀溶解平衡

凡在水溶液中电离出的阳离子全部都是 H^+ 的化合物叫酸；电离出的阴离子全部都是 OH^- 的化合物叫碱。这种对酸碱的认识，其实是源于酸碱电离理论中酸碱的定义。实际上，人们在认识酸碱的过程中，先后提出了多种酸碱理论，本书简单介绍酸碱电离理论和酸碱电子理论，重点讨论酸碱质子理论及其应用。

在含有难溶强电解质沉淀的饱和溶液中，存在着难溶强电解质与它溶解产生的阳离子和阴离子之间的多相平衡，称为难溶强电解质的沉淀-溶解平衡。难溶强电解质的沉淀-溶解平衡的应用非常广泛，在化工生产和化工分析中，常利用沉淀-溶解平衡进行离子的分离、鉴定及除去杂质离子。

实际上，在水中绝对不溶解的物质是没有的。通常把所形成的饱和溶液的质量浓度小于 $0.1g \cdot L^{-1}$ 的物质称为难溶物质，把所形成的饱和溶液的质量浓度在 $0.1 \sim 1g \cdot L^{-1}$ 之间的物质称为微溶物质，把所形成的饱和溶液的质量浓度大于 $1g \cdot L^{-1}$ 的物质称为可溶物质。

难溶强电解质在水中的溶解度虽然很小，但溶解的难溶强电解质是完全解离的，溶液中不存在未解离的难溶强电解质分子。

在讨论难溶强电解质的沉淀-溶解平衡时，为了方便，通常用难溶强电解质饱和溶液的浓度来表示难溶强电解质的溶解度。

第一部分 基础知识

※ 酸碱平衡

3-1 酸碱电离理论

1887 年，阿伦尼乌斯提出了酸碱电离理论。酸碱电离理论认为：凡在水溶液中电离出的阳离子全部是 H^+ 的化合物是酸；电离出的阴离子全是 OH^- 的化合物是碱。酸碱反应的实质就是 H^+ 与 OH^- 结合生成 H_2O 的过程，酸碱电离理论对化学科学的发展起了里程碑的作用。

酸碱电离理论对酸碱的认识存在什么问题见拓展阅读 3.1。

R5 阿伦尼乌斯

3-2 酸碱电子理论

1923 年，美国化学家路易斯(Lewis)在化学键电子理论的基础上提出了酸碱电子理论。

酸碱电子理论认为：凡是能接受电子对的物质就是酸；凡是能给出电子对的物质就是碱。酸是电子对的接受体，而碱是电子对的给予体，酸碱反应的实质是碱提供电子对，与酸形成配位键而生成配合物。酸碱反应可以表示如下：

$$酸+碱 \xlongequal{} 配合物$$

$$H^+ + :OH \xlongequal{} H \leftarrow OH$$

$$H^+ + :NH_3 \xlongequal{} [H \leftarrow NH_3]^+$$

$$BF_3 + :F^- \xlongequal{} [F \leftarrow BF_3]^-$$

$$Ag^+ + 2\ :NH_3 \xlongequal{} [NH_3 \rightarrow Ag \leftarrow NH_3]^+$$

酸碱电子理论的优缺点见拓展阅读 3.2。

R6 路易斯

3-3　酸碱质子理论

（1）酸和碱的定义

1923 年，布朗斯特和劳莱分别提出来酸碱质子理论。酸碱质子理论认为：凡是给出质子的物质都是酸，凡是接受质子的物质都是碱。例如，HCl、NH_4^+ 和 $[Fe(H_2O)_6]^{3+}$ 都能给出质子，它们都是酸；而 Cl^-、NH_3 和 $[Fe(OH)(H_2O)_5]^{2+}$ 都能接受质子，它们都是碱。

在酸碱质子理论中，酸给出一个质子后生成相应的碱，碱接受一个质子后生成相应的酸。酸与碱之间的转化关系可表示如下：

R7 布朗斯特

$$酸 \rightleftharpoons 质子+碱$$

$$[Al(H_2O)_6]^{3+} \rightleftharpoons H^+ + [Al(OH)(H_2O)_5]^{2+}$$

$$H_3O^+ \rightleftharpoons H^+ + H_2O$$

$$H_2O \rightleftharpoons H^+ + OH^-$$

$$NH_4^+ \rightleftharpoons H^+ + NH_3$$

$$HCl \rightleftharpoons H^+ + Cl^-$$

$$HAc \rightleftharpoons H^+ + Ac^-$$

$$H_3PO_4 \rightleftharpoons H^+ + H_2PO_4^-$$

$$H_2PO_4^- \rightleftharpoons H^+ + HPO_4^{2-}$$

$$HPO_4^{2-} \rightleftharpoons H^+ + PO_4^{3-}$$

酸与碱这种相互依存、相互转化的关系称为酸碱的共轭关系。酸失去一个质子后生成的碱称为该酸的共轭碱，如 Ac^- 是 HAc 的共轭碱；而碱结合一个质子后生成的酸称为该碱的共轭酸，如 HAc 是 Ac^- 的共轭酸。酸与它的共轭碱或碱与它的共轭酸构成一个共轭酸碱对。

与酸碱电离理论相比较，酸碱质子理论扩大了酸和碱的范围。酸既可以是分子（如 HCl、H_2SO_4 和 HNO_3 等），也可以是阴离子（如 HCO_3^-、HPO_4^{2-} 等）和阳离子（如 NH_4^+、H_3O^+ 等）；碱可以是分子（如 NH_3、H_2O 等），也可以是阴离子（如 SO_4^{2-}、PO_4^{3-}、S^{2-} 等）和阳离子，如 $[Al(OH)_2(H_2O)_4]^+$、$[Cr(OH)(H_2O)_5]^{2+}$ 等。

（2）酸碱两性物质

有些分子或离子既可以给出质子，又可以接受质子，这类分子或离子称为两性物质。例如 H_2O、$H_2PO_4^-$ 和 HPO_4^{2-}。

（3）酸碱反应的实质

根据酸碱质子理论，由酸 A_1 转化为其共轭碱 B_1 时要给出质子，而质子又不能单独存在，必须有另外一种碱 B_2 来接受质子，碱 B_2 接受质子后转化为它的共轭酸 A_2：

$$A_1 + B_2 \overset{H^+}{\rightleftharpoons} B_1 + A_2$$

可见，酸碱反应的实质是两对共轭酸碱对之间的质子传递反应。

酸和碱在水溶液中的解离反应，其实质上是酸和碱与水之间的质子转移反应。例如，HAc 在水溶液中的解离反应：

$$\underset{\text{酸1}}{HAc} + \underset{\text{碱2}}{H_2O} \overset{H^+}{\rightleftharpoons} \underset{\text{碱1}}{Ac^-} + \underset{\text{酸2}}{H_3O^+}$$

当 HAc 给出一个 H^+ 后生成其共轭碱 Ac^-；而 H_2O 接受一个 H^+ 后，生成其共轭酸 H_3O^+。

在共轭酸碱对中，酸越强，则它给出质子的能力越强，而其共轭碱接受质子的能力就越弱，因而碱性越弱，如 HCl 是强酸，其共轭碱 Cl^- 则是弱碱；反之，酸越弱，则其共轭碱越强，如 H_2O 是弱酸，其共轭碱 OH^- 是强碱。

（4）酸碱反应的方向

酸碱反应的方向和限度取决于参加化学反应的酸和碱的相对强弱。酸越强，给出质子的能力就越强；碱越强，接受质子的能力就越强。因此，酸碱反应的方向是较强的酸与较强的碱作用，生成较弱的碱和较弱的酸：

较强酸+较强碱=较弱碱+较弱酸

（5）酸碱质子理论优缺点

酸碱质子理论扩大了酸和碱的范围，解决了非水溶液和气体间的酸碱反应。如下列反应都是质子理论范畴内的酸碱反应：

$$NH_4^+ + NH_2^- \xlongequal{\text{液氨中}} 2NH_3$$

$$HCl(g) + NH_3(g) \xlongequal{} NH_4Cl(s)$$

酸碱质子理论也有一定的局限性，它把酸碱反应只限于质子的给予或接受，不能解释没有质子传递的酸碱反应。这对于许多不含活泼 H 的有机化合物的酸碱性就不能给出合理的解释。又如，氧化钙与三氧化硫的反应属于酸碱反应：

$$CaO + SO_3 \xlongequal{} CaSO_4$$

SO_3 具有酸的性质，但与 CaO 反应时并不发生质子的传递。这类反应用前面介绍的酸碱电子理论可以得到满意的解释。

3-4　强电解质溶液理论

电解质有强电解质和弱电解质之分。在水中完全解离的电解质称为强电解质，在水中部分解离的称为弱电解质。根据近代物质结构理论，强电解质在水中是完全解离的，其解离度应该是100%。但是根据电导实验所测得强电解质在的水中的解离度都小于100%，见表3-1。

表 3-1 强电解质水溶液的解离度($298K$，$0.1mol\cdot L^{-1}$)

电解质	KCl	$ZnSO_4$	HCl	HNO_3	H_2SO_4	NaOH	$Ba(OH)_2$
解离度 $a/\%$	86	40	92	92	61	91	81

为什么实验数据中强电解质在水溶液中是不完全解离见拓展阅读 3.3。

3-5 水的解离平衡

酸和碱的强度，与酸和碱本身的性质以及溶剂的性质有关。在水溶液中，酸的强度取决于酸将质子给予水分子的能力；而碱的强度则取决于碱从水分子中夺取质子的能力。通常用酸和碱在水溶液中的标准解离常数来衡量酸和碱的强度。

水分子是一种两性物质，它既可给出质子起酸的作用，又可接受质子起碱的作用。于是在水分子间也可发生质子交换。水的这种酸碱反应称为水的质子自递反应。

$$H_2O+H_2O \rightleftharpoons H_3O^+ + OH^-$$

$$K_w^{\ominus}=\frac{\dfrac{c_{eq}(H_3O^+)}{c^{\ominus}}\cdot\dfrac{c_{eq}(OH^-)}{c^{\ominus}}}{\dfrac{c_{eq}^2(H_2O)}{c^{\ominus}}}$$

由于纯液体的浓度可视为 1，$c^{\ominus}$为标准浓度，$c^{\ominus}=1mol\cdot L^{-1}$，因此上式可简化为

$$K_w^{\ominus}=c_{eq}(H_3O^+)\cdot c_{eq}(OH^-)$$

$K_w^{\ominus}$ 称为水的质子自递常数，其数值与温度有关。25℃时，$K_w^{\ominus}=1.00\times10^{-14}$。在 25℃的纯水中：

$$c_{eq}(H_3O^+)=c_{eq}(OH^-)=1.00\times10^{-7}$$

$$pH=-\lg c_{eq}(H_3O^+)=-\lg 1.00\times10^{-7}=7.00$$

可见，通常所说纯水的 pH 为 7 是指 25℃时的水而言。一切化学反应的平衡常数都是温度的函数，即随温度改变而改变。本书用符号 c_{eq}代表平衡浓度。

3-6 一元弱酸的解离平衡

只能给出一个质子的弱酸称为一元弱酸。在一元弱酸 HA 的水溶液中，存在 HA 与 H_2O 之间的质子转移反应：

$$HA+H_2O \rightleftharpoons A^- + H_3O^+$$

一元弱酸 HA 的质子转移反应的标准平衡常数表达式为

$$K_a^{\ominus}=\frac{\dfrac{c_{eq}(A^-)}{c^{\ominus}}\cdot\dfrac{c_{eq}(H_3O^+)}{c^{\ominus}}}{\dfrac{c_{eq}(HA)}{c^{\ominus}}}$$

式中 $K_a^{\ominus}$——一元弱酸 HA 的标准解离常数；

$c_{eq}(A^-)$，$c_{eq}(H_3O^+)$，$c_{eq}(HA)$——A^-、H_3O^+和 HA 的平衡浓度；

$c^{\ominus}=1mol\cdot L^{-1}$。

为了书写简便，常将上式简化为

$$K_a^{\ominus}=\frac{c_{eq}(A^-)\cdot c_{eq}(H_3O^+)}{c_{eq}(HA)}$$

一元弱酸的标准解离常数越大，一元弱酸溶液中 H_3O^+ 的相对平衡浓度就越大，一元弱酸的酸性就越强。例如：

$$HSO_4^- + H_2O \rightleftharpoons H_3O^+ + SO_4^- \qquad K_a^{\ominus}(HSO_4^-)=1.0\times10^{-2}$$

$$HAc + H_2O \rightleftharpoons H_3O^+ + Ac^- \qquad K_a^{\ominus}(HAc)=1.8\times10^{-5}$$

$$NH_4^+ + H_2O \rightleftharpoons H_3O^+ + NH_3 \qquad K_a^{\ominus}(NH_4^+)=5.6\times10^{-10}$$

三种一元弱酸的标准解离常数的大小为 $K_a^{\ominus}(HSO_4^-)>K_a^{\ominus}(HAc)>K_a^{\ominus}(NH_4^+)$，因此三种一元弱酸的酸性强弱为 $HSO_4^->HAc>NH_4^+$。一些常见的弱酸和弱碱在 298K 时的标准解离常数列于附录四中。一元弱碱的解离平衡见拓展阅读 3.4。

3-7 多元弱酸的解离平衡

能给出两个或两个以上质子的弱酸称为多元弱酸。多元弱酸 H_nA 在水溶液中的解离是分步进行的，如三元弱酸 H_3A 在水溶液中的解离是分成三步进行的，每一步解离都有各自的解离平衡和相应的标准解离常数。

H_3A 的第一步解离：

$$H_3A + H_2O \rightleftharpoons H_2A^- + H_3O^+$$

$$K_{a1}^{\ominus}=\frac{c_{eq}(H_2A^-)\cdot c_{eq}(H_3O^+)}{c_{eq}(H_3A)}$$

H_3A 的第二步解离：

$$H_2A^- + H_2O \rightleftharpoons HA^{2-} + H_3O^+$$

$$K_{a2}^{\ominus}=\frac{c_{eq}(HA^{2-})\cdot c_{eq}(H_3O^+)}{c_{eq}(H_2A^-)}$$

H_3A 的第三步解离：

$$HA^{2-} + H_2O \rightleftharpoons A^{3-} + H_3O^+$$

$$K_{a3}^{\ominus}=\frac{c_{eq}(A^{3-})\cdot c_{eq}(H_3O^+)}{c_{eq}(HA^{2-})}$$

式中　$K_{a1}^{\ominus}$，$K_{a2}^{\ominus}$，$K_{a3}^{\ominus}$——H_3A 的一级标准解离常数、二级标准解离常数和三级标准解离常数。

三元弱酸的第二步解离和第三步解离比第一步解离弱得多，溶液中的 H_3O^+ 主要来自 H_3A 的第一步解离。因此，多元弱酸的相对强弱就取决于它的一级标准解离常数的大小。多元弱酸的一级标准解离常数 $K_{a1}^{\ominus}$ 越大，溶液中 H_3O^+ 的平衡浓度就越大，多元弱酸的酸性就越强。多元弱碱的解离平衡见拓展阅读 3.5。

3-8 弱酸标准解离常数与其共轭碱标准解离常数的关系

在水溶液中，共轭酸碱对中弱酸标准解离常数与其共轭碱标准解离常数之间存在一定的定量关系。以一元弱酸 HA 和它的共轭碱 A^- 为例，推导共轭酸碱的 $K^{\ominus}_{a(HA)}$ 与 $K^{\ominus}_{b(A^-)}$ 的定量关系。

一元弱酸 HA 与它的共轭碱 A^- 在水溶液中存在如下质子转移反应：

$$HA+H_2O \rightleftharpoons H_3O^+ + A^-$$

一元弱酸 HA 的质子转移反应的标准平衡常数表达式为

$$K^{\ominus}_{a(HA)} = \frac{c_{eq}(H_3O^+) \cdot c_{eq}(A^-)}{c_{eq}(HA)}$$

将上式的分子和分母同乘以 $c_{eq}(OH^-)$：

$$K^{\ominus}_{a(HA)} = c_{eq}(H_3O^+) \cdot c_{eq}(OH^-) \cdot \frac{1}{\dfrac{c_{eq}(HA) \cdot c_{eq}(OH^-)}{c_{eq}(A^-)}} = \frac{K^{\ominus}_w}{K^{\ominus}_{b(A^-)}}$$

由上式可得

$$K^{\ominus}_{a(HA)} \cdot K^{\ominus}_{b(A^-)} = K^{\ominus}_w \tag{3-1}$$

式(3-1)给出了水溶液中弱酸 HA 的标准解离常数与其共轭碱 A^- 的标准解离常数之间的定量关系。因此，只要知道共轭酸碱对中弱酸标准解离常数或弱碱标准解离常数，就可利用式(3-1)求出它的共轭碱标准解离常数或共轭酸标准解离常数(应用计算见【例 3-1】)。

3-9 酸、碱溶液 H_3O^+、OH^- 浓度

在计算弱酸溶液的 H_3O^+ 浓度或弱碱溶液的 OH^- 浓度时，由于计算时使用的弱酸或弱碱的标准解离常数和水的离子积常数都存在一定的相对误差，因此计算 H_3O^+ 浓度或 OH^- 浓度时通常允许有不超过±5%的相对误差。

当两个数相加或相减时，如果其中较大数大于较小数的 20 倍以上，若将较小数忽略不计，计算结果的相对误差不会超过±5%。这种忽略较小数的近似处理方法称为 20 倍近似规则。本书在推导酸溶液的 H_3O^+ 浓度或碱溶液的 OH^- 浓度的计算公式时，为简便起见均使用 20 倍近似规则进行简化处理。

在处理酸碱平衡的有关计算时，常常采用一种简便的关系式，即质子平衡方程式(PBE)。在下面的计算公式推导时，主要利用这一关系式。根据酸碱质子理论，酸碱反应的本质是质子的传递，当反应达到平衡时，酸失去的质子和碱得到的质子的物质的量必然相等，其数学表达式称为质子平衡式或质子条件式，简称为 PBE 式。即将所有得到质子产物的浓度写在等号一边，所有失去质子产物的浓度写在等号的另一边，就得到质子平衡式。

3-10 一元弱酸溶液 H_3O^+ 浓度的计算

在一元弱酸 HA 溶液中，存在下列质子转移反应：

$$HA+H_2O \rightleftharpoons H_3O^+ + A^-$$

$$H_2O+H_2O \rightleftharpoons OH^- + H_3O^+$$

HA 溶液中的 H_3O^+来自 HA 和 H_2O 的部分解离，由 HA 解离产生的 H_3O^+的浓度等于 A^-的浓度，而由 H_2O 解离产生的 H_3O^+的浓度等于 OH^-的浓度。

其 PBE 式为

$$c_{eq(H_3O^+)} = c_{eq(A^-)} + c_{eq(OH^-)}$$

当 $c_{eq}(A^-) > 20c_{eq}(OH^-)$时，则有 $c(HA) \cdot K^{\ominus}_{a(HA)} > 20K^{\ominus}_w$，根据 20 倍近似规则，$c_{eq}(OH^-)$可以忽略不计，即不考虑水的解离。此时，上式可简化为

$$c_{eq}(H_3O^+) = c_{eq}(A^-)$$

把上式代入一元弱酸 HA 解离反应的标准平衡常数表达式，可得

$$K^{\ominus}_a = \frac{[c_{eq}(H_3O^+)]^2}{c(HA) - c_{eq}(H_3O^+)} \tag{3-2}$$

把上式展开后，得到一个含 $c_{eq}(H_3O^+)$的一元二次方程：

$$[c_{eq}(H_3O^+)]^2 + K^{\ominus}_a \cdot c_{eq}(H_3O^+) - c(HA) \cdot K^{\ominus}_a = 0$$

解此一元二次方程得

$$c_{eq}(H_3O^+) = \frac{-K^{\ominus}_a + \sqrt{(K^{\ominus}_a)^2 + 4c(HA) \cdot K^{\ominus}_a}}{2} \tag{3-3}$$

式(3-3)是计算一元弱酸 HA 溶液 H_3O^+平衡浓度的近似公式。

如果还能满足 $c(HA) > 20c_{eq}(H_3O^+)$时，则有 $c(HA)/K^{\ominus}_{a(HA)} > 400$，根据 20 倍近似规则，$c(HA) - c_{eq}(H_3O^+) \approx c(HA)$。由式(3-2)可得

$$c_{eq}(H_3O^+) = \sqrt{c(HA) \cdot K^{\ominus}_a} \tag{3-4}$$

式(3-4)是计算一元弱酸 HA 溶液 H_3O^+平衡浓度的最简公式。

利用最简公式(3-4)计算一元弱酸 HA 溶液的 H_3O^+平衡浓度时，需要满足的两个条件是 $c(HA) \cdot K^{\ominus}_{a(HA)} > 20K^{\ominus}_w$ 和 $c(HA)/K^{\ominus}_{a(HA)} > 400$。

一元弱酸 HA 在溶液中的解离程度用解离度 α 表示。一元弱酸的解离度定义为已解离的一元弱酸的浓度与一元弱酸的起始浓度之比：

$$\alpha(HA) = \frac{c(HA) - c_{eq}(HA)}{c(HA)} \times 100\% \tag{3-5}$$

当 $c(HA) \cdot K^{\ominus}_{a(HA)} > 20K^{\ominus}_w$ 时，可不考虑水的解离，上式改写为

$$\alpha(HA) = \frac{c_{eq}(H_3O^+)}{c(HA)} \times 100\% \tag{3-6}$$

又当 $c(HA)/K^{\ominus}_{a(HA)} > 400$ 时，一元弱酸溶液的 H_3O^+平衡浓度可用最简公式计算。由上式可得

$$\alpha(HA) = \frac{\sqrt{c(HA) \cdot K^{\ominus}_a}}{c(HA)} \times 100\% = \sqrt{\frac{K^{\ominus}_a}{c(HA)}} \times 100\% \tag{3-7}$$

式(3-7)表明了一元弱酸的解离度与标准解离常数和起始浓度之间的关系，称为稀释定律。

由稀释定律可知，一元弱酸 HA 的解离度在一定浓度范围内与 HA 浓度的平方根成反比，HA 的浓度越小，HA 的解离度就越大，(应用计算见【例 3-2】)。

3-11　一元弱碱溶液 OH^-浓度的计算

在一元弱碱 A^-的水溶液中，存在下述质子转移反应：

$$A^- + H_2O \rightleftharpoons HA + OH^-$$

$$H_2O + H_2O \rightleftharpoons OH^- + H_3O^+$$

溶液中 OH^-来自 A^-和 H_2O 的部分解离，则有：

$$c_{eq}(OH^-) = c_{eq}(HA) + c_{eq}(H_3O^+)$$

与推导一元弱酸溶液 H_3O^+浓度的计算公式类似，可以推导出一元弱碱溶液 OH^-浓度的计算公式。

当 $c(A^-) \cdot K^{\ominus}_{b(A^-)} > 20K^{\ominus}_w$ 时，可忽略水的解离，一元弱碱溶液中 OH^-平衡浓度的计算公式为

$$c_{eq}(OH^-) = \frac{-K^{\ominus}_b + \sqrt{(K^{\ominus}_b)^2 + 4c(A^-) \cdot K^{\ominus}_b}}{2} \tag{3-8}$$

式(3-8)是计算一元弱碱溶液 OH^-平衡浓度的近似公式。

若再满足 $c(A^-)/K^{\ominus}_{b(A^-)} > 400$ 时，一元弱碱溶液 OH^-浓度的计算公式为

$$c_{eq}(OH^-) = \sqrt{c(A^-) \cdot K^{\ominus}_b} \tag{3-9}$$

式(3-9)是计算一元弱碱溶液 OH^-平衡浓度的最简公式。

3-12　多元弱酸溶液 H_3O^+浓度的计算

多元弱酸溶液是一个复杂的酸碱平衡系统。以二元弱酸 H_2A 为例，它在水溶液中存在下列质子转移反应：

$$H_2A + H_2O \rightleftharpoons HA^- + H_3O^+$$

$$HA^- + H_2O \rightleftharpoons A^{2-} + H_3O^+$$

$$H_2O + H_2O \rightleftharpoons OH^- + H_3O^+$$

碱得到质子后的产物为 H_3O^+，酸失去质子后的产物为 HA^-、A^{2-}和 OH^-。当质子转移反应达到平衡时，碱得到的质子数等于酸失去的质子数，

其 PBE 式为　$c_{eq}(H_3O^+) = c_{eq}(HA^-) + 2c_{eq}(A^{2-}) + c_{eq}(OH^-)$

将平衡关系代入上式展开后，得到计算二元弱酸溶液 H_3O^+平衡浓度的精确公式，这是一个含有 H_3O^+浓度的一元四次方程，求解非常麻烦。为了避免求解高次方程，可利用 20 倍近似规则进行简化处理。

当 $c(H_2A) \cdot K^{\ominus}_{a1(H_2A)} > 20K^{\ominus}_w$ 时，可以忽略水的解离，上式简化为

$$c_{eq}(H_3O^+) = c_{eq}(HA^-) + 2c_{eq}(A^{2-})$$

当$\sqrt{c(H_2A) \cdot K^{\ominus}_{a1(H_2A)}} > 40\,K^{\ominus}_{a2(H_2A)}$时，则满足 $c_{eq}(HA^-) > 20[2c_{eq}(A^{2-})]$，上式可进一步简化为

$$c_{eq}(H_3O^+) = c_{eq}(HA^-)$$

此时，二元弱酸可按一元弱酸处理，只需考虑二元弱酸的一级解离。由二元弱酸 H_2A

的一级解离反应可得

$$K_{a1}^{\ominus}=\frac{[c_{eq}(H_3O^+)]^2}{c(H_2A)-c_{eq}(H_3O^+)} \tag{3-10}$$

将上式整理后得到一个有关 H_3O^+ 平衡浓度的一元二次方程：

$$c_{eq}(H_3O^+)+K_{a1}^{\ominus}\cdot c_{eq}(H_3O^+)-c(H_2A)\cdot K_{a1}^{\ominus}=0$$

求解此一元二次方程得

$$c_{eq}(H_3O^+)=\frac{-K_{a1}^{\ominus}+\sqrt{(K_{a1}^{\ominus})^2+4c(H_2A)\cdot K_{a1}^{\ominus}}}{2} \tag{3-11}$$

式(3-11)是计算二元弱酸 H_2A 溶液中 H_3O^+ 平衡浓度的近似公式。

除了满足上述的两个条件外，如果还能满足 $c(H_2A)/K_{a1(H_2A)}^{\ominus}>400$ 时，则 $c(H_2A)-c_{eq}(H_3O^+)\approx c(H_2A)$，由式(3-10)可得

$$c_{eq}(H_3O^+)=\sqrt{c(H_2A)\cdot K_{a1}^{\ominus}} \tag{3-12}$$

式(3-12)是计算二元弱酸 H_2A 溶液中 H_3O^+ 平衡浓度的最简公式。

对于三元弱酸 H_3A 溶液，由于 $K_{a2}^{\ominus}\gg K_{a3}^{\ominus}$，通常可忽略三元弱酸的第三步解离产生的 H_3O^+，而按二元弱酸处理。因此，式(3-11)和式(3-12)同样也适用于三元弱酸 H_3A 溶液中 H_3O^+ 平衡浓度的计算。

3-13 多元弱碱溶液 OH^- 浓度的计算

多元弱碱 A^{n-} 溶液 OH^- 浓度的计算，可参照多元弱酸溶液 H_3O^+ 平衡浓度的计算。当 $c(A^{n-})\cdot K_{b1}^{\ominus}>20K_w^{\ominus}$；时，可忽略水的解离；当 $\sqrt{c(A^{n-})\cdot K_{b1}^{\ominus}}>40K_{b1}^{\ominus}$ 时，可忽略多元弱碱的二级解离和三级解离，而按一元弱碱处理。多元弱碱溶液中 OH^- 平衡浓度的近似计算公式为

$$c_{eq}(OH^-)=\frac{-K_{b1}^{\ominus}+\sqrt{(K_{b1}^{\ominus})^2+4c(A^{n-})K_{b1}^{\ominus}}}{2} \tag{3-13}$$

在满足上述两个条件的情况下，若还能满足 $c(A^{n-})/K_{b1}^{\ominus}>400$，上式可进一步简化为

$$c_{eq}(OH^-)=\sqrt{c(A^{n-})K_{b1}^{\ominus}} \tag{3-14}$$

式(3-14)是计算多元弱碱溶液中 OH^- 平衡浓度的最简公式。

多元弱酸碱的应用计算见【例 3-4】和【例 3-5】。

3-14 两性物质溶液 H_3O^+ 浓度的计算

按酸碱质子理论，两性物质是既能给出质子又能结合质子的物质，多元弱酸的酸式盐和弱酸弱碱盐等都是两性物质。两性物质溶液中的酸碱平衡十分复杂，可根据具体情况合理地进行近似处理。

以二元弱酸的酸式盐 NaHA 为例，推导两性物质溶液中 H_3O^+ 平衡浓度的计算公式。NaHA 在溶液中完全解离：

$$NaHA = Na^+ + HA^-$$

溶液中存在下列质子转移反应：

$$HA^- + H_2O \rightleftharpoons A^{2-} + H_3O^+$$

$$HA^- + H_2O \rightleftharpoons OH^- + H_2A$$

$$H_2O + H_2O \rightleftharpoons OH^- + H_3O^+$$

当上述质子转移反应达到平衡时，碱得到的质子数等于酸失去的质子数，其质子平衡式为

$$c_{eq}(H_3O^+) + c_{eq}(H_2A) = c_{eq}(A^{2-}) + c_{eq}(OH^-)$$

由 H_2A 的一级解离反应、二级解离反应和 H_2O 的解离反应得

$$c_{eq}(H_3O^+) + \frac{c_{eq}(H_3O^+)c_{eq}(HA^-)}{K_{a1}^{\ominus}} = \frac{c_{eq}(HA^-)K_{a2}^{\ominus}}{c_{eq}(H_3O^+)} + \frac{K_w^{\ominus}}{c_{eq}(H_3O^+)}$$

由上式得

$$c_{eq}(H_3O^+) = \sqrt{\frac{K_{a1}^{\ominus}[c_{eq}(HA^-)K_{a2}^{\ominus} + K_w^{\ominus}]}{c_{eq}(HA^-) + K_{a1}^{\ominus}}} \qquad (3-15)$$

如果两性物质 HA^- 的 $K_a^{\ominus}$ 和 $K_b^{\ominus}$ 都很小，则 HA^- 给出质子或得到质子的能力都很小，可近似认为 $c_{eq}(HA^-) \approx c(HA^-)$，由式(3-15)可得

$$c_{eq}(H_3O^+) = \sqrt{\frac{K_{a1}^{\ominus}[c(HA^-)K_{a2}^{\ominus} + K_w^{\ominus}]}{c(HA^-) + K_{a1}^{\ominus}}} \qquad (3-16)$$

式(3-16)是计算两性物质 HA^- 溶液中 H_3O^+ 平衡浓度的近似公式。

如果 $c(HA^-) > 20K_{a1}^{\ominus}$，且 $c(HA^-)K_{a2}^{\ominus} > 20\,K_w^{\ominus}$，则式(3-16)可简化为

$$c_{eq}(H_3O^+) = \sqrt{K_{a1}^{\ominus} \cdot K_{a2}^{\ominus}} \qquad (3-17)$$

式(3-17)是计算两性物质 HA^- 溶液中 H_3O^+ 平衡浓度的最简公式。

对于除二元弱酸酸式盐以外的其他两性物质，式(3-17)中的 $K_{a2}^{\ominus}$ 为两性物质中弱酸的标准解离常数，而 $K_{a1}^{\ominus}$ 为两性物质中弱碱的共轭酸的标准解离常数(其应用见【例 3-6】和【例 3-7】)。

例如：对于 Na_2HPO_4 溶液，计算 H_3O^+ 浓度的最简公式为

$$c_{eq}(H_3O^+) = \sqrt{K_{a2}^{\ominus} \cdot K_{a3}^{\ominus}}$$

又如：NH_4Ac 溶液，计算 H_3O^+ 浓度的最简公式为

$$c_{eq}(H_3O^+) = \sqrt{K_{a(HAc)}^{\ominus} \cdot K_{a(NH_4^+)}^{\ominus}}$$

3-15 同离子效应和盐效应

弱酸、弱碱的解离平衡与其他化学平衡一样，也是一种相对的动态平衡。如果在弱酸、弱碱溶液中加入易溶强电解质，就会使弱酸、弱碱的解离平衡发生移动，直至在新的条件下又建立起新的解离平衡。

(1) 同离子效应

在弱酸溶液中，加入与这种弱酸含有相同离子的易溶强电解质，会使弱酸的解离平衡向生成弱酸的方向移动。例如，HAc 在溶液中存在下述解离平衡：

$$HAc + H_2O \rightleftharpoons Ac^- + H_3O^+$$

在溶液中加入 NaAc 晶体或 HCl 溶液后，Ac^- 浓度或 H_3O^+ 浓度增大，使 HAc 的解离平衡逆向移动，HAc 的解离度降低。

同理，在弱碱溶液中，加入与弱碱含有相同离子的易溶强电解质，可使弱碱的解离平衡向生成弱碱的方向移动，弱碱的解离度降低。

这种在弱酸、弱碱溶液中加入与弱酸、弱碱具有相同离子的易溶强电解质，使弱酸、弱碱的解离度降低的现象称为同离子效应。

例如：在 0.10mol · L^{-1} HAc 溶液中，加入 NaAc 晶体，使 NaAc 的浓度为 0.10mol · L^{-1}，计算溶液中 H_3O^+浓度和 HAc 的解离度。并与 0.10mol · L^{-1} HAc 溶液中 H_3O^+浓度和 HAc 的解离度进行比较。

解：在 HAc-NaAc 混合溶液中，HAc 和 Ac^-的浓度都较大，远大于 H_3O^+溶液或 OH^-的浓度。可近似认为 $c_{eq}(HAc) \approx c(HAc)$，$c_{eq}(Ac^-) \approx c(Ac^-)$。

溶液中 H_3O^+平衡浓度为

$$c_{eq}(H_3O^+) = K_a^{\ominus} \times \frac{c(HAc)}{c(Ac^-)} = 1.8\times10^{-5}\times\frac{0.10}{0.10} = 1.8\times10^{-5}(mol \cdot L^{-1})$$

HAc 的解离度为

$$a(HAc) = \frac{c_{eq}(H_3O^+)}{c(HAc)}\times100\%$$

$$= \frac{1.8\times10^{-5}mol \cdot L^{-1}}{0.10mol \cdot L^{-1}}\times100\% = 0.018\%$$

在没有同离子效应时，0.10mol · L^{-1} HAc 溶液中 H_3O^+浓度为 1.3×10^{-3}mol · L^{-1}，HAc 的解离度为 1.3%。而在 0.10mol · L^{-1} HAc 和 0.10mol · L^{-1} NaAc 混合溶液中，H_3O^+浓度为 1.8×10^{-5}mol · L^{-1}，HAc 的解离度为 0.018%，仅为 0.10mol · L^{-1} HAc 溶液中的 1/72。

（2）盐效应

在弱酸溶液中，加入与弱酸不含相同离子的易溶强电解质，会使弱酸的解离平衡向弱酸解离的方向移动。例如，在 1.0L 0.10mol · L^{-1} HAc 溶液中加入 0.10mol NaCl 晶体，可使 HAc 的解离度由原来的 1.3%增大到 1.7%。这是由于在 HAc 溶液中加入 NaCl 晶体后，溶液中离子的总浓度增大了，阳离子与阴离子之间的静电作用增强了，在 H_3O^+的周围有更多的阴离子（主要是 Cl^-），而在 Ac^-的周围有更多的阳离子（主要是 Na^+），H_3O^+和 Ac^-都受到较强的静电吸引作用，使它们的移动速率减慢，Ac^-与 H_3O^+生成 HAc 的速率减慢，使 HAc 的解离速率暂时大于 HAc 的生成速率，解离平衡正向移动，当建立起新的解离平衡时，HAc 的解离度略有增大。

同理，在弱碱溶液中加入不含相同离子的易溶强电解质，也会使弱碱的解离平衡正向移动，弱碱的解离度也略有增大。

这种在弱酸、弱碱溶液中加入不含相同离子的易溶强电解质，使弱酸、弱碱的解离度略有增大的现象称为盐效应。

由于盐效应对弱酸、弱碱的解离度的影响较小，为了简化计算，因此通常在计算中忽略盐效应。

3-16 缓冲溶液的组成及作用机理

（1）缓冲溶液的组成

由弱酸和它的共轭碱所组成的混合溶液能抵抗外加的少量强酸或强碱，维持溶液的 pH

基本不变。例如，在 HAc-NaAc 混合溶液中加入少量强酸或强碱，溶液的 pH 改变很小。化学上把这种能抵抗外加少量强酸或强碱，而维持 pH 基本不发生变化的溶液称为缓冲溶液。缓冲溶液所具有的抵抗外加少量强酸或强碱的作用称为缓冲作用。

按酸碱质子理论，缓冲溶液是由弱酸和它的共轭碱所组成，而且它们的浓度都比较大。通常把组成缓冲溶液的共轭酸碱对称为缓冲对，缓冲溶液是由较高浓度的缓冲对组成的混合溶液。

(2) 缓冲作用机理

现以 HAc-NaAc 缓冲溶液为例，说明缓冲溶液的缓冲作用机理。HAc 为一元弱酸，在水溶液中的解离度很小，主要以分子形式存在；NaAc 为强电解质，在溶液中完全解离，以 Na^+和 Ac^-存在。因此在 HAc-NaAc 混合溶液中，HAc 和 Ac^-的浓度都很大，而 H_3O^+的浓度却很小。HAc-NaAc 混合溶液中存在下述解离平衡：

$$HAc+H_2O \rightleftharpoons Ac^-+H_3O^+$$

当向该溶液中加入少量强酸时，强酸解离出的 H_3O^+与 Ac^-结合生成 HAc 和 H_2O，使解离平衡逆向移动，溶液中 H_3O^+浓度不会显著增大，因此溶液 pH 基本不变。共轭碱 Ac^-在缓冲溶液中起到抵抗少量强酸的作用，称为缓冲溶液的抗酸成分。

当向该溶液中加入少量强碱时，强碱解离产生的 OH^-与 H_3O^+结合生成 H_2O，使 HAc 的解离平衡正向移动，以弥补 H_3O^+的减少，溶液中的 H_3O^+浓度也不会显著减小，溶液 pH 也基本不变。共轭酸 HAc 在缓冲溶液中起到抵抗少量强碱的作用，称为缓冲溶液的抗碱成分。

综上所述，缓冲溶液之所以具有缓冲作用，是因为溶液中同时存在浓度较大的共轭酸碱对，它们能抵抗外加的少量强酸或强碱，从而保持溶液的 pH 基本不变。当然，如果加入大量强酸或强碱时，缓冲溶液中的抗酸成分或抗碱成分将耗尽，缓冲溶液就丧失了缓冲能力。

3-17　缓冲溶液的 pH 计算

以一元弱酸和它的共轭碱组成的缓冲溶液为例，推导缓冲溶液的 H_3O^+浓度计算公式和 pH 计算公式。在一元弱酸 HA 与它的共轭碱 A^-组成的缓冲溶液中，存在下列质子转移反应：

$$HA+H_2O \rightleftharpoons H_3O^++A^-$$

$$H_2O+H_2O \rightleftharpoons H_3O^++OH^-$$

从上述两个质子转移反应可以看出，HA-A^-缓冲溶液中的 H_3O^+来自 HA 和 H_2O 的部分解离，由 H_2O 解离产生的 H_3O^+可忽略不计。缓冲溶液中 HA 和 A^-的平衡浓度分别为

$$c_{eq}(HA)=c(HA)-c_{eq}(H_3O^+) \tag{3-18}$$

$$c_{eq}(A^-)=c(A^-)+c_{eq}(H_3O^+) \tag{3-19}$$

在 HA-A^-缓冲溶液中，H_3O^+平衡浓度为

$$c_{eq}(H_3O^+)=\frac{K_a^{\ominus}\cdot c_{eq}(HA)}{c_{eq}(A^-)}$$

将式(3-18)和式(3-19)代入上式得

$$c_{eq}(H_3O^+)=K_a^{\ominus}\times\frac{c(HA)-c_{eq}(H_3O^+)}{c(A^-)+c_{eq}(H_3O^+)} \tag{3-20}$$

式(3-20)是计算 HA-A$^-$缓冲溶液中 H_3O^+平衡浓度的精确公式。将上式展开后得到 $c_{eq}(H_3O^+)$的一元二次方程，数学计算十分复杂。为了便于求解，通常采用近似方法进行处理。

由于 HA-A$^-$缓冲溶液中 c(HA)和 c(A$^-$)都比较大，且 HA 为弱酸，A$^-$抵制了 HA 的解离，所以 $c_{eq}(HAc)\approx c(HAc)$，$c_{eq}(A^-)\approx c(A^-)$，则式(3-20)可简化为

$$c_{eq}(H_3O^+)=\frac{c(HA)K_a^{\ominus}(HA)}{c(A^-)} \tag{3-21}$$

式(3-21)是计算 HA-A$^-$缓冲溶液中 H_3O^+平衡浓度的最简公式。

将式(3-21)取负常用对数得：

$$pH=pK_a^{\ominus}+\lg\frac{c(A^-)}{c(HA)} \tag{3-22}$$

式(3-22)是计算 HA-A$^-$缓冲溶液 pH 的最简公式。

将式(3-22)推广到其他缓冲溶液，得到如下通式：

$$pH=pK_a^{\ominus}+\lg\frac{c_b}{c_a} \tag{3-23}$$

上式又可改写为

$$pH=pK_a^{\ominus}+\lg\frac{n_b}{n_a} \tag{3-24}$$

式中 $K_a^{\ominus}$——缓冲对中弱酸的标准解离常数；

n_a——缓冲溶液中弱酸的物质的量；

n_b——缓冲溶液中弱酸的共轭碱的物质的量。

其应用见【例 3-8】。

3-18 缓冲容量和缓冲范围

(1) 缓冲容量

任何缓冲溶液的缓冲能力都是有限的，若加入大量的强酸或强碱，抗碱成分或抗酸成分就将完全消耗，缓冲溶液就丧失了缓冲能力。通常用缓冲容量定量表示缓冲溶液的缓冲能力。缓冲容量用符号 β 表示，其定义为

$$\beta\overset{\text{def}}{=}\frac{\Delta n_b}{V\cdot\Delta pH}=-\frac{\Delta n_a}{V\cdot\Delta pH} \tag{3-25}$$

式中 V——缓冲溶液的体积；

Δn_b——在缓冲溶液中加入强碱的物质的量；

Δn_a——在缓冲溶液中加入强酸的物质的量；

ΔpH——缓冲溶液 pH 的改变。

缓冲容量的国际单位为 $mol\cdot m^{-3}$，其常用单位为 $mol\cdot L^{-1}$或 $mmol\cdot L^{-1}$。

由式(3-25)可知，缓冲容量在数值上等于使单位体积($V=1L$)的缓冲溶液的 pH 增大 1 或减小 1 时，所需加入强碱或强酸的物质的量。由于在缓冲溶液中加入强酸时 pH 减小，

$\Delta pH<0$，故在$\frac{\Delta n_a}{\Delta pH}$前加一负号使 β 为正值。显然，缓冲溶液的缓冲容量越大，缓冲溶液的缓冲能力就越强。

$HA-A^-$缓冲溶液的缓冲容量与共轭酸碱对的总浓度[$c(HA)+c(A^-)$]和缓冲比 $c(A^-)/c(HA)$有关。同一共轭酸碱对组成的缓冲溶液，当缓冲比相同时，总浓度越大，缓冲溶液的缓冲容量就越大；而当总浓度相同时，缓冲比越接近 1，缓冲溶液的缓冲容量就越大。

(2) 缓冲范围

当缓冲溶液的总浓度一定时，弱酸的浓度与它的共轭碱的浓度相差越大，缓冲溶液的缓冲能力就越小，甚至可能失去缓冲作用。当弱酸的浓度与它的共轭碱的浓度相差 10 倍以上，即缓冲比小于 0.1 或大于 10 时，缓冲溶液的缓冲容量很小，可以认为没有缓冲能力。因此，只有当缓冲比在 0.1～10 范围内，缓冲溶液才能发挥缓冲作用。通常把缓冲溶液能发挥缓冲作用(缓冲比为 0.1～10)的 pH 范围称为缓冲范围。由式(3-22)，可推导出 $HA-A^-$缓冲溶液的缓冲范围为

$$pH = pK_a^{\ominus} \pm 1 \qquad (3-26)$$

利用式(3-26)，可计算出任意缓冲溶液的缓冲范围。例如，HAc 的 $pK_a^{\ominus}=4.74$，则 HAc-NaAc 缓冲溶液的缓冲范围为 3.74～5.74。

3-19　缓冲溶液的选择与配制

缓冲溶液的配制可按下列原则和步骤进行：

① 选择合适的缓冲对，使所配制的缓冲溶液的 pH 在所选择的缓冲对的缓冲范围内，且尽量接近弱酸的 $pK_a^{\ominus}$，使缓冲溶液具有较大的缓冲容量。例如，配制 pH 为 5.0 的缓冲溶液，缓冲对中弱酸的 $pK_a^{\ominus}$ 应在 4.0~6.0 范围内。因此，可选择 $HAc-Ac^-$缓冲对(HAc 的$pK_a^{\ominus}=4.74$)。

② 缓冲溶液的总浓度要适当，总浓度太低，缓冲容量较小。一般总浓度控制在 0.05～0.2mol·L^{-1}之间。

③ 所选择的缓冲对不能与反应物或生成物发生作用。

④ 选定缓冲对后根据式(3-22)计算出所需共轭酸、碱的量。为方便计算和配制，常使用相同浓度的共轭酸、碱溶液。

⑤ 根据计算结果将共轭酸、碱溶液混合，就可配成一定体积所需 pH 的缓冲溶液。若要求精确配制时，可用 pH 计或精密试纸对所配制缓冲溶液的 pH 进行校正。

※ 沉淀溶解平衡

3-20　难溶强电解质的标准溶度积常数

在一定温度下，把难溶强电解质 $M_{\nu+}A_{\nu-}$晶体放入水中，水分子的正极与晶体表面上的阴离子 A^{z-}相互吸引，而水分子的负极与晶体表面上的阳离子 M^{z+}相互吸引，削弱了 M^{z+}与 A^{z-}之间的静电作用，使得一部分晶体表面上的 M^{z+}和 A^{z-}脱离晶体以水合离子的形式进入溶液，这个过程称为溶解。另一方面，溶液中的水合阳离子 M^{z+}和水合阴离子 A^{z-}处于无规则运动，当阳离子和阴离子碰撞到晶体表面时，受到晶体表面上 A^{z-}和 M^{z+}的吸引，又有一部分阳离子和阴离子会重新回到晶体表面上，这个过程称为沉淀。难溶强电解质 $M_{\nu+}A_{\nu-}$晶体的溶解过

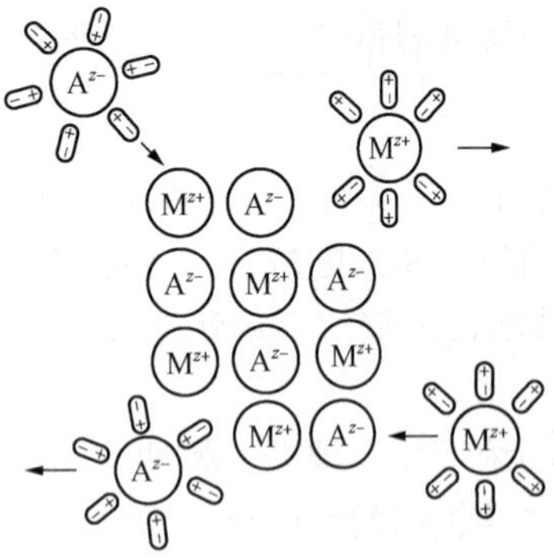

图 3-1　难溶强电解质的溶解过程与沉淀过程

程与 M^{z+} 和 A^{z-} 生成沉淀的过程如图 3-1 所示。

难溶强电解质的溶解和沉淀是两个相反的过程，开始时，溶液中 M^{z+} 和 A^{z-} 浓度很小，溶解速率大于沉淀速率，这时溶液是不饱和的；随着溶解过程的进行，溶液中 M^{z+} 和 A^{z-} 浓度逐渐增大，M^{z+} 和 A^{z-} 回到晶体表面的沉淀速率逐渐加快，当溶解速率等于沉淀速率时，就达到了沉淀-溶解平衡，此时的溶液为难溶强电解质的饱和溶液，虽然沉淀过程和溶解过程仍在进行，但溶液中难溶强电解质离子的浓度不再改变，未溶解的 $M_{v+}A_{v-}$ 晶体与溶液中的 M^{z+} 和 A^{z-} 建立了下述多相平衡：

$$M_{v+}A_{v-}(s) \rightleftharpoons v_+ M^{z+}(aq) + v_- A^{z-}(aq)$$

式中　ν_+，ν_-——阳离子和阴离子的化学计量数；

$z+$，$z-$——阳离子和阴离子的电荷数。

难溶强电解质 $M_{v+}A_{v-}$ 的沉淀-溶解反应的标准平衡常数表达式为

$$K_{sp}^{\ominus} = [c_{eq}(M^{z+})]^{v+} \cdot [c_{eq}(A^{z-})]^{v-} \qquad (3-27)$$

式中　$K_{sp}^{\ominus}$——难溶强电解质 $M_{v+}A_{v-}$ 的沉淀-溶解反应的标准平衡常数，称为难溶强电解质的标准溶度积常数；

$c_{eq}(M^{z+})$，$c_{eq}(A^{z-})$——M^{z+} 和 A^{z-} 的平衡浓度。

上式表明：在一定温度下，难溶强电解质饱和溶液中阳离子和阴离子的浓度各以其化学计量数为指数的幂的乘积为一常数。

$K_{sp}^{\ominus}$ 是表征难溶强电解质的溶解能力的特征常数，它只与温度有关，而与电解质离子的浓度无关。

3-21　难溶强电解质标准溶度积常数与溶解度之间的关系

难溶强电解质标准溶度积常数和难溶强电解质溶解度都可以表征难溶强电解质的溶解能力，溶解度是指在一定温度下，难溶强电解质饱和溶液的浓度，它们是两个既有联系而又不同的概念。两者之间存在着简单的定量关系，推导如下：

在一定温度下，难溶强电解质 $M_{v+}A_{v-}$ 在水溶液中发生沉淀-溶解反应：

$$M_{v+}A_{v-}(S) = v_+ M^{z+}(aq) + v_- A^{z-}(aq)$$

令在该温度下 $M_{v+}A_{v-}(s)$ 的溶解度为 s，则 $c_{eq}(M^{z+}) = \nu_+ s$，$c_{eq}(A^{z-}) = \nu_- s$，则

$$K_{sp}^{\ominus} = [c_{eq}(M^{z+})]^{v+} \cdot [c_{eq}(A^{z-})]^{v-}$$

$$K_{sp}^{\ominus} = (v_+)^{v+} \cdot (v_-)^{v-} \cdot s^{v_+ + v_-} \qquad (3-28)$$

利用上式可以由难溶强电解质 s 计算出它的 $K_{sp}^{\ominus}(M_{v_+}A_{v_-})$。也可以由难溶强电解质的 $K_{sp}^{\ominus}$ 计算 s。

$$s = \sqrt[v_+ + v_-]{\frac{K_{sp}^{\ominus}}{(v_+)^{v+} \cdot (v_-)^{v-}}} \qquad (3-29)$$

注意：对于相同类型的难溶强电解质，它的 $K_{sp}^{\ominus}$ 越大，它的 s 也越大。但对于不同类型的难溶强电解质，不能直接利用 $K_{sp}^{\ominus}$ 来比较 s 的大小，必须通过计算进行比较(有关例题见【例 3-9】~【例 3-11】)。

3-22　溶度积规则

利用难溶强电解质的沉淀-溶解反应的摩尔吉布斯自由能变，可以判断沉淀-溶解反应的方向。对于难溶强电解质的沉淀-溶解反应：

$$M_{v+}A_{v-}(s) = v_+M^{z+}(aq) + v_-A^{z-}(aq)$$

反应的摩尔吉布斯自由能变为

$$\Delta_r G_m = -RT\ln K_{sp}^{\ominus} + RT\ln J \qquad (3-30)$$

由上式可以得到如下结论：

① 当 $K_{sp}^{\ominus} > J$ 时，$\Delta_r G_m < 0$，沉淀-溶解反应向正反应方向进行，没有沉淀析出，若溶液中有难溶强电解质晶体存在，则晶体溶解，直至 $K_{sp}^{\ominus} = J$ 时又达到沉淀-溶解平衡。

② 当 $K_{sp}^{\ominus} = J$ 时，$\Delta_r G_m = 0$，沉淀-溶解反应处于平衡状态，此时的溶液为饱和溶液，没有沉淀析出。

③ 当 $K_{sp}^{\ominus} < J$ 时，$\Delta_r G_m > 0$，沉淀-溶解反应向逆反应方向进行，有难溶强电解质沉淀析出，直至 $K_{sp}^{\ominus} = J$ 时又达到沉淀-溶解平衡。

上述是判断难溶强电解质沉淀-溶解反应方向的判据，即溶度积规则。利用溶度积规则，可以判断难溶强电解质沉淀的生成和溶解。

3-23　难溶强电解质沉淀的生成和溶解

（1）沉淀的生成

根据溶度积规则，如果 $J > K_{sp}^{\ominus}$ 时，溶液中就会有难溶强电解质的沉淀析出（有关例题见【例 3-12】）。

（2）沉淀的溶解

根据溶度积规则，在含有难溶强电解质沉淀的饱和溶液中，如果能降低难溶强电解质的阳离子浓度或阴离子浓度，使 $J < K_{sp}^{\ominus}$ 就会使难溶强电解质沉淀溶解。

降低难溶强电解质离子浓度的方法有生成弱电解质、发生氧化还原反应和生成配离子等。

① 生成弱电解质使沉淀溶解。在含有难溶强电解质沉淀的饱和溶液中加入某种电解质，它能与难溶强电解质的阳离子或阴离子生成一种弱电解质，使 $J < K_{sp}^{\ominus}$，则难溶强电解质的沉淀-溶解平衡向沉淀溶解方向移动，导致沉淀溶解。

例如，难溶于水的氢氧化物[如 $Zn(OH)_2$、$Fe(OH)_3$、$Cu(OH)_2$ 等]都能溶于酸溶液。这是由于酸解离出的 H_3O^+ 与难溶氢氧化物溶解产生的 OH^- 生成弱电解质 H_2O，降低了 OH^- 浓度，使 $J < K_{sp}^{\ominus}$，沉淀-溶解平衡向沉淀溶解方向移动。例如：

$$\begin{array}{c}M(OH)_z(s) \rightleftharpoons M^{z+}(aq) + zOH^-(aq)\\ +\\ zHCl(aq) + zH_2O(l) = zCl^-(aq) + zH_3O^+(aq)\\ \Downarrow\\ 2zH_2O(l)\end{array}$$

如果加入足量的盐酸，难溶氢氧化物沉淀将完全溶解。

又如，难溶于水的弱酸盐溶于强酸，也是由于强酸解离出的 H_3O^+ 与难溶弱酸盐溶解产生的弱酸根离子生成难解离的弱酸分子，降低了溶液中弱酸根离子的浓度，使 $J< K_{sp}^{\ominus}$，难溶弱酸盐的沉淀-溶解平衡向沉淀溶解方向移动。CaC_2O_4 沉淀溶于 HCl 溶液的过程可表示为

$$CaC_2O_4(s) \rightleftharpoons Ca^{2+}(aq)+C_2O_4^{2-}(aq)$$
$$+$$
$$2HCl(aq)+2H_2O(l) = 2Cl^-(aq)+2H_3O^+(aq)$$
$$\Updownarrow$$
$$H_2C_2O_4(aq)+2H_2O(l)$$

有关例题见【例 3-13】。

② 发生氧化还原反应使沉淀溶解。在含有难溶强电解质沉淀的饱和溶液中加入某种氧化剂或某种还原剂，与难溶强电解质的阳离子或阴离子发生氧化还原反应，降低了难溶强电解质的阳离子浓度或阴离子的浓度，使 $J< K_{sp}^{\ominus}$，导致难溶强电解质的沉淀-溶解平衡向沉淀溶解的方向移动。

$K_{sp}^{\ominus}$ 很小的金属硫化物(如 CuS、PbS 等)难溶于水，也难溶于盐酸，但可溶于硝酸溶液中。这是由于难溶金属硫化物溶解产生的 S^{2-} 被 HNO_3 氧化，使溶液中的 S^{2-} 浓度降低，致使 $J< K_{sp}^{\ominus}$，导致沉淀溶解。

例如，CuS 沉淀不溶于盐酸，但溶于稀硝酸溶液，反应式：

$$3CuS(s)+8HNO_3(aq) = 3Cu(NO_3)_2(aq)+3S(s)+2NO(g)+4H_2O(l)$$

③ 生成配位个体使沉淀溶解。在含有难溶强电解质沉淀的饱和溶液中加入某种配体或某种金属离子，配体与难溶强电解质的阳离子生成配位个体或金属离子，与难溶强电解质的阴离子生成配位个体，使难溶强电解质的阳离子浓度或阴离子浓度降低，致使 $J< K_{sp}^{\ominus}$，难溶强电解质的沉淀-溶解平衡向沉淀溶解方向移动，导致难溶电解质沉淀溶解。例如，在含有 AgCl 沉淀的饱和溶液中加入氨水，NH_3 与 Ag^+ 生成比较稳定的配位个体 $[Ag(NH_3)_2]^+$，Ag^+ 浓度降低，使 $J< K_{sp}^{\ominus}$，AgCl 沉淀溶解。

$$AgCl(s) \rightleftharpoons Ag^+(aq)+Cl^-(aq)$$
$$+$$
$$2NH_3(aq)$$
$$\Updownarrow$$
$$[Ag(NH_3)_2]^+(aq)$$

3-24 同离子效应和盐效应

(1) 同离子效应

在难溶强电解质 $M_{v+}A_{v-}$ 的饱和溶液中加入含有相同离子 M^{z+} 或 A^{z-} 的易溶强电解质时，溶液中 M^{z+} 浓度或 A^{z-} 浓度增大，使 $J> K_{sp}^{\ominus}$，难溶强电解质的沉淀-溶解平衡向生成 $M_{v+}A_{v-}$ 沉淀的方向移动，析出 $M_{v+}A_{v-}$ 沉淀，降低了 $M_{v+}A_{v-}$ 的溶解度，当反应商减小到 $J= K_{sp}^{\ominus}$ 时，重新达到沉淀-溶解平衡。这种在难溶强电解质饱和溶液中加入与难溶强电解质有相同离子的易溶强电

解质，使难溶强电解质的溶解度降低的现象也称为同离子效应(有关例题见【例3-14】)。

(2) 盐效应

在含有难溶强电解质沉淀的溶液中加入不含相同离子的易溶强电解质，将使难溶强电解质的溶解度增大，这种现象也称为盐效应。这是由于加入易溶强电解质后，溶液中阳离子和阴离子的浓度均增大，阳离子与阴离子之间的静电吸引作用增强。在难溶强电解质的阳离子周围有较多的易溶强电解质的阴离子，而在难溶强电解质的阴离子周围有较多的易溶强电解质的阳离子。难溶强电解质的阳离子和阴离子都受到了比较强的静电吸引作用，使难溶强电解质的阳离子与阴离子生成沉淀的速率减慢，难溶强电解质的溶解速率暂时大于沉淀速率，沉淀-溶解平衡向沉淀溶解的方向移动，致使难溶强电解质的溶解度增大。

在难溶强电解质的饱和溶液中加入含有相同离子的易溶强电解质，在产生同离子效应时，也同样产生盐效应。因此在利用同离子效应降低难溶强电解质的溶解度时，沉淀试剂不能过量太多，一般过量20%～50%即可，否则由于盐效应的影响，反而会使难溶强电解质的溶解度增大，如表3-2所示。

表3-2 $PbSO_4$ 在 Na_2SO_4 溶液中的溶解度

Na_2SO_4 浓度 $c/mol\cdot L^{-1}$	0	0.001	0.01	0.02	0.04	0.100	0.200
$PbSO_4$ 浓度 $s/10^{-3}mol\cdot L^{-1}$	0.15	0.024	0.016	0.014	0.013	0.016	0.019

一般说来，盐效应对难溶强电解质的溶解度的影响要比同离子效应的影响小得多，为了简便起见，在进行有关计算时通常不考虑盐效应。

3-25 分步沉淀

如果溶液中含有两种或两种以上离子，都能与某种沉淀剂生成难溶强电解质沉淀，当向溶液中滴加该沉淀剂时就会先后生成几种不同的沉淀，这种先后沉淀的现象称为分步沉淀。实现分步沉淀的最简单方法是控制沉淀剂的浓度。

当混合溶液中同时存在几种离子，都能与加入的沉淀剂生成沉淀时，则生成沉淀的先后顺序决定于反应商与难溶强电解质的标准溶度积常数的相对大小，首先满足 $J>K_{sp}^{\ominus}$ 的难溶强电解质先沉淀。掌握了分步沉淀的规律，根据具体情况，适当控制条件就可以达到分离的目的。

实现分步沉淀的另一种方法是控制溶液的pH，这种方法只适用于难溶强电解质的阴离子是弱酸根离子或 OH^- 两种情况(有关例题见【例3-15】和【例3-16】)。

3-26 沉淀的转化

在实际工作中，常常需要把一种难溶强电解质沉淀转化为另一种难溶强电解质沉淀。这种把一种沉淀转化为另一种沉淀的过程，称为沉淀的转化。例如，锅炉中锅垢的主要成分是 $CaSO_4$，它的导热能力很小，阻碍传热，浪费燃料，还可能引起锅炉或蒸汽管道的爆裂造成事故。由于 $CaSO_4$ 难溶于水，也难溶于酸溶液，很难除去。但可以利用 Na_2CO_3 溶液把 $CaSO_4$ 转化为溶于盐酸的 $CaCO_3$ 沉淀，这样就可以把锅垢除去。该沉淀转化过程可表示为

$$CaSO_4(s) \rightleftharpoons Ca^{2+}(aq) + SO_4^{2-}(aq)$$

$$+$$

$$Na_2CO_3(s) \rightleftharpoons CO_3^{2+}(aq) + 2Na^+(aq)$$

$$\Downarrow$$

$$CaCO_3(s)$$

上述沉淀转化反应之所以能够发生，是由于生成了比 $CaSO_4$ 溶解度更小的 $CaCO_3$ 沉淀。$CaCO_3$ 沉淀的生成，降低了溶液中 Ca^{2+} 的浓度，导致 $CaSO_4$ 的沉淀-溶解平衡向 $CaSO_4$ 溶解的方向移动，使 $CaSO_4$ 沉淀转化为 $CaCO_3$ 沉淀。

沉淀转化反应的进行程度，可以利用沉淀转化反应的标准平衡常数来衡量。上述沉淀转化反应的离子方程式为

$$CaSO_4(s) + CO_3^{2+}(aq) \rightleftharpoons CaCO_3(s) + SO_4^{2-}(aq)$$

该沉淀转化反应的标准平衡常数为

$$K^{\ominus} = \frac{c_{eq}(SO_4^{2-})}{c_{eq}(CO_3^{2-})} = \frac{c_{eq}(SO_4^{2-}) \cdot c_{eq}(Ca^{2+})}{c_{eq}(CO_3^{2-}) \cdot c_{eq}(Ca^{2+})} = \frac{K^{\ominus}_{sp(CaSO_4)}}{K^{\ominus}_{sp(CaCO_3)}}$$

$$= \frac{7.1 \times 10^{-5}}{4.9 \times 10^{-9}} = 1.4 \times 10^4$$

$CaSO_4$ 沉淀转化为 $CaCO_3$ 沉淀的转化反应的标准平衡常数很大，表示沉淀转化反应进行的程度很大，$CaSO_4$ 沉淀可以定量转化为 $CaCO_3$ 沉淀

沉淀转化反应的标准平衡常数越大，则沉淀转化反应就越容易进行。如果沉淀转化反应的标准平衡常数太小，则沉淀转化反应很难进行，甚至不可能进行。

第二部分　典型例题

【例 3-1】 25℃时，HAc 的标准解离常数 $K_a^{\ominus} = 1.8 \times 10^{-5}$，试计算 Ac^- 的标准解离常数。

解：Ac^- 是 HAc 的共轭碱，根据式(3-1)，Ac^- 的标准解离常数为

$$K_b^{\ominus} = \frac{K_w^{\ominus}}{K_a^{\ominus}} = \frac{1.0 \times 10^{-14}}{1.8 \times 10^{-5}} = 5.6 \times 10^{-10}$$

【例 3-2】 计算 25℃时 $0.10 mol \cdot L^{-1}$ HAc 溶液的 pH 和 HAc 的解离度。

解：25℃时，HAc 的 $K_a^{\ominus} = 1.8 \times 10^{-5}$。由于 $c(HAc) \cdot K_a^{\ominus} = 0.10 \times 1.8 \times 10^{-5} = 1.8 \times 10^{-6} \gg 20K_w^{\ominus}$；且 $\frac{c(HAc)}{K_a^{\ominus}} = \frac{0.10}{1.8 \times 10^{-5}} = 5.6 \times 10^3 > 400$，因此可用最简单的公式进行计算。根据式(3-4)，溶液中 H_3O^+ 平衡浓度为

$$c_{eq}(H_3O^+) = \sqrt{c(HAc) \cdot K_a^{\ominus}} = \sqrt{0.10 \times 1.8 \times 10^{-5}} = 1.3 \times 10^{-5}(mol \cdot L^{-1})$$

溶液的 pH 为

$$pH = -\lg c_{eq}(H_3O^+) = -\lg 1.3 \times 10^{-5} = 2.89$$

根据式(3-7)，HAc 的解离度为

$$a(\text{HAc})=\sqrt{\frac{K_a^\ominus}{c(\text{HAc})}}\times100\%$$

$$=\sqrt{\frac{1.8\times10^{-5}}{0.10}}\times100\%=1.3\%$$

【例 3-3】 计算 0.010mol · L^{-1} NH_3 溶液的 pH，已知 25℃时 NH_3 的 $K_b^\ominus=1.8\times10^{-5}$。

解：由于 $c(NH_3)\cdot K_b^\ominus=1.8\times10^{-7}>20K_w^\ominus$；，且 $c(NH_3)/K_b^\ominus=5.6\times10^2>400$，因此可利用最简公式计算。根据式(3-9)，$NH_3$ 溶液中 OH^-平衡浓度为

$$c_{eq}(OH^-)=\sqrt{c(NH_3)\cdot K_b^\ominus}$$

$$=\sqrt{0.010\times1.8\times10^{-5}}=4.2\times10^{-4}(\text{mol}\cdot L^{-1})$$

溶液的 pH 为　　　$pH=pK_w^\ominus-pOH=14.00+\lg4.2\times10^{-4}=10.62$

【例 3-4】 计算 25℃时 0.010mol · L^{-1} H_3PO_4溶液的 pH。已知 25℃时，H_3PO_4 的 $K_{a1}^\ominus=6.7\times10^{-3}$、$K_{a2}^\ominus=6.2\times10^{-8}$、$K_{a3}^\ominus=4.5\times10^{-13}$。

解：由于 $c(H_3PO_4)\ K_{a1}^\ominus>20K_w^\ominus$，且 $\sqrt{c(H_3PO_4)\cdot K_{a1}^\ominus}>40K_{a2}^\ominus$，且可忽略 H_2O 的解离、H_3PO_4 的二级解离和三级解离，按一元弱酸处理。但由于 $c(H_3PO_4)/K_{a1}^\ominus=13<400$，需要利用近似公式计算。

根据式(3-11)，溶液中 H_3O^+平衡浓度为

$$c_{eq}(H_3O^+)=\frac{-6.7\times10^{-3}+\sqrt{(6.7\times10^{-3})^2+4\times0.10\times6.7\times10^{-3}}}{2}$$

$$=2.3\times10^{-2}(\text{mol}\cdot L^{-1})$$

溶液的 pH 为 $pH=-\lg c_{eq}(H_3O^+)=-\lg2.3\times10^{-2}=1.64$

【例 3-5】 已知 25℃时 $H_2C_2O_4$ 的 $K_{a1}^\ominus=5.4\times10^{-2}$，$K_{a2}^\ominus=5.4\times10^{-5}$。试计算 25℃时 0.10mol · L^{-1} $Na_2C_2O_4$ 溶液的 pH。

解：${C_2O_4}^{2-}$的一级标准解离常数和二级标准解离常数分别为

$$K_{b1}^\ominus=\frac{K_w^\ominus}{K_{a2}^\ominus}=\frac{1.0\times10^{-14}}{5.4\times10^{-5}}=1.9\times10^{-10}$$

$$K_{b2}^\ominus=\frac{K_w^\ominus}{K_{a1}^\ominus}=\frac{1.0\times10^{-14}}{5.4\times10^{-2}}=1.9\times10^{-13}$$

由于 $c({C_2O_4}^{2-})\cdot K_{b1}^\ominus>20K_w^\ominus$，且 $\sqrt{c(C_2O_4^{2-})\cdot K_{b1}^\ominus}>20K_{b2}^\ominus$，此外，还满足 $c(C_2O_4^{2-})/K_{b1}^\ominus>400$，因此可用最简公式进行计算。

根据式(3-9)，溶液中 OH^-平衡浓度为

$$c_{eq}(OH^-)=\sqrt{c(C_2O_4^{2-})\cdot K_{b1}^\ominus}=\sqrt{0.10\times1.9\times10^{-10}}=4.4\times10^{-6}(\text{mol}\cdot L^{-1})$$

溶液的 pH 为　　　$pH=pK_w^\ominus-pOH=14.00+\lg4.4\times10^{-6}=8.64$

【例 3-6】 已知 25℃时 H_2CO_3 的 $K_{a1}^\ominus=4.2\times10^{-7}$，$K_{a2}^\ominus=4.7\times10^{-11}$。计算 0.10mol · L^{-1} $NaHCO_3$ 溶液的 pH。

解：由于 $c(HCO_3^-)>20K_{a1}^\ominus$，且 $c(HCO_3^-)\ K_{a2}^\ominus>20K_w^\ominus$，因此可用最简公式计算。根据式(3-17)，$NaHCO_3$ 溶液中 H_3O^+平衡浓度为

$$c_{eq}(H_3O^+)=\sqrt{K_{a1}^\ominus\cdot K_{a2}^\ominus}=\sqrt{4.2\times10^{-7}\times4.7\times10^{-11}}=4.4\times10^{-9}(\text{mol}\cdot L^{-1})$$

$NaHCO_3$ 溶液的 pH 为 $pH=-\lg c_{eq}(H_3O^+)=-\lg 4.4\times10^{-9}=8.36$

【例 3-7】 已知 25℃ 时 $K_a^{\ominus}(HCN)=5.8\times10^{-10}$、$K_a^{\ominus}(NH_4^+)=5.6\times10^{-10}$。计算 $0.10mol\cdot L^{-1}$ NH_4CN 溶液的 pH。

解： 由于 $c(NH_4^+)\cdot K_a^{\ominus}(NH_4^+)>20K_w^{\ominus}$，且 $c(CN^-)>20K_a^{\ominus}(HCN)$，因此可利用最简公式计算。根据式(3-17) NH_4CN 溶液中 H_3O^+ 平衡浓度为

$$c_{eq}(H_3O^+)=\sqrt{K_a^{\ominus}(HCN)\cdot K_a^{\ominus}(NH_4^+)}=\sqrt{5.8\times10^{-10}\times5.6\times10^{-10}}=5.7\times10^{-10}(mol\cdot L^{-1})$$

溶液的 pH 为 $pH=-\lg 5.7\times10^{-10}=9.24$

【例 3-8】 25℃ 时，HAc 的 $K_a^{\ominus}=1.8\times10^{-5}$，1.0L HAc-NaAc 缓冲溶液中含有 $0.10mol\cdot L^{-1}$ HAc 和 0.20mol NaAc。计算此缓冲溶液的 pH。

解： HAc 和 Ac^- 的浓度都比较大，可以利用式(3-23)进行计算。HAc-NaAc 缓冲溶液的 pH 为

$$pH=pK_a^{\ominus}+\lg\frac{n(Ac^-)}{n(HAc)}$$

$$=-\lg 1.8\times10^{-5}+\lg\frac{0.20mol}{0.10mol}=5.05$$

【例 3-9】 25℃时，$BaSO_4$ 的溶解度为 $1.05\times10^{-5}mol\cdot L^{-1}$，试求该温度下 $BaSO_4$ 的标准溶度积常数。

解： $BaSO_4$ 为 1-1 型难溶强电解质，根据式(3-28)，它的标准溶度积常数为

$$K_{sp}^{\ominus}=s^2=(1.05\times10^{-5})^2=1.10\times10^{-10}$$

【例 3-10】 25℃时，$Mg(OH)_2$ 的标准溶度积常数 $K_{sp}^{\ominus}=5.1\times10^{-12}$，试计算此温度下 $Mg(OH)_2$ 的溶解度。

解： $Mg(OH)_2$ 为 1-2 型难溶强电解质，根据式(3-29)，25℃时溶解度为

$$s=\sqrt[3]{\frac{K_{sp}^{\ominus}}{2^2\times1}}=\sqrt[3]{\frac{5.1\times10^{-12}}{4}}=1.1\times10^{-4}$$

【例 3-11】 25℃时，$K_{sp}^{\ominus}(AgCl)=1.8\times10^{-10}$，$K_{sp}^{\ominus}(Ag_2CrO_4)=1.1\times10^{-12}$。试分别计算 AgCl 和 Ag_2CrO_4 在水中的溶解度，并比较它们的溶解度的大小。

解： AgCl 为 1-1 型难溶强电解质，根据式(3-29)，25℃时在水中的溶解度为

$$s(AgCl)=\sqrt{K_{sp}^{\ominus}}=\sqrt{1.8\times10^{-10}}=1.3\times10^{-5}(mol\cdot L^{-1})$$

Ag_2CrO_4 为 2-1 型难溶强电解质，根据式(3-29)，25℃时在水中的溶解度为

$$s(Ag_2CrO_4)=\sqrt[3]{K_{sp}^{\ominus}/4}=\sqrt[3]{1.1\times10^{-12}/4}=6.5\times10^{-5}(mol\cdot L^{-1})$$

计算结果表明，虽然 AgCl 的标准溶度积常数比 Ag_2CrO_4 的大，但 AgCl 在水中的溶解度比 Ag_2CrO_4 的溶解度小。

【例 3-12】 25℃时，在 10mL $0.10mol\cdot L^{-1}$ $MgSO_4$ 溶液中加入 20mL $0.10mol\cdot L^{-1}$ NH_3 溶液，问有无 $Mg(OH)_2$ 沉淀生成？已知 $K_{sp}^{\ominus}[Mg(OH)_2]=5.1\times10^{-12}$，$K_b^{\ominus}(NH_3)=1.8\times10^{-5}$。

解： 两种溶液混合后，Mg^{2+}、NH_3 和 OH^- 的浓度分别为

$$c(Mg^{2+})=\frac{10mL\times0.10mol\cdot L^{-1}}{10mL+20mL}=3.3\times10^{-2}(mol\cdot L^{-1})$$

$$c(NH_3)=\frac{20mL\times0.10mol\cdot L^{-1}}{10mL+20mL}=6.7\times10^{-2}(mol\cdot L^{-1})$$

$$c(OH^-)=\sqrt{c(NH_3)\cdot K_b^\ominus}=\sqrt{6.7\times10^{-2}\times1.8\times10^{-5}}=1.1\times10^{-3}(mol\cdot L^{-1})$$

$Mg(OH)_2$ 沉淀-溶解反应的反应商为

$$J=c(Mg^{2+})\cdot[c(OH^-)]^2=3.3\times10^{-2}\times(1.1\times10^{-3})^2=4.0\times10^{-8}>5.1\times10^{-12}$$

由于 $J>K_{sp}^\ominus[Mg(OH)_2]$，因此将两种溶液混合后有 $Mg(OH)_2$ 沉淀生成。

【例 3-13】 25℃时，欲使 0.010mol ZnS 溶于 1.0L 盐酸中，求所需盐酸的最低浓度。已知 $K_{sp}^\ominus(ZnS)=1.6\times10^{-24}$，$K_{a1}^\ominus(H_2S)=8.9\times10^{-8}$，$K_{a2}^\ominus(H_2S)=7.1\times10^{-15}$。

解： ZnS 固体溶于盐酸的离子方程式为

$$ZnS(s)+2H_3O^+(aq)\rightleftharpoons Zn^{2+}(aq)+H_2S(aq)+2H_2O(l)$$

该反应的标准平衡常数为

$$K^\ominus=\frac{c_{eq}(Zn^{2+})\cdot c_{eq}(H_2S)}{[c_{eq}(H_3O^+)]^2}$$

$$=c_{eq}(Zn^{2+})\cdot c_{eq}(S^{2-})\cdot\frac{c_{eq}(H_2S)}{c_{eq}(HS^-)\cdot c_{eq}(H_3O^+)}\cdot\frac{c_{eq}(HS^-)}{c_{eq}(S^{2-})\cdot c_{eq}(H_3O^+)}$$

$$=\frac{K_{sp}^\ominus}{K_{a1}^\ominus\cdot K_{a2}^\ominus}=\frac{1.6\times10^{-24}}{8.9\times10^{-8}\times7.1\times10^{-15}}=2.5\times10^{-3}$$

由该反应的离子方程式可知，当 0.010mol ZnS 固体溶解在 1.0L 盐酸中，溶液中 Zn^{2+} 和 H_2S 的平衡浓度均为 0.010mol·L^{-1}。此时溶液中 H_3O^+ 浓度为

$$c_{eq}(H_3O^+)=\sqrt{\frac{c_{eq}(Zn^{2+})\cdot c_{eq}(H_2S)}{K^\ominus}}=\sqrt{\frac{(0.010)^2}{2.5\times10^{-3}}}=0.20(mol\cdot L^{-1})$$

所需盐酸的最低浓度为

$$c(HCl)=c_{eq}(H_3O^+)+2c_{eq}(H_2S)=0.20mol\cdot L^{-1}+2\times0.010mol\cdot L^{-1}=0.22mol\cdot L^{-1}$$

【例 3-14】 25℃时，CaF_2 的标准溶度积常数为 $K_{sp}^\ominus=1.5\times10^{-10}$。试计算：

① CaF_2 在纯水中的溶解度；

② CaF_2 在 0.010mol·L^{-1} NaF 溶液中的溶解度；

③ CaF_2 在 0.010mol·L^{-1} $CaCl_2$ 溶液中的溶解度。

解： $CaF_2(s)$在水中的沉淀-溶解反应

$$CaF_2(s)\rightleftharpoons Ca^{2+}(aq)+2F^-(aq)$$

① $CaF_2(s)$在水中的溶解度为

$$s_1=\sqrt[3]{\frac{K_{sp}^\ominus}{4}}=\sqrt[3]{\frac{1.5\times10^{-10}}{4}}=3.3\times10^{-4}(mol\cdot L^{-1})$$

② 如果 $CaF_2(s)$在 0.010mol·L^{-1} NaF 溶液中的溶解度为 s_2，则 $c_{eq}(Ca^{2+})=s_2$，$c_{eq}(F^-)=0.010mol\cdot L^{-1}+2s_2\approx0.010mol\cdot L^{-1}$。$CaF_2(s)$在 0.010mol·L^{-1} NaF 溶液中的溶解度为

$$s_2=c_{eq}(Ca^{2+})=\frac{K_{sp}^\ominus}{[c_{eq}(F^-)]^2}=\frac{1.5\times10^{-10}}{(0.010)^2}=1.5\times10^{-6}(mol\cdot L^{-1})$$

③ 如果 $CaF_2(s)$在 0.010mol·L^{-1} $CaCl_2$ 溶液中的溶解度为 s_3，则 $c_{eq}(Ca^{2+})=0.010mol\cdot L^{-1}+s_3\approx0.010mol\cdot L^{-1}$，$c_{eq}(F^-)=2s_2$。$CaF_2(s)$在 0.010mol·L^{-1} $CaCl_2$ 溶液中的溶解度为

$$s_3=\frac{c_{eq}(F^-)}{2}=\frac{1}{2}\times\sqrt{\frac{K_{sp}^\ominus}{c_{eq}(Ca^{2+})}}=\frac{1}{2}\times\sqrt{\frac{1.5\times10^{-10}}{0.010}}=6.1\times10^{-5}(mol\cdot L^{-1})$$

由此表明，由于同离子效应的影响，$CaF_2(s)$在$CaCl_2$溶液和NaF溶液中的溶解度都比在纯水中要小得多。计算结果还表明，当难溶强电解质溶解产生的阳离子的电荷数与阴离子的电荷数的绝对值不相等时，增大电荷数绝对值小的那种离子的浓度，所产生的同离子效应则更大。

【例3-15】 在I^-和Cl^-的浓度均为$0.010mol \cdot L^{-1}$的混合溶液中滴加$AgNO_3$溶液时，哪种离子先沉淀？当第二种离子刚开始沉淀时，溶液中第一种离子的浓度为多少(忽略溶液体积的变化)？

解：I^-沉淀时需要的Ag^+浓度为

$$c_1(Ag^+) > \frac{K_{sp}^{\ominus}(AgI)}{c(I^-)} = \frac{8.3 \times 10^{-17}}{0.010} = 8.3 \times 10^{-15}(mol \cdot L^{-1})$$

Cl^-沉淀时需要的Ag^+浓度为

$$c_2(Ag^+) > \frac{K_{sp}^{\ominus}(AgCl)}{c(Cl^-)} = \frac{1.8 \times 10^{-10}}{0.010} = 1.8 \times 10^{-8}(mol \cdot L^{-1})$$

生成AgI沉淀比生成AgCl淀所需Ag^+浓度小得多，所以先生成AgI沉淀。向混合溶液中滴加$AgNO_3$溶液，当Ag^+浓度为$8.3\times10^{-15}\sim1.8\times10^{-8}mol \cdot L^{-1}$时，生成AgI沉淀；继续向溶液中滴加$AgNO_3$溶液，当$Ag^+$浓度大于$1.8\times10^{-8}mol \cdot L^{-1}$时，AgCl沉淀析出。

当AgCl恰好开始沉淀时，Ag^+浓度为$1.8\times10^{-8}mol \cdot L^{-1}$，此时溶液中$I^-$浓度为

$$c_{eq}(I^-) = \frac{8.3\times10^{-17}}{1.8\times10^{-8}} = 4.6\times10^{-9}(mol \cdot L^{-1})$$

AgCl开始沉淀时，I^-浓度低于$1.0\times10^{-5}mol \cdot L^{-1}$，$I^-$已经沉淀完全。

注：当溶液中待沉离子浓度低于$1.0\times10^{-5}mol \cdot L^{-1}$，表明已经沉淀完全。

【例3-16】 已知25℃时，$K_{sp}^{\ominus}[Fe(OH)_3] = 2.8 \times 10^{-39}$、$K_{sp}^{\ominus}[Mg(OH)_2] = 5.1\times10^{-12}$。某混合溶液中$Fe^{3+}$和$Mg^{2+}$浓度都是$0.10mol \cdot L^{-1}$，如何控制溶液pH使$Fe^{3+}$定量形成氢氧化物沉淀，而与$Mg^{2+}$分离？

解：$Fe(OH)_3$和$Mg(OH)_2$的沉淀-溶解反应分别为

$$Fe(OH)_3(s) \rightleftharpoons Fe^{3+}(aq) + 3OH^-(aq)$$

$$Mg(OH)_2(s) \rightleftharpoons Mg^{2+}(aq) + 2OH^-(aq)$$

如果不考虑因加入沉淀剂而造成混合溶液体积的改变，根据溶度积规则，Fe^{3+}沉淀完全时，溶液中OH^-浓度和pH分别为

$$c_1(OH^-) > \sqrt[3]{\frac{K_{sp}^{\ominus}[Fe(OH)_3]}{c(Fe^{3+})}} = \sqrt[3]{\frac{2.8 \times 10^{-39}}{1.0 \times 10^{-5}}} = 6.5 \times 10^{-12}(mol \cdot L^{-1})$$

$$pH > 14.00 + \lg 6.5\times10^{-12} = 2.81$$

当Mg^{2+}不生成沉淀时，溶液中OH^-浓度和pH分别为

$$c_2(OH^-) < \sqrt{\frac{K_{sp}^{\ominus}[Mg(OH)_2]}{c(Mg^{2+})}} = \sqrt{\frac{5.1 \times 10^{-12}}{0.10}} = 7.1 \times 10^{-6}(mol \cdot L^{-1})$$

$$pH < 14.00 + \lg 7.1\times10^{-6} = 8.85$$

控制该混合溶液pH在2.81~8.85之间，Fe^{3+}生成$Fe(OH)_3$沉淀，可与Mg^{2+}分离。

第三部分　实验内容

实验六　醋酸解离常数的测定

1. 必备知识

① 复习有关电离平衡基本概念。

② 预习两种弱酸电离常数的测定方法。

③ 预习 pH 计的使用(见 1-16 PHS-3C 型酸度计的使用方法)。

2. 实验目的

① 加深有关电离平衡基本概念的认识。

② 了解两种弱酸电离常数的测定方法。

③ 学习 pH 计的使用。

3. 实验原理

(1) pH 值法

醋酸是一元弱酸，在水溶液中存在下列解离平衡：

$$HAc+H_2O \rightleftharpoons H_3O^++Ac^- \tag{3-31}$$

根据化学平衡原理，平衡时有：

$$K_a^{\ominus}(HAc)=\frac{c_{eq}(H_3O^+)c_{eq}(Ac^-)}{c_{eq}(HAc)} \tag{3-32}$$

式中　$c_{eq}(H_3O^+)$，$c_{eq}(Ac^-)$——H_3O^+和 Ac^-的平衡浓度；

$K_a^{\ominus}(HAc)$——弱酸的解离常数，对每一弱酸，在给定温度下，它的数值是一定的。

将 HAc 配成一定浓度的溶液，根据式(3-31)，各物质的平衡浓度有下列关系：

$$c_{eq}(H_3O^+)=c_{eq}(Ac^-)$$

$$c_{eq}(HAc)=c_0(HAc)-c_{eq}(H_3O^+)$$

则

$$K_a^{\ominus}(HAc)=\frac{[c_{eq}(H_3O^+)]^2}{c_0(HAc)-c_{eq}(H_3O^+)} \tag{3-33}$$

而 $pH=-\lg c_{eq}(H_3O^+)$，所以测得溶液的 pH 值，即可算出 $c_{eq}(H_3O^+)$，并代入式(3-32)求得 $K_a^{\ominus}(HAc)$ 。

因 HAc 是弱酸，电离很少。即有 $c_{eq}(H_3O^+)\ll c_0(HAc)$。

所以 $$c_0(HAc)-c_{eq}(H_3O^+)\approx c_0(HAc)$$

故将上式简化为 $$K_a^{\ominus}(HAc)=\frac{[c_{eq}(H_3O^+)]^2}{c_0(HAc)}$$

(2) 半中和法

在 $K_a^{\ominus}(HAc)=\dfrac{c_{eq}(H_3O^+)c_{eq}(Ac^-)}{c_{eq}(HAc)}$中，如果 HAc 被中和一半，则有

$$c_{eq}(HAc)=c_{eq}(Ac^-)$$

此时上式中 $K_a^\ominus(HAc)=c_{eq}(H_3O^+)$

$$pK_a^\ominus(HAc)=pH$$

4. 仪器及药品

仪器：酸度计、滴管、25mL 移液管、50mL 移液管、100mL 容量瓶、洗瓶、洗耳球，锥形瓶、0~100℃温度计、50mL 烧杯、碱式滴定管。

药品：0.1mol · L^{-1}HAc 溶液、NaOH 标准溶液、标准缓冲溶液、酚酞指示剂。

5. 实验步骤

（1）pH 值法

① HAc 溶液浓度的标定。用 25mL 移液管，取欲标定的 0.1mol · L^{-1} HAc 溶液 25.00mL，加到锥形瓶中。加入 2 滴酚酞溶液，然后用 NaOH 标准溶液滴定至淡红色，振动后不褪色为止。记录消耗 NaOH 标准溶液的体积，算出 HAc 的准确浓度。重复滴定二次，求 HAc 浓度的平均值。在 HAc 瓶上标上“1”号。

② 配制不同浓度的 HAc 溶液。取 4 个 100mL 容量瓶，分别标上 2~5 号。用 50mL 移液管取 50mL 上面标注为“1”号的 HAc 到 “2”号容量瓶中，加蒸馏水至标线，摇匀。

用另一支 50mL 移液管从“2”号中取 50mL 经一次稀释的 HAc 到“3”号容量瓶中，加蒸馏水至标线，摇匀。

同样方式从容量瓶“3”中取 50mL HAc 至容量瓶“4”，加蒸馏水至标线，摇匀。从容量瓶“4”中取 50mL HAc 至容量瓶“5”，加蒸馏水至标线，摇匀，即得到浓度不同的 HAc 溶液。

③ HAc 溶液 pH 值测定。将 5 个 50mL 烧杯分别标上 1~5 号，然后将所对应的 HAc 溶液倒入，用 pH 计分别测定 pH 值，计算结果。

（2）半中和法

① 用 25mL 移液管，取欲标定的 0.1mol · L^{-1} HAc 溶液 25.00mL，加到锥形瓶中。加入 2 滴酚酞溶液，然后用 NaOH 标准溶液滴定至淡红色，振动后不褪色为止。记录消耗 NaOH 标准溶液的体积。

② 计算 0.1mol · L^{-1} HAc 溶液 25.00mL 中和一半时需要的 NaOH 标准溶液体积。

③ 准确移取 0.1mol · L^{-1} HAc 溶液 25.00mL，加入中和一半时需要的 NaOH 标准溶液体积，用酸度计测定其 pH 值，可求出 $K_a^\ominus$(HAc) 值。

6. 实验数据

① HAc 溶液的标定

c_{NaOH} =________ mol · L^{-1}；V_{NaOH} = ________ mL；V_{HAc} = ________ mL；HAc 的 c_o = ________mol · L^{-1}。

② 将 pH 值法测定数据电离常数 $K_a^\ominus$(HAc) 数据填入表 3-3。

表 3-3　pH 值法测定数据

编号	c_0(HAc)	pH	$c_{eq}(H_3O^+)$	$K_a^\ominus$(HAc)
1				
2				
3				
4				
5				

③ 将半中和法测定数据电离常数 $K_a^{\ominus}$(HAc) 数据填入表 3-4。

实验室提供的标准 NaOH 的浓度：________mol · L^{-1}

表 3-4　测定数据

名称	实验 1	实验 2
移移取 HAc 的体积/mL	25.00	25.00
中和 HAc 所需 NaOH 的体积/mL		
半中和 HAc 所需 NaOH 的体积/mL		
半中和液(缓冲溶液)配制(HAc-NaOH 体积比为 mL/mL)		
用 pH 计测定半中和溶液的 pH		
HAc 溶液的解离常数 $K_a^{\ominus}$(HAc)		
$K_a^{\ominus}$(HAc) 平均		

7. 思考题

① 弱酸电离常数和电离度与弱酸浓度的关系。

② 两种测定方法公式的推导。

实验七　酸碱反应与缓冲溶液性质的研究

1. 必备知识

① 预习酸碱反应及缓冲溶液理论知识。

② 预习 pH 的计算。

③ 预习 pH 计的使用方法(见 1-16PHS-3C 型酸度计的使用方法)。

④ 预习精密试纸的使用(见 1-13 化学试剂的规格和取用)。

⑤ 预习试管实验的一些基本操作(见 1-10 加热操作)。

2. 实验目的

① 进一步理解和巩固酸碱反应的有关概念和原理(同离子效应、盐类水解及其影响因素)。

② 练习试管实验的一些基本操作。

③ 学习缓冲溶液的配制及其 pH 的测定，了解缓冲溶液的缓冲性能。

④ 复习酸度计的使用方法。

3. 仪器及药品

仪器：pHS-3C 型酸度计、量筒(10mL)5 个、烧杯(50mL)4 个、点滴板、试管、试管架、石棉网、酒精灯。

药品：HCl 溶液(0.1mol · L^{-1}, 2mol · L^{-1}), HAc(0.1mol · L^{-1}, 1mol · L^{-1}), NaOH(0.1mol · L^{-1},), $NH_3 \cdot H_2O$(0.1mol · L^{-1}, 1mol · L^{-1}), NaCl(0.1mol · L^{-1}), Na_2CO_3(0.1mol · L^{-1}), NH_4Cl(0.1mol · L^{-1}, 1mol · L^{-1}), NaAc(0.1mol · L^{-1}, 1mol · L^{-1}), NH_4Ac(s), $BiCl_3$(0.1mol · L^{-1}), $CrCl_3$(0.1mol · L^{-1}), $Fe(NO_3)_3$(0.5mol · L^{-1}), $NaHCO_3$(0.1mol · L^{-1}), NaH_2PO_4(0.1mol · L^{-1})，酚酞，甲基橙，未知液 A、B、C、D。

4. 实验步骤

(1) 同离子效应

用 pH 试纸，酚酞试剂测定和检查 0.1mol·L^{-1} $NH_3 \cdot H_2O$ 的 pH 及酸碱性；再加入少量 NH_4Ac(s)，观察现象，写出反应方程式，并简要解释。

用 0.1mol·L^{-1} $NH_3 \cdot H_2O$，用甲基橙代替酚酞，重复实验步骤(1)。

(2) 盐类的水解

① A、B、C、D 是四种失去标签的盐溶液，只知它们是 0.1mol·L^{-1} NaCl、NaAc、NH_4Cl、Na_2CO_3 溶液，试通过测定其 pH 并结合理论计算确定 A、B、C、D 各为何物。

② 在常温和加热情况下实验 0.5mol·L^{-1} $Fe(NO_3)_3$ 溶液的水解情况，观察现象。

③ 在 3mL H_2O 中加 1 滴 0.1mol·L^{-1} $BiCl_3$ 溶液，观察现象。再滴加 2mol·L^{-1} HCl 溶液，观察有何变化，写出离子方程式。

④ 在试管中加入 2 滴 0.1mol·L^{-1} $CrCl_3$ 溶液和 3 滴 0.1mol·L^{-1} Na_2CO_3 溶液，观察现象，写出反应方程式。

(3) 缓冲溶液的配制和性质

按表 3-5 中试剂用量配制 4 种缓冲溶液，并用 pH 计分别测定其 pH，与计算值进行比较。

表 3-5 几种缓冲溶液的 pH

编号	配制缓冲溶液(用对号量筒取)	pH 计算值	pH 测定值
1	10.0mL 1mol·L^{-1} HAc 溶液-10.0mL 1mol·L^{-1} NaAc 溶液		
2	10.0mL 0.1mol·L^{-1} HAc 溶液-10.0mL 1mol·L^{-1} NaAc 溶液		
3	10.0mL 0.1mol·L^{-1} HAc 溶液中加入 2 滴酚酞，滴加 0.1mol·L^{-1} NaOH 溶液至酚酞变红，30s 不消失，再加入 10.0mL 0.1mol·L^{-1}HAc 溶液		
4	10.0mL 1mol·L^{-1} $NH_3 \cdot H_2O$ 溶液-10.0mL 1mol·L^{-1} NH_4Cl 溶液		

在 1 号缓冲溶液中加入 0.5mL(约 10 滴) 0.1mol·L^{-1} HCl 溶液摇匀，用 pH 计测其 pH；再加入 1mL(约 20 滴) 0.1mol·L^{-1} NaOH 溶液，摇匀，测定其 pH，并与计算值比较。

(4) 酸式盐的缓冲作用

① 在两支试管中各加入 1mL 0.1mol·$L^{-1}$$NaHCO_3$ 溶液，测溶液的 pH。向其中一支试管中加入 1 滴 0.1mol·L^{-1}的 HCl 溶液，用精密 pH 试纸测溶液的 pH；向另一支试管中加入 1 滴 0.1mol·L^{-1}的 NaOH 溶液，用精密 pH 试纸测溶液的 pH。对实验结果加以解释。

② 用 NaH_2PO_4 溶液代替 $NaHCO_3$ 溶液重复①的实验，结果如何？

5. 思考题

① 如何配制 $SnCl_2$ 溶液，$SbCl_3$ 溶液和 $Bi(NO_3)_2$ 溶液，写出它们水解反应的离子方程式。

② 影响盐类水解的因素有哪些？

③ 缓冲溶液的 pH 由哪些因素决定？其中主要的决定因素是什么？

④ 为什么 NaH_2PO_4 溶液显弱酸性，Na_2HPO_4 溶液显弱碱性？

实验八　沉淀的生成和溶解

1. 必备知识

① 预习溶度积规则。

② 预习分步沉淀的原理。

③ 学习电动离心机的使用和固-液分离操作(见 1-14 固体与液体的分离与结晶操作)。

2. 实验目的

① 了解沉淀的生成和溶解的条件。

② 了解难溶金属硫化物在不同酸性条件下的溶解。

③ 了解分步沉淀的原理及其沉淀的过程。

④ 了解沉淀的转化过程。

3. 仪器及药品

仪器：试管 5 支、玻璃棒、废液回收瓶、烧杯 1 只。

药品：Na_2CO_3 (0.1mol·L^{-1})、$BaCl_2$ (0.1mol·L^{-1})、$AgNO_3$ (0.1mol·L^{-1})、NaAc (0.1mol·L^{-1})、HNO_3 (2mol·L^{-1}，浓)、NaCl (0.01mol·L^{-1}，0.1mol·L^{-1})、NaBr (0.1mol·L^{-1})、$Na_2S_2O_3$ (0.1mol·L^{-1})、$MnSO_4$ (0.5mol·L^{-1})、$ZnSO_4$ (0.5mol·L^{-1})、$CdSO_4$ (0.5mol·L^{-1})、$CuSO_4$ (0.5mol·L^{-1})、$HgCl_2$ (0.5mol·L^{-1})、$(NH_4)_2S$ (新配制) (1mol·L^{-1})、HAc (2mol·L^{-1})、HCl (2mol·L^{-1}，浓)、K_2CrO_4 (0.1mol·L^{-1}，0.2mol·L^{-1})、Na_2S(0.1mol·L^{-1})、$Pb(NO_3)_2$(0.1mol·L^{-1})、浓氨水

4. 实验步骤

(1) 沉淀的生成和溶解

① 在 1 号试管中加入 1/4 体积的 0.1mol·L^{-1} Na_2CO_3 溶液，再向其中滴加 0.1mol·L^{-1} $BaCl_2$ 溶液至有大量沉淀生成为止。然后，尽量倾去母液，并向沉淀中滴加 2mol·L^{-1} HNO_3 溶液，摇动试管。

② 在 2 号试管中加入 1/4 体积的 0.1mol·L^{-1} NaAc 溶液，再向其中滴加 0.1mol·L^{-1} $AgNO_3$溶液至有大量沉淀生成为止。然后，尽量倾去母液，并向沉淀中滴加 2mol·L^{-1} HNO_3 溶液，摇动试管。

③ 在 3 号试管中加入 1/4 体积的 0.1mol·L^{-1} NaCl 溶液，再向其中滴加 0.1mol·L^{-1} $AgNO_3$溶液至有大量沉淀生成为止。然后，滴加浓氨水，摇动试管。待沉淀溶解后，再向其中滴加 0.1mol·L^{-1}NaBr 溶液，至又产生沉淀。最后再向沉淀中滴加 0.1mol·L^{-1} $Na_2S_2O_3$ 溶液，摇动试管。

(2) 金属硫化物在不同酸性条件下的溶解

在 5 支演示试管中分别加入 0.5mol·L^{-1} $MnSO_4$ 溶液、0.5mol·L^{-1} $ZnSO_4$ 溶液、0.5mol·L^{-1} $CdSO_4$ 溶液、0.5mol·L^{-1} $CuSO_4$ 溶液及 0.5mol·L^{-1} $HgCl_2$ 溶液各 30mL。然后，再在 5 支试管中分别滴加 1mol·L^{-1} $(NH_4)_2S$ 溶液至大量沉淀生成。

① 将上述 5 种沉淀上部的清液倾去，再滴加 2mol·L^{-1} HAc 溶液并摇动试管。

② 将不溶于 HAc 的沉淀上部清液倾去，再滴加 2mol·L^{-1} HCl 溶液并摇动试管。

③ 将不溶于 $2mol \cdot L^{-1}$ HCl 溶液的沉淀上部清液倾去，再滴加浓 HCl 溶液并摇动试管。

④ 将不溶于浓 HCl 溶液的沉淀上部清液倾去，再滴加浓 HNO_3 溶液并摇动试管。

⑤ 将 HgS 沉淀上部的清液倾去，再滴加王水并摇动试管。

（3）分步沉淀

① 在烧杯中先加入约 50mL $0.2mol \cdot L^{-1}$ K_2CrO_4 溶液，再加入约 5mL $0.01mol \cdot L^{-1}$ NaCl 溶液。搅拌使溶液混合均匀。然后往烧杯中慢慢滴加 $0.1mol \cdot L^{-1}$ $AgNO_3$ 溶液，边滴加边搅拌。

② 在试管中加入 1 滴 $0.1mol \cdot L^{-1}$ Na_2S 溶液和 1 滴 $0.1mol \cdot L^{-1}$ K_2CrO_4 溶液，用去离子水稀释至 5mL，摇匀。先加入 1 滴 $0.1mol \cdot L^{-1}$ $Pb(NO_3)_2$ 溶液，摇匀，观察沉淀的颜色，离心分离；然后再向清液中继续加 $0.1mol \cdot L^{-1}$ $Pb(NO_3)_2$ 溶液，观察此时生成沉淀的颜色。写出反应方程式，并说明判断两种沉淀先后析出的理由。

③ 在试管中加入 2 滴 $0.1mol \cdot L^{-1}$ $AgNO_3$ 溶液和 1 滴 $0.1mol \cdot L^{-1}$ $Pb(NO_3)_2$ 溶液，用去离子水稀释至 5mL，摇匀。逐滴加入 $0.1mol \cdot L^{-1}$ K_2CrO_4 溶液（注意，每加 1 滴，都要充分摇荡），观察现象。写出反应方程式，并解释。

（4）沉淀的转化

在 6 滴 $0.1mol \cdot L^{-1}$ $AgNO_3$ 溶液中加 3 滴 $0.1mol \cdot L^{-1}$ K_2CrO_4 溶液，观察现象。再逐滴加入 $0.1mol \cdot L^{-1}$ NaCl 溶液，充分摇荡，观察有何变化。

写出反应方程式，并计算沉淀转化反应的标准平衡常数 $K^{\ominus}$。

5. 注意事项及相关反应

银盐、钡盐需倒入各自的回收瓶中，回收后再集中处理。Cd 盐、Hg 盐、硫化物等实验完后需倒入回收瓶内等集中处理。

① $Ba^{2+}+CO_3^{2-} \longrightarrow BaCO_3\downarrow$

$BaCO_3+2H^+ \longrightarrow Ba^{2+}+CO_2\uparrow+H_2O$

② $Ag^++Ac^- \longrightarrow AgAc\downarrow$（白色）

$AgAc+H^+ \longrightarrow Ag^++HAc$

③ $Ag^++Cl^- \longrightarrow AgCl\downarrow$

$AgCl+2NH_3 \cdot H_2O \longrightarrow [Ag(NH_3)_2]^++Cl^-+2H_2O$

$[Ag(NH_3)_2]^++Br^-+2H_2O \longrightarrow AgBr\downarrow+2NH_3 \cdot H_2O$

$AgBr+2S_2O_3^{2-} \longrightarrow [Ag(S_2O_3)_2]^{3-}+Br^-$

④ $Mn^{2+}+S^{2-} \longrightarrow MnS\downarrow$（肉色）

$MnS+2HAc \longrightarrow Mn(Ac)_2+H_2S\uparrow$

⑤ $Zn^{2+}+S^{2-} \longrightarrow ZnS\downarrow$（白色）

$ZnS+2HCl$（稀）$\longrightarrow ZnCl_2+H_2S\uparrow$

⑥ $Cd^{2+}+S^{2-} \longrightarrow CdS\downarrow$（黄色）

$CdS+2HCl$（浓）$\longrightarrow CdCl_2+H_2S\uparrow$

⑦ $Cu^{2+}+S^{2-} \longrightarrow CuS\downarrow$（黑色）

$3CuS+8HNO_3$（浓）$\longrightarrow Cu(NO_3)_2+2NO\uparrow+3S\downarrow+4H_2O$

⑧ $Hg^{2+}+S^{2-}\longrightarrow HgS\downarrow$（黑色）

$2HgS+12HCl+2HNO_3$（浓）$\longrightarrow 3H_2[HgCl_4]+3S\downarrow+2NO\uparrow+4H_2O$

⑨ $Ag^{+}+Cl^{-}\longrightarrow AgCl\downarrow$（白色）

⑩ $2Ag^{+}+CrO_4^{2-}\longrightarrow Ag_2CrO_4\downarrow$（砖红）

⑪ $2Ag^{+}+CrO_4^{2-}\longrightarrow Ag_2CrO_4\downarrow$（砖红）

⑫ $Ag_2CrO_4+2Cl^{-}\longrightarrow 2AgCl\downarrow+CrO_4^{2-}$

⑬ $Pd^{2+}+CrO_4^{2-}\longrightarrow PdCrO_4\downarrow$（铬黄）

第四部分　思考题与习题

思 考 题

思考题 3-1　简述酸碱质子理论的基本要点。

思考题 3-2　写出下列分子或离子的共轭碱的化学式：

NH_4^{+}　HCl　H_2O　$H_2PO_4^{-}$　HCO_3^{-}

思考题 3-3　写出下列分子或离子共轭酸的化学式；

H_2O　HS^{-}　HPO_4^{2-}　NH_3　HSO_4^{-}

思考题 3-4　按酸碱质子理论，下列分子或离子在水溶液中，哪些只是酸？哪些只是碱？哪些是酸碱两性物质？

HS^{-}　SO_3^{2-}　HPO_4^{2-}　NH_4^{+}　HAc　OH^{-}　H_2O　NO_3^{-}　HCl

思考题 3-5　什么叫同离子效应和盐效应？它们对弱酸或弱碱的解离平衡有何影响？

思考题 3-6　影响一元弱酸的解离度和标准平衡常数的因素有哪些？

思考题 3-7　试证明稀释公式 $\alpha=\sqrt{K^{\ominus}(HA)/c(HA)}$ 。稀释公式能否说明一元弱酸溶液越稀，解离出的 H_3O^{+}浓度越大？

思考题 3-8　相同的浓度的 HCl 溶液和 HAc 溶液的 pH 是否相同？pH 相同的 HCl 溶液和 HAc 溶液的浓度是否相同？

思考题 3-9　什么叫缓冲溶液？决定缓冲溶液 pH 的主要因素有哪些？

思考题 3-10　什么叫缓冲范围？如何确定缓冲溶液的缓冲范围？

思考题 3-11　下列叙述是否正确？试说明原因。

① 溶解度大的难溶强电解质，其标准溶度积常数也一定大；

② 为了使某种离子沉淀完全，所加沉淀剂越多，则沉淀得越完全；

③ 所谓沉淀完全，就是指溶液中不含这种离子；

④ 溶液中含有多种可被沉淀的离子，当逐滴缓慢加入沉淀剂时，一定是浓度大的离子先沉淀。

思考题 3-12　什么叫难度强电解质的标准溶度积常数？什么叫难溶强电解质的溶解度？两者之间有何关系？

思考题 3-13　是否可以根据难溶强电解质的标准溶度积常数的大小，直接比较难溶强电解质的溶解度的大小？

思考题 3-14 什么叫溶度积规则？

思考题 3-15 要使难溶强电解质沉淀溶解，可采取哪些措施？

思考题 3-16 什么叫分步沉淀？影响沉淀先后顺序的因素有哪些？

思考题 3-17 解释下列现象：

① CaC_2O_4 沉淀溶于 HCl 溶液，但不溶于 HAc 溶液；

② 在 $H_2C_2O_4$ 溶液中加入 $CaCl_2$ 溶液，生成 CaC_2O_4 沉淀，过滤弃去沉淀，再向滤液中加氨水，又产生 CaC_2O_4 沉淀。

思考题 3-18 根据平衡移动原理，解释下列情况下 Ag_2CO_3 溶解度的变化：

① 加入 $AgNO_3$ 溶液　　②加入 HNO_3 溶液

③ 加入 Na_2CO_3 溶液　　④加入 NH_3 溶液

思考题 3-19 写出下列难溶强电解质的沉淀-溶解反应的离子方程式和标准溶度积常数表达式：

① CaC_2O_4　　②$Mn_3(PO_4)_2$

③ $A1(OH)_3$　　④Ag_3PO_4

⑤ pbI_2　　⑥$MgNH_4PO_4$

思考题 3-20 什么叫沉淀的转化？如何判断沉淀转化反应能否进行？

思考题 3-21 同离子效应和盐效应对难溶强电解质的溶解度有何影响？

习　题

习题 3-1 麻黄素($C_{10}H_{15}ON$)是一种弱碱，常用作鼻喷剂，以减轻充血症状。已知 25℃时麻黄素的标准解离常数 $K_b^\ominus(C_{10}H_{15}ON)=1.4\times10^{-4}$。

① 写出麻黄素的解离反应方程式；

② 计算 25℃时麻黄素的共轭酸的标准解离常数。

答案：①略；②$7.14\times10^{-11}$

习题 3-2 已知 25℃时, $K_a^\ominus(HAc)=1.8\times10^{-5}$，计算 25℃时 $0.10mo1\cdot L^{-1}NaAc$ 溶液的 pH。

答案：8.87

习题 3-3 已知 25℃时, $K_b^\ominus(NH_3)=1.8\times10^{-5}$，计算 25℃时 $0.10mo1\cdot L^{-1}NH_4Cl$ 溶液的 pH。

答案：5.13

习题 3-4 25℃时，$K_{a1}^\ominus(H_2SO_3)=1.7\times10^{-2}$、$K_{a2}^\ominus(H_2SO_3)=6.0\times10^{-8}$，计算 25℃时 $0.010mo1\cdot L^{-1}H_2SO_3$ 溶液的 pH。

答案：3.88

习题 3-5 25℃时，$K_{a1}^\ominus(H_3PO_4)=6.7\times10^{-3}$、$K_{a2}^\ominus(H_3PO_4)=6.8\times10^{-8}$、$K_{a3}^\ominus(H_3PO_4)=4.5\times10^{-13}$，计算 25℃时 $0.10mo1\cdot L^{-1}Na_3PO_4$ 溶液的 pH。

答案：12.68

习题 3-6 25℃时，$K_{a1}^{\ominus}(H_2C_2O_4) = 5.4\times10^{-2}$、$K_{a2}^{\ominus}(H_2C_2O_4) = 5.4\times10^{-5}$，计算 25℃时 0.10mol·$L^{-1}$ $NaHC_2O_4$ 溶液的 pH。

答案：2.77

习题 3-7 25℃时，$K_{a1}^{\ominus}(H_2CO_3) = 4.5\times10^{-7}$、$K_{a2}^{\ominus}(H_2CO_3) = 4.7\times10^{-11}$，$CO_2$ 饱和溶液的浓度为 1.5×10^{-5}mol·L^{-1}，且假定溶于水中的 CO_2 均生成了 H_2CO_3，试计算酸雨的 pH。

答案：5.69

习题 3-8 0.016mol·L^{-1}对甲苯胺溶液的 pH 为 8.6，计算对甲苯胺的标准解离常数

答案：3.94×10^{-8}

习题 3-9 25℃时，$K_b^{\ominus}(NH_3) = 1.8\times10^{-5}$。在 100mol·$L^{-1}$ NH_3 溶液中加入 1.07gNH_4Cl 固体，计算该混合溶液的 pH。

答案：8.95

习题 3-10 25℃时，在 100mL 0.10mol·L^{-1}HAc 溶液中加入 50mL 0.10mol·L^{-1}NaOH 溶液，计算此混合溶液的 pH。

答案：5.05

习题 3-11 利用 $Mg(OH)_2$ 的标准溶度积常数计算：

① 25℃时，$Mg(OH)_2$ 在水中的溶解度；

② 25℃时，$Mg(OH)_2$ 饱和溶液中的 Mg^{2+} 和 OH^- 的浓度和溶液的 pH；

③ 25℃时，$Mg(OH)_2$ 在 0.010mol·L^{-1}NaOH 溶液中的溶解度；

④ 25℃时，$Mg(OH)_2$ 在 0.010mol·$L^{-1}$$MgCl_2$ 溶液中的溶解度。

答案：①$1.1\times10^{-4}$mol·L^{-1}；②$1.1\times10^{-4}$mol·L^{-1}，2.2×10^{-4}mol·L^{-1}，10.34；
③$5.1\times10^{-8}$mol·L^{-1}；④$1.1\times10^{-5}$mol·L^{-1}

习题 3-12 298K 时，PbI_2 和 $BaCrO_4$ 在水中的溶解度分别为 1.3×10^{-3}mol·L^{-1}和 1.1×10^{-5}mol·L^{-1}，计算该温度下 PbI_2 和 $BaCrO_4$ 的标准溶度积常数。

答案：8.8×10^{-9}；1.2×10^{-10}

习题 3-13 将 100mL 0.20mol·L^{-1} $MnCl_2$ 溶液和 100mL NH_3-NH_4Cl 混合溶液混合后，有 $Mn(OH)_2$ 沉淀生成。已知该 NH_3-NH_4Cl 混合溶液中 NH_3 的浓度为 0.10mol·L^{-1}，则该混合溶液中 NH_4Cl 的浓度为多少？

答案：1.3mol·L^{-1}

习题 3-14 AgCl 的标准溶度积常数比 Ag_2CrO_4 大，通过计算说明 AgCl 饱和溶液中 Ag^+ 浓度是否也比 Ag_2CrO_4 饱和溶液大？

答案：AgCl 饱和溶液中 Ag^+浓度比 Ag_2CrO_4饱和溶液的小

习题 3-15 大约 50%的肾结石的成分是 $Ca_3(PO_4)_2$。正常人每天排尿量为 1.4L，其中约含 0.10g Ca^{2+}。为了防止在尿液中形成 $Ca_3(PO_4)_2$ 沉淀，则尿液中 PO_4^{3-}的最高浓度为多少？

答案：6.0×10^{-13}mol·L^{-1}

习题 3-16 将 40mL 0.10mol·L^{-1} $AgNO_3$ 溶液与 10mL 0.15mol·L^{-1} NaBr 溶液混合，计算溶液中 Ag^+和 Br^-的浓度。

答案：5.0×10^{-2}mol·L^{-1}，1.1×10^{-11}mol·L^{-1}

习题 3-17 25℃时，将 10mL 0.10mol·L^{-1} $MgCl_2$ 溶液与 10mL 0.10mol·L^{-1} NH_3 溶液混合后，是否能生成 $Mg(OH)_2$ 沉淀？

答案：有 $Mg(OH)_2$ 沉淀生成

习题 3-18 某溶液中含有 Cl^- 和 CrO_4^{2-}，浓度分别是 0.10mol·L^{-1} 和 0.0010mol·L^{-1}。通过计算说明，滴加 $AgNO_3$ 溶液，哪一种沉淀首先析出？当第二种沉淀析出时，第一种离子是否已经沉淀完全(忽略滴加 $AgNO_3$ 溶液时的体积变化)？

答案：①AgCl 先生成；②第一种离子(Cl^-)沉淀完全

习题 3-19 人的牙齿表面有一层釉质，其组成为羟基磷灰石 $Ca_5(PO_4)_3OH$($K_{sp}^{\ominus}=6.8\times10^{-37}$)。为了防止蛀牙，人们常使用加氟牙膏刷牙，加氟牙膏中的氟化物可使羟基磷灰石转化为氟磷灰石 $Ca_5(PO_4)_3F$($K_{sp}^{\ominus}=1.0\times10^{-60}$)。写出羟基磷灰石转化为氟磷灰石的离子方程式，并计算出该沉淀转化反应的标准平衡常数。

答案：①略；②$6.8\times10^{23}$

习题 3-20 用 NaOH 溶液来处理 $MgCO_3$ 沉淀，使其转化为 $Mg(OH)_2$ 沉淀，计算这一沉淀转化反应的标准平衡常数。若 0.0045mol $MgCO_3$ 沉淀在 1.0L NaOH 溶液中转化为 $Mg(OH)_2$ 沉淀，则此 NaOH 溶液的最初浓度至少应为多少？

答案：①4.3；②$4.1\times10^{-2}$mol·L^{-1}

习题 3-21 如果在 1.0L Na_2CO_3 溶液中转化 0.010mol $CaSO_4$ 沉淀，问此 Na_2CO_3 溶液的最初浓度应为多少？

答案：0.010mol·L^{-1}

习题 3-22 用 100mL 0.15mol·L^{-1} Na_2CO_3 溶液处理 $BaSO_4$ 沉淀，可使多少 $BaSO_4$ 沉淀转化为 $BaCO_3$ 沉淀？

答案：0.14g

第五部分　拓展阅读

3.1　酸碱电离理论对酸碱的认识存在什么问题

酸碱电离理论对化学科学的发展起了积极的作用，其优点是能简便地说明酸、碱在水溶液中的反应，且能定量比较酸、碱在水溶液中的相对强弱，也能定量计算酸、碱水溶液中 H^+ 和 OH^- 浓度。然而酸碱电离理论把酸和碱仅限于水溶液中，无法说明非水溶剂中的酸碱性。例如，HCl 与 NH_3 在苯中反应生成 NH_4Cl，但它们并没有电离出 H^+ 和 OH^-。另外，酸碱电离理论把碱限制为氢氧化物，无法解释氨水呈现碱性这一事实。曾使人们错误地认为氨溶于水生成氢氧化铵(NH_4OH)，氢氧化铵再电离出 OH^-，因而使溶液呈现碱性。在酸碱电离理论中，酸和碱是两种绝对不同的物质，这也忽视了酸和碱在对立中的相互联系和统一。

3.2 酸碱电子理论的优缺点

根据酸碱电子理论，路易斯酸必须能接受电子对，而路易斯碱又不能失去电子对，因此路易斯酸必须具有空的低能级价轨道以便与路易斯碱形成配位共价键。路易斯酸主要包括含有空价轨道的金属阳离子（如 Fe^{2+}、Zn^{2+}、Al^{3+} 等）、含有缺电子原子的化合物（如 BF_3、$AlCl_3$ 等）和含有价层可扩展的原子的化合物（如 $SnCl_4$ 中的 Sn 有可利用的 5d 轨道）。路易斯碱主要包括阴离子（如 F^-、Cl^-、OH^-、CN^- 等）、含有孤对电子的分子（如 CO、NH_3、H_2O 等）和含有碳碳双键或碳碳三键的分子（如乙烯、乙炔等）。

路易斯酸碱理论包括的范围非常广泛，不受某元素、某溶剂或某种离子的限制，它是目前应用最为广泛的酸碱理论。但由于酸碱电子理论对酸碱认识过于笼统，因而不易掌握酸和碱的特征。酸碱电子理论的最大缺点，是不能定量比较酸和碱的相对强度和进行定量计算。

3.3 为什么实验数据中强电解质在水溶液中是不完全解离

（1）离子相互作用理论

德拜和休克尔认为强电解质在水溶液中是完全解离的，因而溶液中离子浓度很大。由于不同电荷离子之间的相互吸引和相同电荷离子之间的相互排斥作用，使得离子在溶液中倾向于有规则地分布。每个离子周围都被异号电荷离子所包围，形成“离子氛”。如图 3-2 所示，阳离子周围有较多阴离子，阴离子周围有较多阳离子。这样离子在溶液中移动不完全自由，而是相互影响着。如果将电流通过电解质溶液，阳离子向阴极移动，而它的“离子氛”向阳极移动。因此离子的迁移速度变慢，溶液的导电性就比理论值小，产生一种解离不完全的假象。溶液中离子浓度愈大，这种现象愈明显。

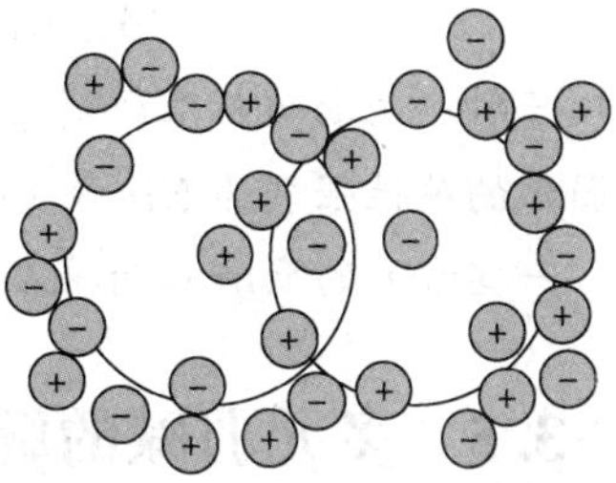

图 3-2　“离子氛”示意图

由此可以看出，强电解质的解离度与弱电解质解离度意义不同，强电解质的解离度仅反映溶液中离子的相互牵制作用的强弱，通常称为表观解离度；弱电解质解离度则表示弱电解质解离的百分数。

（2）活度和活度系数

由于强电解质溶液中离子之间的相互牵制作用，使得离子的有效浓度（表现浓度）比理论浓度（配制浓度）小。离子的有效浓度称为活度，用 a 表示，活度等于活度系数乘以理论浓度，单位为 1。

$$a = \gamma \cdot c$$

式中　c——离子的理论浓度；

　　γ——活度系数，反映了离子之间相互牵制作用的大小。

离子浓度越大，电荷越高，离子之间相互牵制的作用越强，γ 越小（$\gamma<1$），活度与浓度之间差别越大。反之，当浓度极稀时，离子之间平均距离增大，相互牵制的作用极小，γ 趋近于 1，活度越接近浓度。在近似计算中，通常把中性分子、液态和固态纯物质、纯水以及弱电解质的活度系数均视为 1。

3.4 一元弱碱的解离平衡

只能接受一个质子的弱碱称为一元弱碱。在一元弱碱 A^- 的水溶液中，存在一元弱碱 A^- 与 H_2O 之间的质子转移反应：

$$A^- + H_2O \rightleftharpoons HA + OH^-$$

一元弱碱 A^- 质子转移反应的标准平衡常数表达式为

$$K_b^{\ominus} = \frac{c_{eq}(HA) \cdot c_{eq}(OH^-)}{c_{eq}(A^-)}$$

式中 $K_b^{\ominus}$——一元弱碱 A^- 的标准解离常数；

$c_{eq}(HA)$、$c_{eq}(OH^-)$，$c_{eq}(A^-)$——HA、OH^- 和 A^- 的平衡浓度。

一元弱碱的标准解离常数越大，一元弱碱溶液中 OH^- 的平衡浓度就越大，一元弱碱的碱性就越强。例如：

$$SO_4^{2-} + H_2O \rightleftharpoons OH^- + HSO_4^-；\ K_b^{\ominus}(SO_4^-) = 1.0\times10^{-12}$$

$$Ac^- + H_2O \rightleftharpoons HAc + OH^-；\ K_b^{\ominus}(Ac^-) = 5.6\times10^{-10}$$

$$NH_3 + H_2O \rightleftharpoons NH_4^+ + OH^-；\ K_b^{\ominus}(NH_3) = 1.8\times10^{-5}$$

三种一元弱碱标准解离常数的大小为 $K_b^{\ominus}(NH_3) > K_b^{\ominus}(Ac^-) > K_b^{\ominus}(SO_4{}^{2-})$，因此三种一元弱碱的碱性强弱为 $NH_3 > Ac^- > SO_4{}^{2-}$。

一些常见的弱酸和弱碱在 298K 时的标准解离常数列于附录四中。

3.5 多元弱碱的解离平衡

能接受两个或两个以上氢离子的弱碱称为多元弱碱。多元弱碱 A^{n-} 在水溶液中的质子转移反应也是分步进行的，如二元弱碱 A^{2-} 的质子转移反应是分成两步进行的。

A^{2-} 的第一步质子转移反应：

$$A^{2-} + H_2O \rightleftharpoons HA^- + OH^-;$$

$$K_{b1}^{\ominus} = \frac{c_{eq}(HA^-) \cdot c_{eq}(OH^-)}{c_{eq}(A^{2-})}$$

A^{2-} 的第二步质子转移反应：

$$HA^- + H_2O \rightleftharpoons H_2A + OH^-;$$

$$K_{b2}^{\ominus} = \frac{c_{eq}(H_2A) \cdot c_{eq}(OH^-)}{c_{eq}(HA^-)}$$

式中 $K_{b1}^{\ominus}$——A^{2-} 的一级标准解离常数；

$K_{b2}^{\ominus}$——A^{2-} 的二级标准解离常数。

通常 $K_{b1}^{\ominus} \gg K_{b2}^{\ominus}$，溶液中的 OH^- 主要来自 A^{2-} 的第一步质子转移反应。因此，多元碱的相对强弱就取决于它的一级标准解离常数的相对大小。多元弱碱的一级标准解离常数越大，溶液中 OH^- 的平衡浓度就越大，多元弱碱的碱性就越强。

模块四 氧化还原平衡与配位平衡

第一部分 基础知识

氧化还原反应与我们工作和生活具有非常紧密的联系，在工业生产中所需要的各种各样的金属，很多都是通过氧化还原反应从矿石中提炼而得到的。许多重要化工产品的合成，如氨的合成、盐酸的合成、接触法生产硫酸、氨氧化法制硝酸、电解食盐水制烧碱等等，也都有氧化还原反应的参与。石油化工里的催化去氢、加氢、链烃氧化制羧酸等也都是氧化还原反应。在农业生产中，施入土壤的肥料的变化，如铵态氮转化为硝态氮等，虽然需要有细菌起作用，但就其实质来说，也是氧化还原反应。在能源方面，煤炭、石油、天然气等燃料的燃烧供给人们生活和生产所需的大量能量。我们日常生活中使用的干电池、蓄电池以及在空间技术上使用的高能电池都发生着氧化还原反应等等。由此可见，认识氧化还原反应的实质与规律，对人类的生产和生活具有非常现实的意义。

配位化合物简称配合物，也称络合物，是一类组成复杂、种类繁多、应用非常广泛的化合物。配位化学自发展以来一直受到广大化学家的关注，人们利用配合物的特殊性质，在各种不同领域中广泛应用，尤其是化学化工方面，不断地给配位化学的发展注入新的生命活力。

※ 氧化还原平衡

4-1 氧化值(又称氧化数)

1970 年国际纯粹与应用化学联合会(IUPAC)将氧化值定义为某元素一个原子的荷电数，这个荷电数可由假设把每个化学键中的电子指定给电负性较大的原子而求得。由此可见，元素的氧化值是指元素原子在其化合态中的形式电荷数。在离子化合物中简单阳、阴离子所带的电荷数就是该元素原子的氧化值。如在 NaCl 中，Na 的氧化值为+1，Cl 的氧化值为-1；对共价化合物来说，共用电子对偏向吸引电子能力较大的原子，如在 HCl 中 Cl 原子的形式电荷为-1，H 原子的形式电荷为+1。相关规则如下：

① 在单质中，元素原子的氧化值为零。

② H 的氧化值一般为+1，只有在活泼金属的氢化物(如 NaH、CaH_2)中，H 的氧化值为-1。

③ O 的氧化值一般为-2，但在氟化物(如 O_2F_2、OF_2)中，氧化值分别为+1、+2；在过

氧化物(如 H_2O_2、Na_2O_2)中，O 的氧化值为-1。

④ 在中性分子中，各元素原子氧化值的代数和为零。

⑤ 复杂离子中，各元素原子氧化值的代数和等于离子的总电荷。

4-2　氧化剂和还原剂

氧化：元素氧化值升高的过程。

还原：元素氧化值降低的过程。

氧化还原反应：元素氧化值发生变化的反应。一个完整的氧化还原反应是由两个半反应同时发生的，一个是氧化过程，为一个是还原过程。

还原剂：在氧化还原反应中，组成元素氧化值升高的物质。

氧化剂：组成元素氧化值降低的物质。

4-3　氧化还原电对

氧化还原电对：在氧化还原反应中，氧化剂与它的生成物及还原剂与它的生成物分别组成一个氧化还原电对。如：反应 $Zn+Cu^{2+}=\!=\!=Zn^{2+}+Cu$。$Cu^{2}$ 和 Cu 为一对氧化还原电对、Zn 和 Zn^{2+} 为一对氧化还原电对。

氧化型物质：在氧化还原电对中，组成元素的氧化值较高的物质，如：Cu^{2}、Zn^{2+}。

还原型物质：组成元素的氧化值较低的物质，如：Cu、Zn。

书写电对时，氧化型物质写在左侧，还原型物质写在右侧，中间用斜线隔开。如：氧化型/还原型：Cu^{2}/Cu；Zn^{2+}/Zn。

4-4　氧化还原反应方程式的配平

(1) 配平原则

① 电荷守恒：氧化剂得电子数等于还原剂失电子数。因为电子不能游离存在，有失必有得，得失得相等。

② 质量守恒：反应前后各元素原子总数相等。

(2) 氧化值法

该方法与中学所学化合价升降法雷同，其配平步骤如下：

① 写出反应物和生成物的化学式；

② 标出氧化值发生变化元素氧化值，计算出氧化值升高和降低的数值；

③ 利用最小公倍数确定氧化剂和还原剂的化学计量数；

④ 配平氧化值没有发生变化的元素原子，并将箭头改成等号。

(3) 离子-电子法

先将两个氧化还原半反应配平，再将两个氧化还原半反应合并为一个氧化还原反应的方法称为离子-电子法，其配平步骤如下：

① 用离子式写出主要反应物和产物(气体、纯液体、固体和弱电解质则写分子式)；

② 分别写出氧化剂被还原和还原剂被氧化的半反应；

③ 分别配平两个半反应方程式，等号两边各种元素的原子总数各自相等且电荷数相等；

④ 确定两半反应方程式得失电子数目的最小公倍数。将两个半反应方程式中各项分别乘以相应的系数，使得失电子数目相同；然后，将两者合并，就得到了配平的氧化还原反应的离子方程式。有时根据需要可将其改为分子方程式。

离子–电子法的配平实例见拓展阅读 4.1。

4–5　原电池

原电池是利用氧化还原反应将化学能转变为电能的装置。一个原电池是由两个半电池构成，一个半电池为一极，即原电池有两极。中间用盐桥相连。流出电子的电极为负极，其发生氧化反应。流入电子的电极为正极，发生还原反应。如 Cu–Zn 原电池中 Cu 为正极，反应为 $Cu^{2+}+2e^{-}═══Cu$；Zn 为负极，反应为 $Zn-2e^{-}═══Zn^{2+}$；原电池反应为 $Cu^{2+}+Zn═══Cu+Zn^{2}$。理论上，任何一个氧化还原反应都可以设计成原电池。

盐桥的构成及作用：它是在一支倒置的 U 形管中填满用饱和 KCl 溶液（或 NH_4NO_3 溶液）和琼脂调制成的胶冻；其作用是构成原电池的通路和维持溶液的电中性（图 4–1）。

原电池的表示方法及书面规则如下：

① 在半电池中用“｜”表示电极导体与电解质溶液之间的界面；

② 原电池的负极写在左侧，正极写在右侧，并用“+”号和“–”号标明正、负极，把正极与负极用盐桥连接，盐桥用“┆┆”表示，盐桥两侧是两个电极的电解质溶液，如果溶液中存在几种离子时，离子之间用逗号隔开；

③ 溶液要注明浓度，气体要注明分压；

④ 如果电极中没有电极导体，必须外加一惰性电极导体，惰性电极导体通常是不活泼的金属（如铂）或石墨（具体示例见【例 4–1】）。

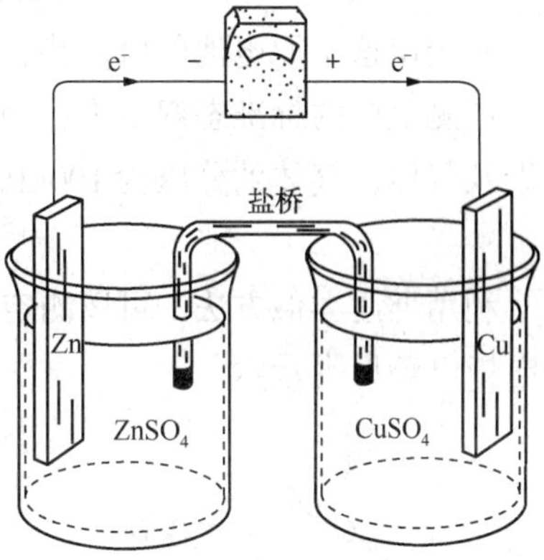

图 4–1　铜锌原电池

Cu–Zn 原电池的符号表示为 $(-)Zn \mid Zn^{2+}(c_1)$ ┆┆ $Cu^{2+}(c_2) \mid Cu(+)$

又如氢电极和铁离子电极组成的原电池符号为

$$(-)Pt,\ H_2(p) \mid H^{+}(c_1) \parallel Fe^{3+}(c_2)Fe^{2+}(c_3) \mid Pt(+)$$

化学电源见拓展阅读 4.2。

4–6　原电池电动势与反应的摩尔吉布斯自由能变的关系

原电池的电动势：在原电池中，当电流趋于零时，正极的电极电势与负极的电极电势之差。

$$E=E_{+}-E_{-} \tag{4–1}$$

原电池电动势与反应的摩尔吉布斯自由能变的关系：

在等温、等压下：$$(\Delta_r G)_{T,p}=-zEF \tag{4–2}$$

在标准状态下：$$(\Delta_r G_m^{\ominus})_T=-zE^{\ominus}F \tag{4–3}$$

式中　z——电池反应转移的电子数；

F——法拉第常数，$F=96485C \cdot mol^{-1}(1C=1J \cdot V^{-1})$。

金属电极的电极电势的产生见拓展阅读4.3。

4-7　标准电极电势的测定

(1) 标准氢电极

迄今为止，电极电势的绝对值还无法测量，然而可用比较的方法确定它的相对值，就如同以海平面为基准来测量山丘的高度一样。通常采用标准氢电极作为比较的标准，并将其电极电势规定为零。标准氢电极是用镀有一层疏松铂黑的铂片作为电极导体，把它插入H^+浓度为$1mol \cdot L^{-1}$的酸溶液中，通入100kPa H_2，使铂片吸附氢气达到饱和而成(图4-2)。

规定标准氢电极的电势为$E^{\ominus}(H^+/H_2)=0.0000V$

(2) 标准电极电势的测定

欲测定某给定电极的标准电极电势时，可将待测标准电极与标准氢电极组成下列原电池：

(−)标准氢电极 ┆┆ 待测标准电极(+)

测定出这个原电池的电动势，就是待测电极的标准电极电势。

待测电极的标准态规定为：物质皆为纯净物，组成电对的有关物质的浓度为$1mol \cdot L^{-1}$，若涉及气体，气体的分压为100kPa。如图4-3铜电极的标准电极电势为

$$E^{\ominus}(Cu^{2+}/Cu)=E^{\ominus}=0.3394V$$

利用上述类似方法，可以测定其他电极的标准电极电势，一些常见电对在298K时的标准电极电势见附录六。

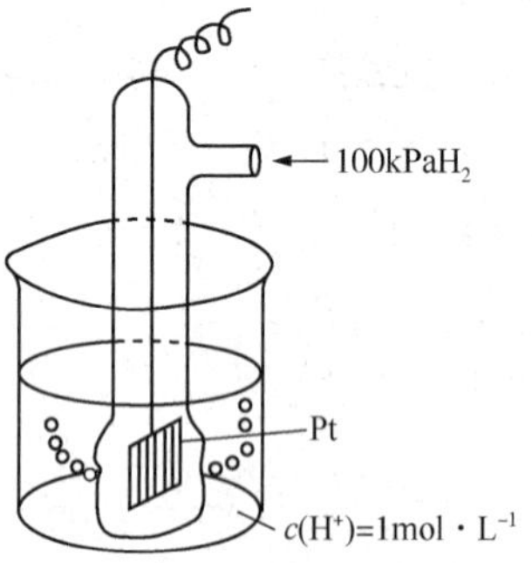

图4-2　标准氢电极

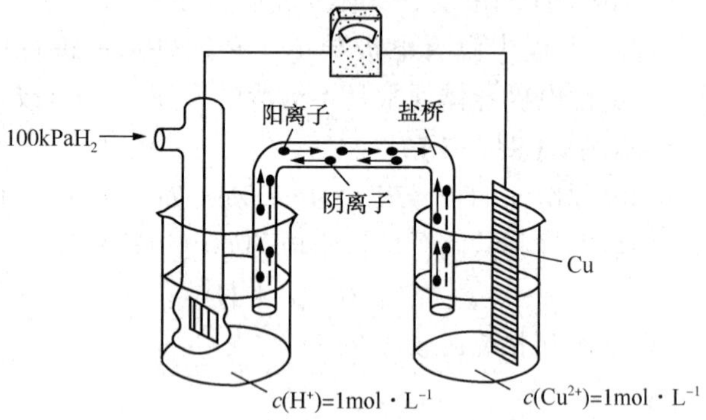

图4-3　测定铜电极标准电极电势的装置

4-8　能斯特方程

能斯特方程可用于非标准状态下电极电势的计算。

若电极反应为　$-v_O OX + ze^- \rightleftharpoons v_R Red$

电极电势：
$$E(Ox/Red)=E^{\ominus}(Ox/Red)+\frac{RT}{zF}\ln\frac{[c(Ox)]^{|-v_O|}}{[c(Red)]^{v_R}} \qquad (4-4)$$

当温度为 298K 时：

$$E(Ox/Red)=E^{\ominus}(Ox/Red)+\frac{0.05916V}{z}\lg\frac{[c(Ox)]^{|-v_O|}}{[c(Red)]^{v_R}} \tag{4-5}$$

式中 $E(Ox/Red)$——电极电势；

$E^{\ominus}(Ox/Red)$——标准电极，其数据见附录六；

z——电极反应电子数；

$c(OX)$——氧化型物质浓度；

$c(Red)$——还原型物质浓度。

4-9 电极电势的应用

（1）比较氧化剂和还原剂的相对强弱

电极电势越大，电极中的氧化型物质越易得到电子，其氧化性就越强；电极电势越小，电极中的还原型物质越易失去电子，其还原性就越强。因此，可以利用电对电极电势数据的大小判断对应氧化剂及还原剂强弱顺序（详见【例 4-1】）。

（2）计算原电池的电动势

当把两个电极组成一个原电池时，其中电极电势较大的电极是原电池的正极，电极电势较小的电极是原电池的负极。原电池的电动势等于正极的电极电势减去负极的电极电势（其应用见【例 4-2】）。

$$E=E_+-E_-$$

（3）判断氧化还原反应的方向

从理论上讲，任何一个氧化还原反应都可以设计成原电池，利用所设计原电池的电动势，可以判断氧化还原反应进行的方向，在等温、等压的条件下：

$E>0$ 时，反应正向进行；

$E=0$ 时，反应处于平衡状态；

$E<0$ 时，反应逆向进行。

一般情况下，当组成氧化还原反应两个电对的标准电极电势相差较大（一般大于 0.3V）时，可以直接用标准电极电势代替非标准状态下的电极电势来判断氧化还原反应的方向（其应用见【例 4-3】）。

（4）确定氧化还原反应进行的限度

氧化还原反应进行的限度可以用反应标准平衡常数来衡量。氧化还原反应的标准平衡常数与两个电对标准电极电势的关系为

$$\ln K^{\ominus}=\frac{zFE^{\ominus}}{RT} \tag{4-6}$$

当 $T=298K$ 时，上式可改写为

$$\lg K^{\ominus}=\frac{z(E_+^{\ominus}-E_-^{\ominus})}{0.05916V} \tag{4-7}$$

式中 z——总反应转移的电子数；

F——法拉第常数，其值为 $96485C\cdot mol^{-1}$；

R——气体常数，其值为 $8.314J\cdot mol^{-1}\cdot K^{-1}$；

T——热力学温度；

0.05916——$2.303RT/F$ 当温度为 298.15K 时求得，其中 2.303 是自对数转换成以 10 为底的对数的换算系数。

组成氧化还原反应的两个电对的标准电极电势的差值越大，氧化还原反应的标准平衡常数也越大，反应进行得就越完全(其应用见【例 4-4】)。

R8 法拉第

(5) 元素电势图

为了求解由不同氧化值的同一种元素形成的物质的氧化性和还原性，各有关电对的标准电极电势以图的形式表示出来，这种图称为元素标准电势图。

例如在酸性溶液中氧元素的电势图如图 4-4 所示。

① 元素电极电势图的表示方法。元素电势图按元素的氧化值由高到低的顺序把由各种不同氧化值的同一种元素形成的物质从左到右依次排列，将相邻的两种物质用直线连接，在直线上标明两种物质所组成的电对的标准电极电势，如图 4-4 所示。

$$O_2 \xrightarrow[2]{0.6945} H_2O_2 \xrightarrow[2]{1.763} H_2O \qquad (O_2 \xrightarrow[4]{1.29} H_2O)$$

图 4-4 酸性溶液中氧元素的电势图

② 元素电势图的应用：

a. 计算电对的标准电极电势。利用元素电势图，可以从某些已知电对的标准电极电势计算出另一些电对的标准电极电势。例如：

$$A \xrightarrow[z_1]{E^{\ominus}(A/B)} B \xrightarrow[z_2]{E^{\ominus}(A/B)} C \xrightarrow[z_3]{E^{\ominus}(A/B)} D \qquad (A \xrightarrow{E^{\ominus}(A/D),\ z} D)$$

$$E^{\ominus}(A/D)=\frac{z_1E^{\ominus}(A/B)+z_2E^{\ominus}(B/C)+z_3E^{\ominus}(C/D)}{z} \tag{4-8}$$

式中 z，z_1，z_2，z_3——A/D、A/B、B/C 和 C/D 电对中对应元素氧化型与还原型氧化值之差，$z=z_1+z_2+z_3$。

b. 判断能否发生歧化反应。氧化值的升高和降低发生在同一物质中同一种元素上的氧化还原反应称为歧化反应。在元素电势图中：

$$A \xrightarrow{E^{\ominus}_{左}} B \xrightarrow{E^{\ominus}_{右}} C$$

如果 $E^{\ominus}_{右}>E^{\ominus}_{左}$，B 将发生歧化反应：B = A+C

如果 $E^{\ominus}_{右}<E^{\ominus}_{左}$，B 不能发生歧化反应，而 A 与 C 能发生逆歧化反应：A+C = B

例如：

$$Cu^{2+} \xrightarrow[1]{0.159} Cu^{+} \xrightarrow[1]{0.520} Cu \qquad (Cu^{2+} \xrightarrow[2]{0.340} Cu)$$

由于 $E^{\ominus}_{右}>E^{\ominus}_{左}$，所以 Cu^{+} 能发生歧化反应，生成 Cu^{2+} 和 Cu。

4-10 电解

电解：在直流电的作用下发生的氧化还原反应过程。

电解产物：一般说来，在阳极上放电，发生氧化反应的首先是析出电势(考虑超电势后的实际电极电势)代数值较小的还原型物质；在阴极上放电，发生还原反应的首先是析出电势代数值较大的氧化型物质。

※ 配位平衡

4-11　配位化合物的定义

在中学阶段我们学过，若在 $CuSO_4$ 溶液里加入氨水，首先得到难溶物，继续加氨水，难溶物溶解，得到透明的深宝石蓝色溶液。业已证明，该溶液中的蓝色物质是 Cu^{2+} 和 4 个氨分子结合形成的复杂离子——$[Cu(NH_3)_4]^{2+}$。该离子可称为配离子。下面我们就介绍这类新的化合物即配位化合物。

配位化合物简称配合物，是指形成体与配体以配位键结合形成的复杂化合物，旧称“络合物”。

通常把一定数目的配体与中心原子(形成体)所形成的复杂分子或离子称为配位个体。中性配位个体和含有配离子的化合物统称配合物，如：$[Ag(NH_3)_2]^+$、$[Fe(CO)_5]$。

4-12　配位化合物的组成

(1) 内界和外界

配位个体也称配合物的内界，用方括号表明。它由中心原子和配体组成，是配合物的核心部分。配合物中除了内界以外的其他离子称为配合物的外界，方括号外的外界离子离中心较远。配合物的内界与外界之间以离子键结合，在水溶液中主要以配位个体和外界离子存在，如图 4-5 所示。

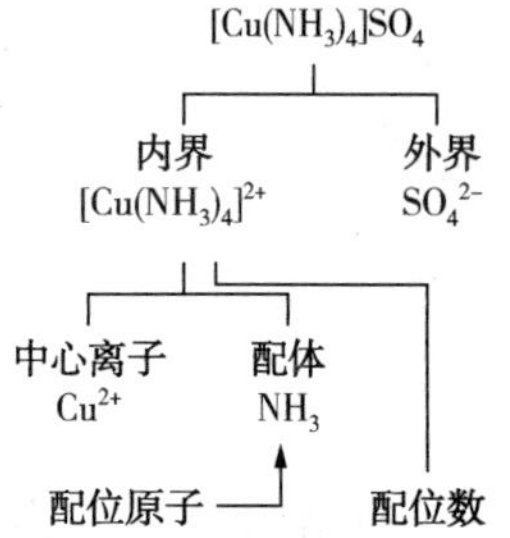

图 4-5　硫酸四氨合铜(Ⅱ)配合物结构

(2) 中心原子(形成体)

中心原子位于配位个体的中心位置，它一般是金属元素的离子，特别是副族元素的离子；某些副族元素的原子和高氧化值非金属元素的原子也可以作中心原子。

例如：$[CoCl_2(NH_3)_2]$、$[Ag(NH_3)_2]Cl$、$K_3[Fe(CN)_6]$、$[SiF_6]^{2-}$ 中心原子分别是 Co^{2+}、Ag^+、Fe^{3+}、Si(Ⅳ)；$[Fe(CO)_5]$、$[Ni(CO)_4]$ 中的 Fe、Ni 原子。

(3) 配体和配位原子

在配位个体中，与中心原子结合的阴离子或分子称为配体。

配体中提供电子对与中心原子形成配位键的原子称为配位原子。通常配位原子是电负性较大的非金属元素的原子，如 N、O、C、S、F、Cl、Br、I 等原子，如 NH_3 中的 N，H_2O 中的 O 等。

只含有一个配位原子的配体称为单齿配体，如 H_2O、NH_3、X^-。含有两个或两个以上配位原子的配体称为多齿配体。例如：乙二胺($NH_2CH_2CH_2NH_2$，用符号 en 表示)是二齿配体、乙二胺四乙酸(用符号 edta 表示)是六齿配体。草酸根($^-OOC—COO^-$)是二齿配体。

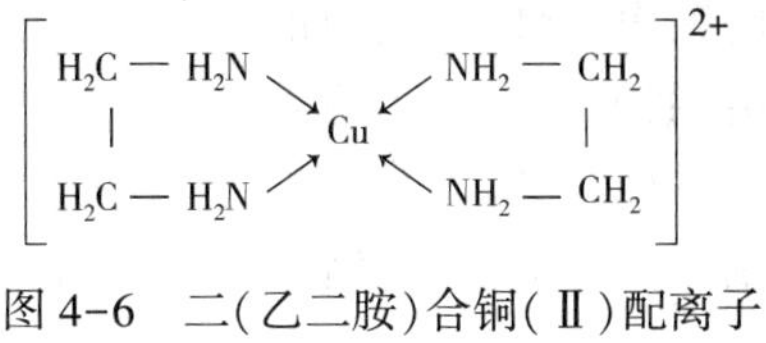

图 4-6　二(乙二胺)合铜(Ⅱ)配离子

如：$[Cu(en)_2]^{2+}$ 的结构如图 4-6 所示。

有些配体虽然也含有两个或两个以上可以配位的原子，但通常只有一个原子与中心原子配位，这类配体称为两可配体。如：

“硫氰酸根”表示 SCN^-，为 S 配位
“异硫氰酸根”表示 NCS^-，为 N 配位
“亚硝酸根”表示 ONO^-，为 O 配位
“硝基”表示 NO_2^-，为 N 配位

（4）配位数

配位个体中与中心原子形成配位键配位原子的数目称为中心原子的配位数。

① 如果配体均为单齿配体，则配体的数目与中心原子的配位数相等。

② 如果配体中的配体有多齿配体，则中心原子的配位数与配体的数目不相等，如：

$[Cu(NH_3)_4]SO_4$	Cu^{2+}的配位数为 4
$[Cu(en)_2]^{2+}$	Cu^{2+}的配位数为 4
$K_3[Fe(CN)_6]$	Fe^{3+}的配位数是 6
$[Zn(EDTA)]^{2-}$	Zn^{2+}的配位数是 6

影响中心原子配位数的主要因素见拓展阅读 4.4。

（5）配位个体的电荷数

配位个体的电荷数，等于中心原子电荷数和配体电荷数的代数和。

由于配合物是电中性的，因此也可以根据外界离子的电荷数来确定配位个体的电荷数。

4-13　配位化合物的命名

（1）先阴离子后阳离子

外界
- 简单阴离子 ⟹ “某化某”
  $[Co(en)_3]Cl_3$
  氯化三(乙二胺)合钴(Ⅲ)
- 复杂阴离子 ⟹ “某酸某”
  $[Co(ONO)(NH_3)_5]SO_4$
  硫酸亚硝酸根·五氨合钴(Ⅲ)

（2）配位个体的命名顺序为

倍数词头(大写数字)→配体名称→合→中心原子名称→(罗马数字表示氧化值)

如：

$[Cu(NH_3)_4]^{2+}$	四氨合铜(Ⅱ)离子
$[Co(NH_3)_6]^{3+}$	六氨合钴(Ⅲ)离子
$[CrCl_2(H_2O)_4]^+$	二氯·四水合铬(Ⅲ)离子

在配位个体中，配体名称列出的顺序为：

① 无机配体在前，有机配体在后，如：

$[Co(Cl)(SCN)(en)_2]^+$　氯·硫氰酸根·二(乙二胺)合钴(Ⅲ)配离子

② 在无机配体或有机配体中，先列出阴离子的名称，后列出中性分子，如：

$[CoCl_3(H_2O)_3]$　三氯·三水合钴(Ⅲ)

③ 在同类配体中，按配位原子元素符号的英文字母顺序排列，如：

$Na_3[Co(NCS)_3(SCN)_3]$三(异硫氰根)·三(硫氰根)合钴(Ⅲ)酸钠

注意：不同配体之间用点隔开。

4-14 配位化合物的分类

配合物通常可分为简单配合物、螯合物和多核配合物三种类型。

简单配合物：在简单配合物中，配位个体是由一个中心原子和一定数目的单齿配体形成的，如$[Ag(NH_3)_2]^+$、$[FeF_6]^{3-}$等。

螯合物：在螯合物的分子或离子中，配体为多齿配体，中心原子与多齿配体形成环状结构，如$[Cu(en)_2]^{2+}$。

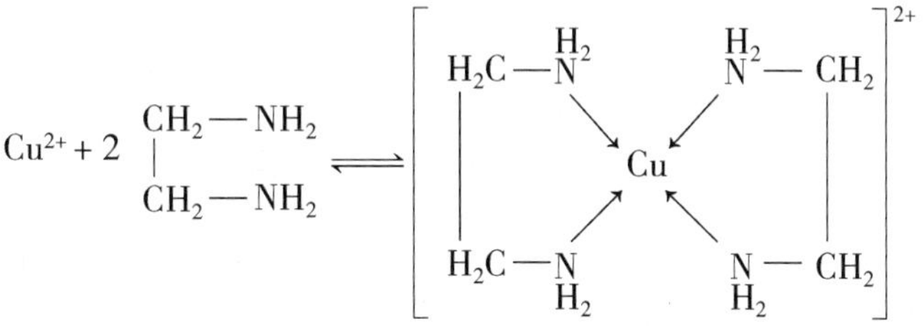

多核配合物：在多核配合物中，配位个体是由两个或两个以上的中心原子，一个配位原子同时与两个中心原子配位，例如：

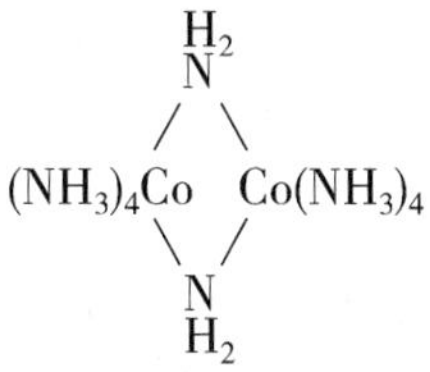

4-15 配位化合物的空间结构

配位数为 2：配位数为 2 的配位个体的空间构型为直线形。

配位数为 4：配位数为 4 的配位个体的空间构型为平面正方形或四面体。

配位数为 6：配位数为 6 的配位个体的空间构型为八面体(图 4-7)。

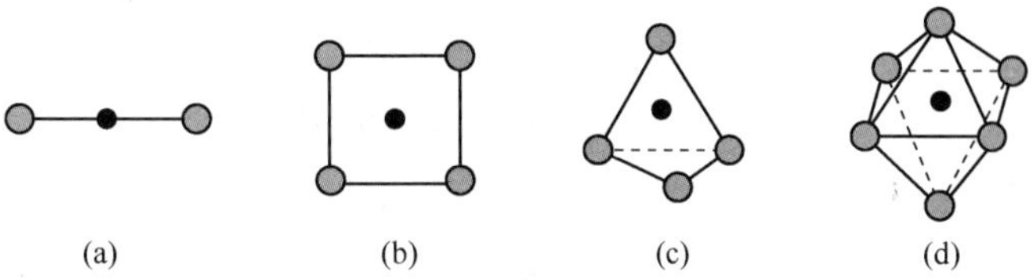

图 4-7　配位数位为 2、4、6 的配位个体空间构型示意图

配位化合物的异构现象见拓展阅读 4.5。

4-16 配位化合物价键理论的基本要点

配合物的化学键理论主要有价键理论、晶体场理论、分子轨道理论和配位场理论，本书只介绍配合物的价键理论。其基本要点如下：

① 在配位个体中，中心原子与配体通过配位键相结合；

② 为了形成配位键，配体的配位原子至少含有一对孤对电子，而中心原子的外层有空轨道，以接受配位原子提供的孤对电子；

③ 中心原子提供的空轨道首先进行杂化，形成具有一定方向性的杂化轨道，这些杂化轨道分别与配位原子含有孤对电子的原子轨道发生最大程度的重叠，形成配位键(表 4-1)。

表 4-1　中心原子的杂化轨道的类型与配位个体空间构型

配位数	杂化轨道的类型	配位个体的空间构型	实　　例
2	sp	直线形	$[Ag(NH_3)_2]^+$、$[Ag(CN)_2]^-$
4	sp^3 dsp^2	正四面体 平面正方形	$[Zn(NH_3)_4]^{2+}$、$[Cd(NH_3)_4]^{2+}$ $[Ni(CN)_4]^{2-}$、$[Cu(NH_3)_4]^{2+}$
6	d^2sp^3 sp^3d^2	正八面体	$[Fe(CN)_6]^{3-}$、$[Co(CN)_6]^{3-}$ $[FeF_6]^{3-}$、$[Fe(H_2O)_6]^{3+}$

4-17　外轨型和内轨型配合物的形成及其稳定性

根据中心原子形成配位键时提供空轨道所属电子层的不同，配合物可分为外轨型配合物和内轨型配合物。

(1) 外轨型配合物

中心原子全部用最外层的空轨道进行杂化，与配体结合形成的配位个体称为外轨型配位个体，含有外轨型配位个体的化合物称为外轨型配合物。中心原子采用 sp 杂化、sp^3 杂化和 sp^3d^2 杂化与配体生成配位数为 2、4 和 6 的配位个体都是外轨型配位个体。

外轨型配合物以$[Fe(H_2O)_6]^{3+}$的形成为例加以说明。基态 Fe^{3+} 的 3d 能级上有 5 个电子，填充在 5 个 d 轨道上：

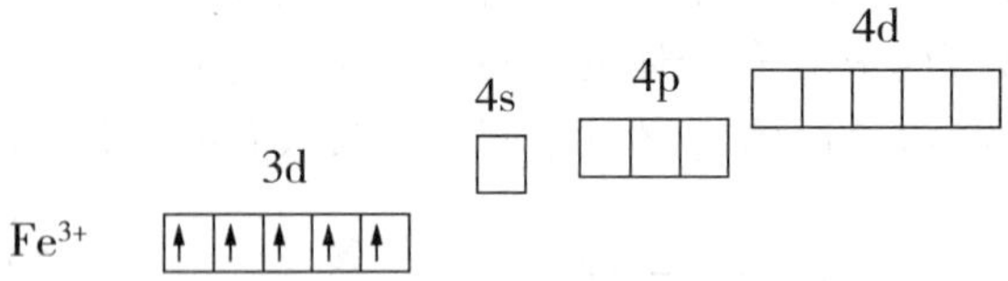

当中心原子 Fe^{3+} 与配体 H_2O 接近时，在 H_2O 的影响下，Fe^{3+} 用 1 个 4s 空轨道、3 个 4p 空轨道和 2 个 4d 空轨道进行杂化，形成 6 个能量相同的 sp^3d^2 杂化轨道。Fe^{3+} 利用 6 个 sp^3d^2 杂化轨道分别与 6 个 H_2O 中的 O 原子含孤对电子的 sp^3 杂化轨道重叠形成 6 个配位键，由此形成$[Fe(H_2O)_6]^{3+}$。配位个体$[Fe(H_2O)_6]^{3+}$的结构如下(↑表示中心原子的电子，·表示配体提供的电子)：

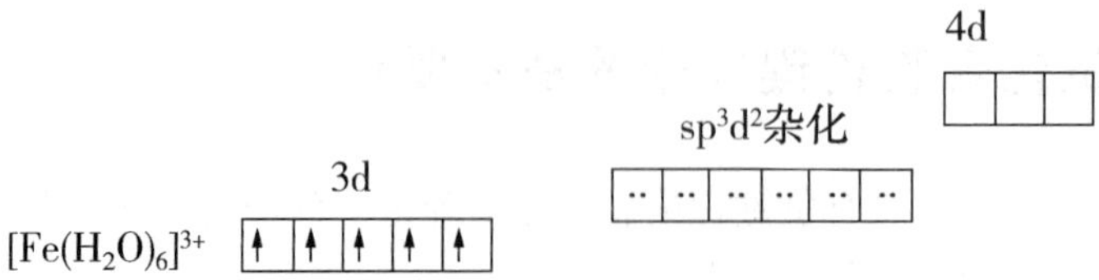

由于中心原子 Fe^{3+}形成配位键时提供的空轨道全部是最外层空轨道，因此，所形成的配离子[$Fe(H_2O)_6$]$^{3+}$为外轨配离子，又如[FeF_6]$^{3-}$、[CoF_6]$^{3-}$。

(2) 内轨型配合物

中心原子的(n-1)d 空轨道参与杂化，并与配体形成的配位个体称为内轨型配位个体，含有内轨型配位个体的化合物称为内轨型配合物。中心原子采取 dsp^2 杂化、dsp^3 杂化、d^2sp^3 杂化，与配体生成配位数为 4、5、6 的配位个体是内轨型配位个体。

内轨配合物以[$Fe(CN)_6$]$^{3-}$的形成为例加以说明。当中心原子 Fe^{3+}与配体 CN^-接近时，在 CN^-的影响下，Fe^{3+}的 5 个 3d 电子被挤到 3 个 3d 轨道中，空出 2 个 3d 轨道。Fe^{3+}用次外层的 2 个 3d 空轨道、最外层的 1 个 4s 空轨道和 3 个 4p 空轨道进行杂化，形成 6 个能量相同的 d^2sp^3 杂化轨道。Fe^{3+}利用 6 个 d^2sp^3 杂化轨道分别与 6 个 CN^-中的 C 原子含孤对电子的 p 轨道重叠，形成 6 个配位键，由此形成[$Fe(CN)_6$]$^{3-}$。配位个体[$Fe(CN)_6$]$^{3-}$的结构如下：

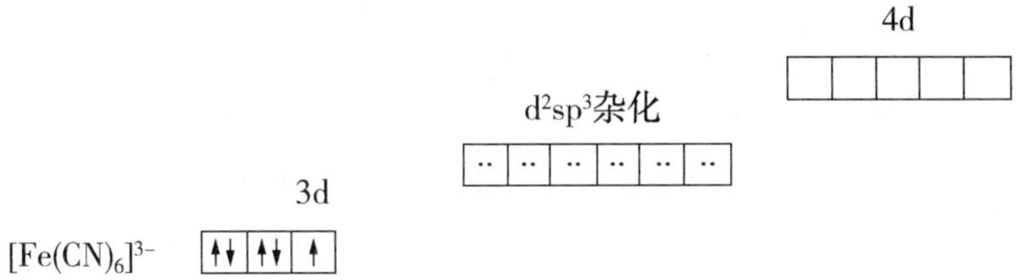

由于中心原子 Fe^{3+}的次外层的空 3d 轨道也参与形成配位键，因此与 CN^-所形成的配位离子[$Fe(CN)_6$]$^{4-}$为内轨配离子。

(3) 外轨型和内轨型配合物的稳定性

对于相同中心离子，由于 sp^3d^2 杂化轨道能量比(n-1)d^2sp^3 杂化轨道能量高，sp^3 杂化轨道能量比(n-1)dsp^2 杂化轨道能量高，当形成相同配位键的配离子时一般内轨型比外轨型配合物稳定。如[$Fe(CN)_6$]$^{3-}$比[FeF_6]$^{3-}$稳定。

(4) 形成内轨型配合物或外轨型配合物的判别方法

① 中心原子没有(n-1)d 空轨道时，只能形成外轨型配合物，如[$Ag(CN)_2$]$^-$和[$Zn(NH_3)_4$]$^{2+}$。

② 当中心原子的价层 d 电子数不超过 3 个时，至少有 2 个(n-1)d 空轨道，总是形成内轨型配合物，如[$Cr(H_2O)_6$]$^{3+}$和[$Ti(H_2O)_6$]$^{3+}$。

③ 当中心原子的电子层结构既可以形成内轨型配合物，又可以形成外轨型配合物时：

如果配体中的配位原子(是 F、O、N 等)，其电负性比较大，不易给出孤对电子，则倾向于占据中心原子的最外层轨道形成外轨型配合物，如[FeF_6]$^{3-}$和[$Fe(H_2O)_6$]$^{3+}$。

如果配体(如 CO、CN^-)中配位原子是 C 原子，其电负性比较小，容易给出孤对电子，使中心原子的 d 电子发生重排，空出(n-1)d 轨道即形成内轨型配合物，如[$Fe(CN)_6$]$^{3-}$。

4-18　配位化合物的磁矩

通常可利用配合物中心原子的未成对电子数判断是内轨型配合物还是外轨型配合物(表 4-2)。

配合物的磁矩与未成对电子数的关系为

$$\mu=\sqrt{N(N+2)}\,\mu_B$$

表 4-2　未成对电子数与磁矩的理论值

N	0	1	2	3	4	5
μ/μ_B	0.00	1.73	2.83	3.87	4.90	5.92

在配合物中，如果配体和外界离子的电子都已成对，那么配合物的未成对电子数就是中心原子的未成对电子数。因此，测量出配合物的磁矩，就可以确定中心原子的未成对电子数，并由此区分内轨配合物和外轨配合物。表 4-3 列出了几种配合物的磁矩实验值，据此可以判断配合物的类型。

表 4-3　几种配合物未成对电子数与磁矩的实验数据

配合物	中心原子的 d 电子数	μ/μ_B	未成对电子数	配合物类型
$[Fe(H_2O)_6]SO_4$	6	4.91	4	外轨配合物
$K_3[FeF_6]$	5	5.45	5	外轨配合物
$Na_4[Mn(CN)_6]$	5	1.57	1	内轨配合物
$K_3[Fe(CN)_6]$	5	2.13	1	内轨配合物
$[Co(NH_3)_6]Cl_3$	6	0	0	内轨配合物

又如：配位数为 4 的配离子 $[Ni(NH_3)_4]^{2+}$ 和 $[Ni(CN)_4]^{2-}$ 可以通过磁性实验来判断它们属于内轨型还是外轨型配合物。实验测得 $[Ni(NH_3)_4]^{2+}$ 的 μ 接近于 2.83B.M，而 $[Ni(CN)_4]^{2-}$ 的 μ 等于 0，表明 $[Ni(NH_3)_4]^{2+}$ 属于外轨型，而 $[Ni(CN)_4]^{2-}$ 属于内轨型。通常，由于内轨型配合物未成对电子数减少，内轨型配合物磁矩比外轨型磁矩降低，可参考表 4-3 数据进一步理解。

4-19　螯合物

乙二胺分子是多齿配体，两个乙二胺分子与一个 Cu^{2+} 形成具有两个五元环的配位个体：

$$\left[\begin{array}{c} H_2C-H_2N \\ | \\ H_2C-H_2N \end{array} \nearrow Cu \swarrow \begin{array}{c} NH_2-CH_2 \\ \\ NH_2-CH_2 \end{array} \right]^{2+}$$

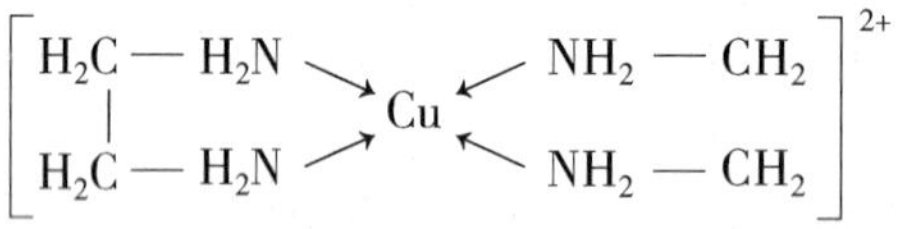

这种由中心原子与多齿配体所形成的具有环状结构的配位个体称为螯合个体。螯合个体为离子时称为螯合离子，螯合离子与外界离子形成的化合物称为螯合物。不带电荷的螯合个体就是螯合物，通常也把螯合离子称为螯合物。

能与中心原子形成螯合个体的多齿配体称为螯合剂。螯合剂应具备以下两个条件：

① 配体中含两个或两个以上配位原子；

② 配体的配位原子之间应该间隔两个或三个其他原子，与中心原子配位时形成稳定的五元环或六元环。常见的螯合剂是乙二胺四乙酸：

$$\begin{array}{c} HOOCH_2C \\ HOOCH_2C \end{array} \searrow N-CH_2-CH_2-N \nearrow \begin{array}{c} CH_2COOH \\ CH_2COOH \end{array}$$

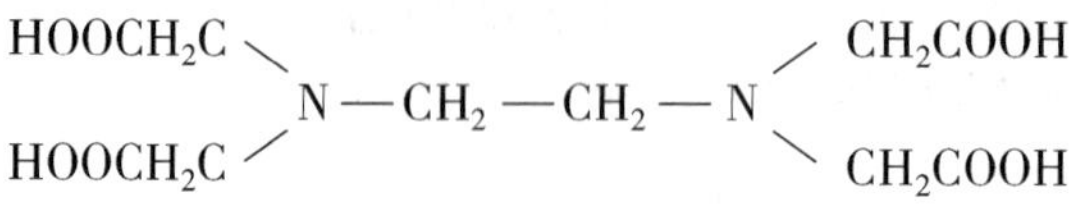

乙二胺四乙酸是一个六齿配体，其中 4 个羧基氧原子和两个氨基氮原子共提供六对孤对电子，与中心原子配位时能形成五个五元环，它几乎能与所有金属离子形成十分稳定的螯合个体(图 4-8)。

影响螯合物稳定性的因素有：

① 螯环的大小：一般五原子环或六原子环最稳定；

② 螯环的多少：一个配体与中心离子形成的螯环数越多，越稳定。

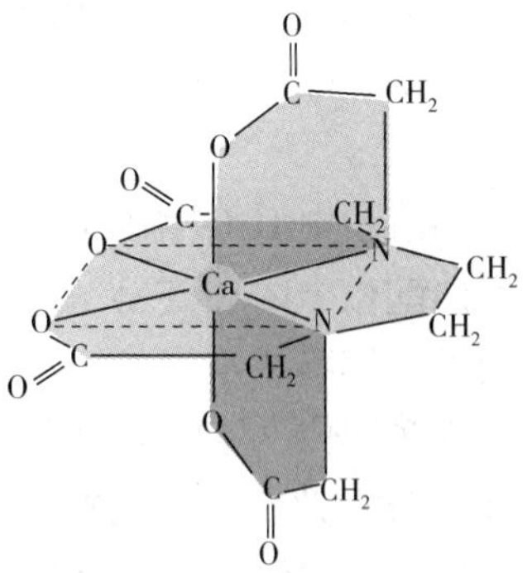

图 4-8 $[Ca(edta)]^{2-}$的结构

4-20 配位个体逐级标准稳定常数和标准稳定常数

金属离子 M^{z+} 与单齿配位 L 在溶液中形成配位个体$[ML_n]^{z+}$时，中心原子与配体的配位反应是分步进行的：

$$M^{z+}(aq)+L(aq) \rightleftharpoons [ML]^{z+}(aq)$$

$$[ML]^{z+}(aq)+L(aq) \rightleftharpoons [ML_2]^{z+}(aq)$$

$$\vdots$$

$$[ML_{n-1}]^{z+}(aq)+L(aq) \rightleftharpoons [ML_n]^{z+}(aq)$$

与上述分步反应对应的标准平衡常数称为配位个体$[ML_n]^{Z+}$的逐级标准稳定常数。配位个体$[ML_n]^{z+}$的逐级标准稳定常数表达式分别为

$$K_{s1}^{\ominus}\{[ML_n]^+\}=\frac{c_{eq}\{[ML]^{z+}\}}{c_{eq}(M^{z+})\cdot c_{eq}(L)}$$

$$K_{s2}^{\ominus}\{[ML_n]^+\}=\frac{c_{eq}\{[ML_2]^{z+}\}}{c_{eq}\{[ML]^{z+}\}\cdot c_{eq}(L)}$$

$$\vdots$$

$$K_{sn}^{\ominus}\{[ML_n]^+\}=\frac{c_{eq}\{[ML_n]^{z+}\}}{c_{eq}\{[ML_{n-1}]^{z+}\}\cdot c_{eq}(L)}$$

对于大多数配位个体，它的逐级标准稳定常数的相对大小为 $K_{s1}^{\ominus}>K_{s2}^{\ominus}>K_{s3}^{\ominus}$……

这是由于与中心原子配位的配体越多，配体之间的排斥作用越大，从而削弱了配体与中心原子之间的结合力。

配位个体$[ML_n]^{z+}$总配位反应的标准平衡常数表达式为

$$M^{z+}(aq)+nL(aq) \rightleftharpoons [ML_n]^{z+}(aq)$$

$$K_{s}^{\ominus}\{[ML_n]^{z+}\}=\frac{c_{eq}\{[ML_n]^{z+}\}}{c_{eq}(M^{z+})\cdot c_{eq}(L)^n}$$

相关计算见【例 4-5】和【例 4-6】。

4-21 配位平衡的移动

(1) 溶液 pH 对配位平衡的影响

当配体的碱性较强时，如 OH^-、NH_3、F^-、CN^-等，它们易与 H_3O^+结合生成共轭酸，当

溶液中 H_3O^+浓度发生变化时，就会影响配位个体的配位平衡。

例如，配位个体$[FeF_6]^{3-}$在溶液中存在如下配位平衡：

$$[FeF_6]^{3-} \rightleftharpoons Fe^{3+} + 6F^-$$

当溶液中 H_3O^+浓度增大时，H_3O^+与 F^-结合生成共轭酸 HF，使 F^-浓度降低，致使配位平衡向配位个体$[FeF_6]^{3-}$解离方向移动。当 $c(H_3O^+)>0.5mol \cdot L^{-1}$时，几乎所有的$[FeF_6]^{3-}$都会发生解离。

许多配位个体中的中心原子在水溶液中发生水解作用，使溶液的 H_3O^+浓度增大。因此 H_3O^+浓度的改变会影响中心原子的水解平衡，从而影响配位个体的配位平衡。

例如，配位个体$[CuCl_4]^{2-}$在溶液中存在如下配位平衡：

$$[CuCl_4]^{2-} \rightleftharpoons Cu^{2+} + 4Cl^-$$

当溶液 OH^-浓度增大时，Cu^{2+}可发生如下水解反应：

$$Cu^{2+} + 2H_2O \rightleftharpoons Cu(OH)^+ + H_3O^+$$

$$Cu(OH)^+ + 2H_2O \rightleftharpoons Cu(OH)_2 + H_3O^+$$

上述水解反应的结果使 Cu^{2+}浓度降低，致使配位平衡向$[CuCl_4]^{2-}$解离方向移动，当溶液 pH>8.5 时，$[CuCl_4]^{2-}$全部解离。反之，若增大 H_3O^+浓度，可以抑制中心原子的水解，使配位个体的稳定性增强。

(2) 沉淀剂对配位平衡的影响

在配位个体溶液中加入一种沉淀剂，能与配位个体解离出的中心原子生成难溶强电解质，可使配位平衡向配位个体解离方向移动。例如，在$[Cu(NH_3)_4]^{2+}$溶液中加入 Na_2S 溶液，生成 CuS 黑色沉淀，使 Cu^{2+}浓度降低，致使$[Cu(NH_3)_4]^{2+}$的配位平衡向配位个体解离方向移动。如果向溶液中加入足量的 Na_2S 溶液，可以使$[Cu(NH_3)_4]^{2+}$全部转化为 CuS 沉淀：

$$[Cu(NH_3)_4]^{2+} \rightleftharpoons Cu^{2+} + 4NH_3$$

$$+$$

$$S^{2-}$$

$$\Updownarrow$$

$$CuS\downarrow$$

配位个体的标准稳定常数越小及难溶强电解质的标准溶度积常数越小，配位个体越易转化为难溶强电解质沉淀(其应用见【例 4-8】)。

相反，如果在含有难溶强电解质沉淀的溶液中加入一种配位剂，能与难溶强电解质中的阳离子形成配位个体，也可以使沉淀溶解。配位个体的标准稳定常数越大或难溶强电解质的标准溶度积常数越大，难溶强电解质沉淀越易转化为配位个体(其应用见【例 4-7】)。

(3) 氧化还原反应对配位平衡的影响

如果配位个体解离出的中心原子具有氧化性或还原性，当向配位个体溶液中加入还原剂或氧化剂时能发生氧化还原反应，使配位个体的配位平衡发生移动。例如：往血红色$[Fe(NCS)_6]^{3-}$溶液中加入 $SnCl_2$ 溶液，由于 Sn^{2+}可把 Fe^{3+}还原为 Fe^{2+}，使溶液中 Fe^{3+}浓度降低，导致$[Fe(NCS)_6]^{3-}$的配位平衡向配位个体解离方向移动，而使溶液的血红色消失。

配位平衡也可能影响氧化还原反应的方向。当金属离子与配体形成配位个体后，电对的电极电势减小，金属离子得电子能力减弱，增加了金属离子的稳定性。金属离子形成的配位个体和金属组成的电对的标准电极电势，可以利用金属离子所形成的配位个体的标准稳定常数进行计算(其应用见【例 4-9】)。

(4) 配体取代反应对配位平衡的影响

在一种配位个体的溶液中加入另一种配体，生成新的配位个体的反应称为配体取代反应。例如，向配位个体$[Cu(NH_3)_4]^{2+}$溶液中加入过量的 KCN 溶液，可发生如下配位取代反应：

$$[Cu(NH_3)_4]^{2+}+4CN^- \rightleftharpoons [Cu(CN)_4]^{2-}+4NH_3$$

配体取代反应是可逆反应，利用反应的标准平衡常数可以大致判断反应方向。如果配体取代反应的标准平衡常数很大，且加入的配体或中心原子的浓度足够大，则配体取代反应正向进行(其应用见【例 4-10】)。

第二部分　典型例题

【例 4-1】 在 298K、标准状态下，从下列电对中选择出最强的氧化剂和还原剂，并列出各种氧化型物质的氧化能力和还原型物质的还原能力的强弱顺序。

$$Fe^{3+}/Fe^{2+} \quad Cu^{2+}/Cu \quad I_2/I^- \quad Sn^{4+}/Sn^{2+} \quad Cl_2/Cl^-$$

解：298K 时，五个电对的标准电极电势分别为

$$E^{\ominus}(Fe^{3+}/Fe^{2+})=0.769V \quad E^{\ominus}(Cu^{2+}/Cu)=0.3394V \quad E^{\ominus}(I_2/I^-)=0.5345V$$

$$E^{\ominus}(Sn^{4+}/Sn^{2+})=0.1539V \quad E^{\ominus}(Cl_2/Cl^-)=1.360V$$

上述电对中，$E^{\ominus}(Cl_2/Cl^-)$最大，$E^{\ominus}(Sn^{4+}/Sn^{2+})$最小。因此，在标准状态下，$Cl_2/Cl^-$电对中的氧化型物质 Cl_2 是最强的氧化剂；Sn^{4+}/Sn^{2+}电对中的还原型物质 Sn^{2+}是最强的还原剂。

在标准状态下，上述电对中氧化型物质的氧化能力由强到弱的顺序为

$$Cl_2>Fe^{3+}>I_2>Cu^{2+}>Sn^{4+}$$

还原型物质的还原能力由强到弱的顺序为

$$Sn^{2+}>Cu>I^->Fe^{2+}>Cl^-$$

【例 4-2】 在 298K 时，将银片插入 $AgNO_3$ 溶液中，铂片插入 $FeSO_4$ 和 $Fe_2(SO_4)_3$ 混合溶液中组成原电池。试分别计算出下列两种条件下原电池的电动势，并写出原电池符号、电极反应和电池反应。

① $c(Ag^+)=c(Fe^{3+})=c(Fe^{2+})=1.0mol \cdot L^{-1}$；

② $c(Ag^+)=c(Fe^{2+})=0.010mol \cdot L^{-1}$，$c(Fe^{3+})=c^{\ominus}$。

解：298K 时，$E^{\ominus}(Ag^+/Ag)=0.7991V$、$E^{\ominus}(Fe^{3+}/Fe^{2+})=0.769V$。

① 由于 $E^{\ominus}(Ag^+/Ag)>E^{\ominus}(Fe^{3+}/Fe^{2+})$，在标准状态下将电对 Ag^+/Ag 和 Fe^{3+}/Fe^{2+}组成原电池，则电对 Ag^+/Ag 为原电池正极，电对 Fe^{3+}/Fe^{2+}为原电池的负极。

原电池的电动势为　$E=E_+-E_-=E^{\ominus}(Ag^+/Ag)-E^{\ominus}(Fe^{3+}/Fe^{2+})$

$$=0.7991V-0.769V=0.030V$$

原电池符号为　$(-)Pt \mid Fe^{2+}(c^{\ominus}), Fe^{3+}(c^{\ominus}) \parallel Ag^+(c^{\ominus}) \mid Ag(+)$

正极反应　$Ag^+ + e^- \longrightarrow Ag$

负极反应　$Fe^{2+} \longrightarrow Fe^{3+} + e^-$

电池反应　$Ag^+ + Fe^{2+} = Ag + Fe^{3+}$

② 电对 Ag^+/Ag 和 Fe^{3+}/Fe^{2+} 的电极电势分别为

$$E(Ag^+/Ag) = E^{\ominus}(Ag^+/Ag) + 0.05916V \times \lg c(Ag^+)$$
$$= 0.7991V + 0.05916V \times \lg 0.010$$
$$= 0.6808V$$

$$E(Fe^{3+}/Fe^{2+}) = E^{\ominus}(Fe^{3+}/Fe^{2+}) + 0.05916V \times \lg \frac{c(Fe^{3+})}{c(Fe^{2+})}$$
$$= 0.769V + 0.05916V \times \lg \frac{1.0}{0.010}$$
$$= 0.887V$$

由于 $E(Ag^+/Ag) < E(Fe^{3+}/Fe^{2+})$，电对 Fe^{3+}/Fe^{2+} 为正极，Ag^+/Ag 为负极。

原电池电动势为　$E = E_+ - E_- = E(Fe^{3+}/Fe^{2+}) - E(Ag^+/Ag)$

$= 0.887V - 0.6808V = 0.206V$

原电池符号为(-)Ag | $Ag^+(0.010mol \cdot L^{-1})$ ‖ $Fe^{3+}(c^{\ominus})$，$Fe^{2+}(0.010mol \cdot L^{-1})$ | Pt(+)

正极反应　$Fe^{3+} + e^- \longrightarrow Fe^{2+}$

负极反应　$Ag \longrightarrow Ag^+ + e^-$

电池反应　$Fe^{3+} + Ag = Fe^{2+} + Ag^+$

【例 4-3】　判断 298K 时，氧化还原反应 $Sn(s) + Pb^{2+}(aq) = Sn^{2+}(aq) + Pb(s)$，在下列两种条件下进行的方向。

① $c(Sn^{2+}) = c(Pb^{2+}) = 1.0mol \cdot L^{-1}$；

② $c(Sn^{2+}) = 1.0mol \cdot L^{-1}$；$c(Pb^{2+}) = 0.010mol \cdot L^{-1}$。

解：298K 时，$E^{\ominus}(Sn^{2+}/Sn) = -0.1410V$、$E^{\ominus}(Pb^{2+}/Pb) = -0.1266V$。

① 由于 $E^{\ominus}(Pb^{2+}/Pb) > E^{\ominus}(Sn^{2+}/Sn)$ 298K 标准状态下将电对 Pb^{2+}/Pb 和 Sn^{2+}/Sn 组成氧化还原反应时，Pb^{2+} 为氧化剂，Sn 为还原剂，上述氧化还原反应正向进行。

② 两个电对的电极电势分别为

$$E(Sn^{2+}/Sn) = E^{\ominus}(Sn^{2+}/Sn) = -0.1410V$$

$$E(Pb^{2+}/Pb) = E^{\ominus}(Pb^{2+}/Pb) + \frac{0.05916V}{2}\lg c(Pb^{2+})$$
$$= -0.1266V + \frac{0.05916V}{2}\lg 0.010$$
$$= -0.1858V$$

由于 $E(Sn^{2+}/Sn) > E(Pb^{2+}/Pb)$，因此将电对 Pb^{2+}/Pb 和 Sn^{2+}/Sn 组成氧化还原反应时，Sn^{2+} 作氧化剂，Pb 作还原剂，上述氧化还原反应逆向进行。

【例 4-4】　试估计 298K 时下列反应进行的限度。

$$Zn(s) + Cu^{2+}(aq) = Zn^{2+}(aq) + Cu(s)$$

解：298K 时反应的标准平衡常数为

$$\lg K^{\ominus} = \frac{z[E^{\ominus}(Cu^{2+}/Cu) - E^{\ominus}(Zn^{2+}/Zn)]}{0.05916V}$$

$$=\frac{2\times(0.3394\text{V}+0.7621\text{V})}{0.05916\text{V}}=37.24$$

$$K^{\ominus}=\frac{c_{eq}(Zn^{2+})}{c_{eq}(Cu^{2+})}=1.7\times10^{37}$$

$K^{\ominus}$很大，说明反应正向进行得很完全。

【例 4-5】 计算游离 NH_3 浓度为 1.0mol · L^{-1}的 0.10mol · L^{-1} $[Ag(NH_3)_2]^+$溶液中 Ag^+的浓度。

解： 配位反应为

$$Ag^+ + 2NH_3 \rightleftharpoons [Ag(NH_3)_2]^+$$

溶液中 Ag^+的浓度为

$$c_{eq}(Ag^+)=\frac{c_{eq}\{[Ag(NH_3)_2]^+\}}{[c_{eq}(NH_3)]^2\cdot K_s^{\ominus}\{[Ag(NH_3)_2]^+\}}$$

$$=\frac{0.10}{(1.0)^2\times1.67\times10^7}=6.0\times10^{-9}(\text{mol}\cdot\text{L}^{-1})$$

【例 4-6】 在 10mL 0.040mol · L^{-1} $AgNO_3$ 溶液中加入 10mL 2.0mol · L^{-1} NH_3 溶液，计算平衡时溶液中配体、中心原子和配位个体的浓度。

解： 两种溶液混合后，Ag^+和 NH_3 的分析浓度分别为

$$c(Ag^+)=\frac{0.040\text{mol}\cdot\text{L}^{-1}\times0.010\text{L}}{0.010\text{L}+0.010\text{L}}=0.020(\text{mol}\cdot\text{L}^{-1})$$

$$c(NH_3)=\frac{2.0\text{mol}\cdot\text{L}^{-1}\times0.010\text{L}}{0.010\text{L}+0.010\text{L}}=1.0(\text{mol}\cdot\text{L}^{-1})$$

由于配体 NH_3 过量，且 $K_s^{\ominus}\{[Ag(NH_3)_2]^+\}$很大，可先假定 Ag^+全部生成$[Ag(NH_3)_2]^+$，再求平衡时$[Ag(NH\ominus_3)_2]^+$解离出的浓度。$[Ag(NH_3)_2]^+$的解离平衡为

$$[Ag(NH_3)_2]^+ \rightleftharpoons Ag^+ + 2NH_3$$

由上述解离平衡可知$[Ag(NH_3)_2]^+$和 NH_3 的平衡浓度分别为

$$c_{eq}\{[Ag(NH_3)_2]^+\}=0.020\text{mol}\cdot\text{L}^{-1}-c_{eq}(Ag^+)\approx0.020(\text{mol}\cdot\text{L}^{-1})$$

$$c_{eq}(NH_3)=(1.0-2\times0.020)\text{mol}\cdot\text{L}^{-1}+2c_{eq}(Ag^+)\approx0.96(\text{mol}\cdot\text{L}^{-1})$$

Ag^+的平衡浓度为

$$c_{eq}(Ag^+)=\frac{c_{eq}\{[Ag(NH_3)_2]^+\}}{[c_{eq}(NH_3)]^2\cdot K_s^{\ominus}\{[Ag(NH_3)_2]^+\}}$$

$$=\frac{0.020}{(0.96)^2\times1.67\times10^7}=1.3\times10^9(\text{mol}\cdot\text{L}^{-1})$$

【例 4-7】 计算 298K 时，AgCl 晶体在 6.0mol · L^{-1} NH_3 溶液中的溶解度。

解： AgCl 晶体溶于 NH_3 溶液的反应为

$$AgCl(s)+2NH_3(aq) \rightleftharpoons [Ag(NH_3)_2]^+(aq)+Cl\,(aq)^-$$

反应的标准平衡常数为

$$K^{\ominus}=\frac{c_{eq}(Cl^-)\cdot c_{eq}\{[Ag(NH_3)_2]^+\}}{[c_{eq}(NH_3)]^2}=\frac{c_{eq}(Cl^-)\cdot c_{eq}\{[Ag(NH_3)_2]^+\}\cdot c_{eq}(Ag^+)}{[c_{eq}(NH_3)]^2\cdot c_{eq}(Ag^+)}$$

$$= K_s^{\ominus}\{[Ag(NH_3)_2]^+\} \cdot K_{sp}^{\ominus}(AgCl)$$

$$= 1.67\times10^7\times1.8\times10^{-10} = 3.0\times10^{-3}$$

设 AgCl 晶体在 6.0mol · L^{-1} NH_3 溶液中的溶解度为 s，可知 $c_{eq}\{[Ag(NH_3)_2]^+\} = c_{eq}(Cl^-) = s, c_{eq}(NH_3) = 6.0mol\cdot L^{-1}-2s$。将平衡浓度代入标准平衡常数表达式：

$$K^{\ominus} = \frac{c_{eq}\{[Ag(NH_3)_2]^+\} \cdot c_{eq}(Cl^-)}{[c_{eq}(NH_3)]^2} = \frac{s^2}{(6.0-2s)^2} = 3.0\times10^{-3}$$

$$s = 0.30(mol\cdot L^{-1})$$

298K 时，AgCl 晶体在 6.0mol · L^{-1} NH_3 溶液中的溶解度为 0.30mol · L^{-1}。

【例 4-8】 若在含有 2.0mol · L^{-1} NH_3 的 0.10mol · L^{-1} $[Ag(NH_3)_2]^+$溶液中加入少量 NaCl 晶体，使 NaCl 浓度达到 0.0010mol · L^{-1}时，有无 AgCl 沉淀生成。

解：生成 AgCl 沉淀的化学反应为

$$[Ag(NH_3)_2]^+(aq)+Cl(aq)^- \rightleftharpoons 2NH_3(aq)+AgCl(s)$$

该反应的标准平衡常数为

$$K^{\ominus} = \frac{[c_{eq}(NH_3)]^2}{c_{eq}(Cl^-) \cdot c_{eq}\{[Ag(NH_3)_2]^+\}} = \frac{1}{K_s^{\ominus}\{[Ag(NH_3)_2]^+\} \cdot K_{sp}^{\ominus}(AgCl)}$$

$$= \frac{1}{1.67\times10^7\times1.8\times10^{-10}} = 3.3\times10^2$$

生成 AgCl 沉淀反应的反应商为

$$J = \frac{[c(NH_3)]^2}{c(Cl^-) \cdot c\{[Ag(NH_3)_2]^+\}} = \frac{(2.0)^2}{0.0010\times0.10} = 4.0\times10^4$$

由于 $J>K^{\ominus}$，上述反应逆向进行，因此没有 AgCl 沉淀生成。

【例 4-9】 298K 时，$E^{\ominus}(Ag^+/Ag) = 0.799V$，$K_s^{\ominus}\{[Ag(NH_3)_2]^+\} = 1.67\times10^7$。试计算 298K 时电对$[Ag(NH_3)_2]^+/Ag$ 的标准电极电势。

解：298K 时，电对$[Ag(NH_3)_2]^+/Ag$ 的标准电极电势为

$$E\{[Ag(NH_3)_2]^+/Ag\} = E^{\ominus}(Ag^+/Ag) + 0.05916V\times\lg\frac{c_{eq}\{[Ag(NH_3)_2]^+\}}{[c_{eq}(NH_3)]^2K_s^{\ominus}\{[Ag(NH_3)_2]^+\}}$$

标准状态下

$$E\{[Ag(NH_3)_2]^+/Ag\} = E^{\ominus}\{[Ag(NH_3)_2]^+/Ag\},\ c_{eq}(NH_3) = c_{eq}\{[Ag(NH_3)_2]^+\} = 1.0(mol\cdot L^{-1})$$

代入上式得

$$E\{[Ag(NH_3)_2]^+/Ag\} = E^{\ominus}(Ag^+/Ag) - 0.05916V\times\lg K_s^{\ominus}\{[Ag(NH_3)_2]^+\}$$

$$= 0.799V - 0.05916\times\lg 1.67\times10^7 = 0.372V$$

298K 时，电对$[Ag(NH_3)_2]^+/Ag$ 的标准电极电势为 0.372V。

【例 4-10】 298K 时，$K_s^{\ominus}\{[Ag(NH_3)_2]^+\} = 1.67\times10^7$，$K_s^{\ominus}\{[Ag(CN)_2]^-\} = 2.48\times10^{20}$。试判断 298K 时下列配位取代反应进行的方向。

$$[Ag(NH_3)_2]^+ + 2CN^- \rightleftharpoons [Ag(CN)_2]^- + 2NH_3$$

解：298K 时，上述配位取代反应的标准平衡常数为

$$K^{\ominus}=\frac{[c_{eq}(NH_3)]^2 \cdot c_{eq}\{[Ag(CN)_2]^-\}}{[c_{eq}(CN^-)]^2 \cdot c_{eq}\{[Ag(NH_3)_2]^+\}}$$

$$=\frac{c_{eq}\{[Ag(CN)_2]^-\}}{c_{eq}(Ag^+) \cdot [c_{eq}(CN^-)]^2} \cdot \frac{c_{eq}(Ag^+) \cdot [c_{eq}(NH_3)]^2}{c_{eq}\{[Ag(NH_3)_2]^+\}}=\frac{K_s^{\ominus}\{[Ag(CN)_2]^-\}}{K_s^{\ominus}\{[Ag(NH_3)_2]^+\}}$$

$$=\frac{2.48\times10^{20}}{1.67\times10^{7}}=1.49\times10^{13}$$

上述配位取代反应的标准平衡常数很大，则配位取代反应向生成$[Ag(CN)_2]^-$的正反应方向进行。如果在溶液中加入足量的 CN^-，$[Ag(NH_3)_2]^+$可全部转化为$[Ag(CN)_2]^-$。

第三部分　实验内容

实验九　氧化还原反应

1. 必备知识

① 氧化、还原、氧化还原反应、氧化剂与还原剂等基本概念及其氧化剂与还原剂相对强弱的判断。

② 原电池及其原理和构成。

③ 外界因素对氧化还原反应的影响。

④ 重铬酸钾等危险药品正确使用方法。

2. 实验目的

① 加深理解电极电势与氧化还原反应的关系。

② 了解介质的酸碱性对氧化还原反应方向和产物的影响。

③ 了解反应物浓度和温度对氧化还原反应速率的影响。

④ 掌握浓度对电极电势的影响。

⑤ 学习用酸度计测定原电池电动势的方法。

3. 仪器及药品

仪器：酸度计、水浴锅、饱和甘汞电极、锌电极、铜电极、饱和 KCl 盐桥、试管、试管架、蓝色石蕊试纸、砂纸、锌片。

药品：H_2SO_4(2mol · L^{-1})、HAc(1mol · L^{-1})、$H_2C_2O_4$(0.1mol · L^{-1})、H_2O_2(3%)、NaOH(2mol · L^{-1})、$NH_3 \cdot H_2O$(2mol · L^{-1})、KI(0.02mol · L^{-1}、0.1mol · L^{-1})、KIO_3(0.1mol · L^{-1})、KBr(0.1mol · L^{-1})、$K_2Cr_2O_7$(0.1mol · L^{-1})、$KMnO_4$(0.01mol · L^{-1})、$KClO_3$(饱和)、Na_2SiO_3(0.5mol · L^{-1})、Na_2SO_3(0.1mol · L^{-1})、$Pb(NO_3)_2$(0.5mol · L^{-1}、1mol · L^{-1})、$FeSO_4$(0.1mol · L^{-1})、$FeCl_3$(0.1mol · L^{-1})、$CuSO_4$(0.005mol · L^{-1})、$ZnSO_4$(1mol · L^{-1})、淀粉溶液、$(NH_4)_2Fe(SO_4)_2$(0.1mol · L^{-1})、$AgNO_3$(0.1mol · L^{-1})、KSCN(0.1mol · L^{-1})。

4. 实验步骤

(1) 比较电对 $E^{\ominus}$值的相对大小(演示实验)

① 0.02mol · L^{-1} KI 溶液与 0.1mol · L^{-1} $FeCl_3$ 溶液反应，加入淀粉试液。

② 0.1mol·L^{-1} KBr 溶液与 0.1mol·L^{-1} $FeCl_3$ 溶液混合。

现象：步骤①溶液变蓝色；步骤②没有现象。

反应式：$2Fe^{3+}+2I^- \longrightarrow 2Fe^{3+}+I_2$

结论：$E^{\ominus}(Br_2/Br^-)>E^{\ominus}(Fe^{3+}/Fe^{2+})>E^{\ominus}(I_2/I^-)$，最强的氧化剂为 Br_2，最强还原剂 I^-。

注意事项：步骤①如果观察到溶液的颜色为类似黑色的颜色，将溶液稀释后就可以看到蓝色了。

③ 在酸性介质中，0.02mol·L^{-1} KI 与 3%的 H_2O_2 反应，加入淀粉试液。

④ 在酸性介质中，0.01mol·L^{-1} $KMnO_4$ 溶液与 3%的 H_2O_2 的反应。

现象：步骤③溶液变蓝；步骤④$KMnO_4$ 紫红色褪去。

反应式：$2I^-+H_2O_2+2H^+ \longrightarrow I_2\downarrow+2H_2O$

$2MnO_4^-+5H_2O_2+6H^+ \longrightarrow 2Mn^{2+}+5O_2\uparrow+8H_2O$

结论：步骤③说明 $E^{\ominus}(H_2O_2/H_2O)>E^{\ominus}(I_2/I^-)$，步骤④说明 $E^{\ominus}(MnO_4^-/Mn^{2+})>E^{\ominus}(H_2O_2/H_2O)$。同时也可以说明 H_2O_2 既可以做氧化剂，又可做还原剂。

注意事项：步骤④$KMnO_4$ 用量要少点，而 H_2O_2 要多点，否则观察不到紫红色褪去。

⑤ 在酸性介质中，0.1mol·L^{-1} $K_2Cr_2O_7$ 溶液与 0.1mol·L^{-1} $NaSO_3$ 溶液的反应。写出反应方程式。

⑥ 在酸性介质中，0.1mol·L^{-1} $K_2Cr_2O_7$ 溶液与 0.1mol·L^{-1} $FeSO_4$ 溶液的反应。写出反应方程式。

现象：步骤⑤和步骤⑥黄橙色褪去。

反应方程式：$C_2O_7^{2-}+3SO_3^{2-}+8H^+ = 2Cr^{3+}+3SO_4^{2-}+4H_2O$

$Cr_2O_7^{2-}+6Fe^{2+}+14H^+ = 2Cr^{3+}+Fe^{3+}+7H_2O$

结论：步骤⑤说明 $E^{\ominus}(Cr_2O_7{}^{2-}/Cr^{3+})>E^{\ominus}(SO_4{}^{2-}/SO_3{}^{2})$；

步骤⑥说明 $E^{\ominus}(Cr_2O_7{}^{2-}/Cr^{3+})>E^{\ominus}(Fe^{3+}/Fe^{2+})$。

注意事项：

重铬酸钾废液要收集处理，不能随意排放，否则污染环境；$NaSO_3$ 和 $FeSO_4$ 要过量，这样实验现象才明显。

（2）介质的酸碱性对氧化还原反应产物及反应方向的影响(学生实验)

① 介质的酸碱性对氧化还原反应产物的影响：在点滴板的 3 个孔穴中各滴入 1 滴 0.01mol·L^{-1} $KMnO_4$ 溶液，然后分别加入 1 滴 2mol·L^{-1} H_2SO_4 溶液，1 滴 H_2O 和 1 滴 2mol·L^{-1} NaOH 溶液，最后再分别滴入 0.1mol·L^{-1} $NaSO_3$ 溶液。观察现象，写出反应方程式。

② 溶液的 pH 对氧化还原反应方向的影响：将 0.1mol·L^{-1} KIO_3 溶液与 0.1mol·L^{-1} KI 溶液混合，观察有无变化。再滴入几滴 2mol·L^{-1} H_2SO_4 溶液，观察有何变化。再加入 2mol·L^{-1} NaOH 溶液使用溶液呈碱性，观察又有何变化。写反应方程式并解释。

（3）浓度、温度对氧化还原反应速率的影响

① 浓度对氧化还原反应速率的影响：在两支试管中分别加入 3 滴 0.05mol·L^{-1} $Pb(NO_3)_2$溶液和 3 滴 1mol·L^{-1} $Pb(NO_3)_2$ 溶液，各加入 30 滴 1mol·L^{-1} HAc 溶液，混匀后，再逐滴加入 0.5mol·L^{-1} Na_2SiO_3 溶液 26~28 滴，摇匀，用蓝色石蕊试纸检查溶液仍呈酸性。在 90℃水浴中加热至试管中出现乳白色透明凝胶，取出试管，冷却至室温，在两支试管中同时插入表面积相同的锌片，观察两支试管中“铅树”生长速率的快慢，并解释。

② 温度对氧化还原反应速率的影响：在 A、B 两支试管中各加入 1mL 0.01mol · L^{-1} $KMnO_4$ 溶液和 3 滴 2mol · L^{-1} H_2SO_4 溶液；在 C、D 两支试管中各加入 1mL 0.1mol · L^{-1} $H_2C_2O_4$ 溶液，将 A，C 两试管放在水浴中加热几分钟后取出，同时将 A 中溶液倒入 C 中，将 B 中溶液倒入 D 中，观察 C、D 两试管中的溶液哪一个先褪色，并解释。

（4）浓度对电极电势的影响

① 在 50mL 烧杯中加入 25mL 1mol · L^{-1} $ZnSO_4$ 溶液，插入饱和甘汞电极和用砂纸打磨过的锌电极，组成原电池。将甘汞电极与 pH 计的"+"极相连，锌电极与"-"极相接。将 pH 计的 pH-mV 开关扳向"mV"档，量程开关扳向 0~7，用零点调节器调零点。将量程开关扳到 7~14，按下读数开关，测原电池的电动势 $E_{MF}(1)$。已知饱和甘汞电极的 $E=0.2415V$，计算 $E(Zn^{2+}/Zn)$（虽然本实验所用的溶液为 1.0mol · L^{-1}，但由于温度、活度因子等因素的影响，所测数值并非-0.763V）。

② 在另一个 50mL 烧杯中加入 25mL 0.05mol · L^{-1} $CuSO_4$ 溶液，插入铜电极，与①中的锌电极组成原电池，两烧杯间用饱和 KCl 盐桥相接，将铜电极接"+"极，锌电极接"-"极，用 pH 计测量原电池的电动势 $E_{MF}(2)$，试算 $E(Cu^{2+}/Cu)$ 和 $E^{\ominus}(Cu^{2+}/Cu)$。

③ 向 0.005mol · L^{-1} $CuSO_4$ 溶液中滴入过量 2mol · L^{-1}氨水到生成深蓝色透明溶液，再测定原电池电动势 $E_{MF}(3)$，并计算 $E([Cu(NH_3)_4]^{2+}/Cu)$。

比较两次测得铜-锌原电池的电动势和铜电极的电势大小，能得出什么结论？

【拓展实验】

用溶液 0.1mol · L^{-1} $(NH_4)_2Fe(SO_4)_2$、碘水、0.1mol · L^{-1} $AgNO_3$ 溶液、0.1mol · L^{-1} KSCN 溶液，设计一个实验，验证沉淀生成对氧化还原反应的影响。

【提示】通过生成沉淀，降低某一离子溶液，使 $E(I_2/I^-)$ 增高

注意事项：$K_2Cr_2O_7$ 是一种有毒且有致癌性的强氧化剂，反复或长期接触，可发生慢性上呼吸道炎、铬鼻病、接触性皮炎、皮疹，对肝、肾也有损害，可引起血液系统改变。发生肺癌的潜伏期为 10~20 年。所以对其使用要小心，尽量少接触，并且实验后的废液要收集起来，交专门机构处理，不能直接排放。

实验十　硫代硫酸钠的制备

1. 必备知识

① 溶液的蒸发浓缩；

② 试管的操作。

2. 实验目的

① 了解亚硫酸铵法制备硫代硫酸钠的原理和制备方法。

② 学习硫代硫酸钠的检验方法。

3. 器材及药品

本实验为综合设计实验，器材及药品自己归纳准备。

4. 实验步骤

（1）硫代硫酸钠的制备

① 将 100mL 蒸馏水盖上表面皿加热煮沸片刻，制得去离子水。

② 5.04g Na_2SO_3 于 100mL 烧杯中，加 16mL 去离子水，10 滴无水乙醇，1.32g 硫粉(加少许玻璃棉)。小火加热煮沸至大部分硫粉溶解(为防止硫挥发，可在烧杯上盖上盛满冷水的蒸发皿，定期换冷水)，加 1g 活性炭脱色，趁热过滤，保留滤液。

③ 蒸发浓缩至析出晶体，冷却至室温，减压过滤。

④ 尽量抽干，用无水乙醇洗涤晶体，抽干，称重，计算产率。

⑤ 保留少量产品做鉴定用，其余回收。

(2) 定性检验 $S_2O_3^{2-}$

① 硫代硫酸根 $S_2O_3^{2-}$ 性质一，在酸性条件下能发生歧化反应：

$$2H^+ + S_2O_3^{2-} = S\downarrow + SO_2\uparrow + H_2O$$

鉴定方法：向溶液中加盐酸，如果有黄色沉淀，并生成无色有刺激性气体，此气体能使品红溶液褪色，该溶液中一定有硫代硫酸根离子。

② 硫代硫酸根 $S_2O_3^{2-}$ 性质二，将硝酸银直接滴入由产品配制的溶液中，如果溶液由白变黄，再变棕色，最后变成黑色，这就证明里面是含有硫代硫酸根。

因为硫代硫酸银沉淀很不稳定，遇到水很快就发生水解，最后水解主物是黑色硫化银。化学方程式为

$$2Ag^+ + S_2O_3^{2-} = Ag_2S_2O_3$$

$$Ag_2S_2O_3 + H_2O = Ag_2S + H_2SO_4$$

5. 误差分析

① 反应原料硫粉溶解的量不够充分，导致产品的量少。

② 在煮沸过程中，时间把握不够，反应不完全就停止加热沸腾，导致产品的量少。

③ 蒸发和过滤的过程中，损耗大，影响样品的收集，导致产品的量少。

6. 注意事项

① 蒸发浓缩时，速度太快，产品易于结块；速度太慢，产品不易形成结晶。

② 反应中的硫黄用量已是过量，无须多加。

③ 实验过程中，浓缩液终点不易观察，有晶体出现即可停止加热浓缩。

④ 反应过程中，应不时地将烧杯壁上的硫粉也搅拌入反应溶液中。

⑤ 注意保持反应液的体积不宜过少。

7. 有关反应

制备硫代硫酸钠可由以下三步进行：

$$Na_2CO_3 + SO_2 = Na_2SO_3 + CO_2$$

$$2Na_2S + 3SO_2 = 2Na_2SO_3 + 3S$$

$$Na_2SO_3 + S = Na_2S_2O_3$$

总反应：　$2Na_2S + Na_2CO_3 + 4SO_2 = 3Na_2S_2O_3 + CO_2$

本实验利用第三步反应制备硫代硫酸钠：$Na_2SO_3 + S = Na_2S_2O_3$

实验十一　配位化合物的生成及性质研究

1. 必备知识

① 预习电动离心机的使用方法和固液分离操作(见 1-14 离心分离)。

② 预习配合物的组成和稳定性、配位平衡与酸碱平衡、氧化还原平衡、沉淀-溶解平衡的关系。

2. 实验目的

① 加深理解配合物的组成和稳定性，了解配合物形成时的特征。

② 加深理解配位平衡与酸碱平衡、氧化还原平衡、沉淀-溶解平衡的关系。

③ 初步学习利用沉淀反应和配位溶解的方法分离常见混合阳离子。

3. 器材与药品

器材：点滴板、试管、试管架、电动离心机、pH 试纸。

药品：$FeCl_3$（0.1mol·L^{-1}）、KSCN（25%和 0.1mol·L^{-1}）、NaF（0.1mol·L^{-1}）、$K_3[Fe(CN)_6]$（0.1mol·L^{-1}）、$NH_4Fe(SO_4)_2$（0.1mol·L^{-1}）、$CuSO_4$（0.1mol·L^{-1}）、NH_3（2mol·L^{-1}和 6mol·L^{-1}）、H_2O、NaOH（2mol·L^{-1}）、$BaCl_2$（0.1mol·L^{-1}）、$NiSO_4$（0.1mol·L^{-1}）、丁二酮肟、NaCl（0.1mol·L^{-1}）、KBr（0.1mol·L^{-1}）、KI（2mol·L^{-1}和 1mol·L^{-1}）、$AgNO_3$（0.1mol·L^{-1}）、$Na_2S_2O_3$（0.1mol·L^{-1}）、$CaCl_2$（0.1mol·L^{-1}）、Na_2H_2Y（0.1mol·L^{-1}）、$CoCl_2$（0.1mol·L^{-1}和 2mol·L^{-1}）、$Fe_2(SO_4)_3$（0.2mol·L^{-1}）、3%的 H_2O_2、$Fe_2(SO_4)_3$（0.2mol·L^{-1}）、HCl（6mol·L^{-1}）、NH_4F（0.5mol·L^{-1}）、丙酮。

4. 实验步骤

（1）配合物的形成和结构特点

① 在 2 滴 0.1mol·L^{-1} $FeCl_3$ 溶液中加 1 滴 0.1mol·L^{-1} KSCN 溶液，观察现象，再加入 0.1mol·L^{-1} NaF 溶液，观察现象，写出有关反应方程式。

② 在 0.1mol·L^{-1} $K_3[Fe(CN)_6]$溶液和 0.1mol·L^{-1} $NH_4Fe(SO_4)_2$ 溶液中分别滴加 0.1mol·L^{-1} KSCN 溶液，观察现象。

③ 在 0.1mol·L^{-1} $CuSO_4$ 溶液中滴加 6mol·L^{-1} $NH_3.H_2O$ 至过量，然后将溶液分为 2 份，分别加入 2mol·L^{-1} NaOH 溶液和 0.1mol·L^{-1} $BaCl_2$ 溶液，观察现象，写出有关反应方程式。

④ 在 2 滴 0.1mol·L^{-1} $NiSO_4$ 溶液中逐滴加入 6mol·L^{-1} $NH_3·H_2O$，观察现象，然后再加入 2 滴丁二酮肟试剂，观察生成物颜色和状态。

根据上述实验小结配合物结构特点。

（2）配位平衡和沉淀-溶解平衡的关系

① 在 3 支试管中分别加入 3 滴 0.1mol·L^{-1} NaCl 溶液，3 滴 0.1mol·L^{-1} KBr 溶液，3 滴 0.1mol·L^{-1} KI 溶液，再各加入 3 滴 0.1mol·L^{-1} $AgNO_3$ 溶液，观察沉淀的颜色。离心分离，弃去清液。在沉淀中再分别加入 2mol·L^{-1} $NH_3·H_2O$，0.1mol·L^{-1} $Na_2S_2O_3$ 溶液，2mol·L^{-1} KI 溶液，振荡试管，观察沉淀的溶解，写出有关反应方程式。

② 在试管中加入 3 滴 0.1mol·L^{-1} $AgNO_3$ 溶液，滴加 0.1mol·L^{-1} NaCl 溶液，观察现象；在滴加 6mol·L^{-1} $NH_3·H_2O$ 至沉淀溶解后，再滴加 0.1mol·L^{-1} KBr 溶液，观察现象；然后滴加 0.1mol·L^{-1} $Na_2S_2O_3$，至沉淀刚好溶解，然后，滴加 0.1mol·L^{-1} KI，观察现象，写出有关反应方程式。用 $K_{sp}^{\ominus}$与 $K_s^{\ominus}$加以说明。

（3）配位平衡和酸碱平衡的关系

取一条完整的 pH 试纸，在它的一端滴上半滴 0.1mol·L^{-1} $CaCl_2$ 溶液，记下被 $CaCl_2$ 溶液浸润处的 pH 值，待 $CaCl_2$ 溶液不再扩散时，在距离 $CaCl_2$ 溶液扩散边缘 0.5~1.0cm 干试纸处滴上半滴 0.1mol·L^{-1} Na_2H_2Y 溶液，待 Na_2H_2Y 溶液扩散到 $CaCl_2$ 溶液区形成重叠时，记下重叠与未重叠处的平 pH。说明 pH 变化的原因，写出有关反应方程式。

(4) 配位平衡和氧化还原平衡的关系

① 在 0.1mol·L^{-1} $CoCl_2$ 溶液中，滴加 3%的 H_2O_2，观察现象。

② 在 0.1mol·L^{-1} $CoCl_2$ 溶液中加几滴 1mol·L^{-1} NH_4Cl 溶液，再滴加 6mol·$L^{-1}$$NH_3$·$H_2O$，观察现象。然后滴加 3%的 H_2O_2，观察溶液颜色变化，写出有关反应方程式。

由上述①和②两个实验能得出什么结论？

(5) 配位平衡与配位取代反应

① 取几滴 0.2mol·L^{-1} $Fe_2(SO_4)_3$，加入几滴 6mol·L^{-1} HCl 溶液，观察现象，再加 5 滴 0.1mol·L^{-1} KSCN 溶液，观察现象，然后在滴加 0.5mol·L^{-1} NH_4F 至溶液颜色完全褪去。由溶液颜色的变化比较几种配离子的稳定性。

② 取几滴 2mol·L^{-1} $CoCl_2$ 溶液，滴加 25%的 KSCN 溶液，加入少量丙酮，观察颜色变化，再加 1 滴 0.2mol·L^{-1} $Fe_2(SO_4)_3$，观察溶液颜色变化。比较 Co^{2+} 与 Fe^{3+} 与 SCN^- 生成配离子的相对稳定性。根据查表得到的 $K_s^\ominus$ 求取代反应的平衡常数 $K^\ominus$

5. 思考题

① 比较$[FeCl_4]^-$、$[Fe(NCS)_6]^{3-}$、$[FeF_6]^{3-}$的稳定性。

② 比较$[Ag(NH_3)_2]^+$、$[Ag(S_2O_3)_2]^+$和$[AgI_2]^+$的稳定性。

③ 试计算 0.1mol·$L^{-1}$$Na_2H_2Y$ 溶液的 pH 值。

第四部分 思考题与习题

思 考 题

思考题 4-1 什么叫氧化值？确定氧化值的规则有哪些？

思考题 4-2 下列物质中，哪些物质只能作氧化剂？哪些物质只能作还原剂？哪些物质既能作氧化剂又能作还原剂？

Na_2S $HClO_4$ $KMnO_4$ $FeSO_4$ Na_2SO_3 Zn HNO_2 H_2O_2 I_2

思考题 4-3 离子-电子法配平氧化还原方程式的原则是什么？其主要配平步骤有哪些？

思考题 4-4 将下列氧化还原反应设计成原电池，写出原电池符号：

① $Ag^+(aq)+Fe^{2+}(aq)=Ag(s)+Fe^{3+}(aq)$；

② $Cd(s)+Cu^{2+}(aq)=Cd^{2+}(aq)+Cu(s)$；

③ $5Fe^{2+}(aq)+MnO_4^-(aq)+8H^+(aq)=5Fe^{3+}(aq)+Mn^{2+}(aq)+4H_2O(l)$。

思考题 4-5 怎样利用组成原电池的两个电极的电极电势来判断原电池的正极和负极？

思考题 4-6 标准电极电势的正、负号是怎样确定的？

思考题 4-7 判断氧化还原反应方向的原则是什么？在什么情况下必须用电极电势？在什么情况下可以用标准电极电势？

思考题 4-8 根据下列反应，判断 Br^2/Br^-、I_2/I^- 和 Fe^{3+}/Fe^{2+} 三个电对的电极电势的相对大小：

$$2I^- + 2Fe^{3+} = I_2 + 2Fe^{2+}$$

$$Br_2 + 2Fe^{2+} = 2Br^- + 2Fe^{3+}$$

思考题 4-9 分别向铜-锌原电池中的铜半电池或锌半电池中滴加氨水，原电池的电动势发生怎样变化？

思考题 4-10 判断氧化还原反应进行限度的原则是什么？如何根据两个电对的电极电势计算氧化还原反应的标准平衡常数？

思考题 4-11 什么叫元素电势图？它有何主要用途？

思考题 4-12 什么叫歧化反应？如何判断歧化反应能否发生？

思考题 4-13 配合物与简单化合物的区别是什么？

思考题 4-14 什么是配体、配位原子和配位数？

思考题 4-15 什么叫单齿配体和多齿配体？

思考题 4-16 简述配合物价键理论的要点，并运用价键理论说明 $[FeF_6]^{3-}$ 和 $[Fe(CN)_6]^{3-}$ 的形成及空间构型。

思考题 4-17 中心原子的杂化类型与配位个体的空间构型的关系如何？

思考题 4-18 判别内轨配合物与外轨配合物的依据是什么？

思考题 4-19 螯合物的结构上有何特征？螯合物与一般配合物有何不同？

思考题 4-20 当金属离子形成配位个体后，该金属离子与金属单质组成的电对的电极电势将发生什么变化？为什么？

思考题 4-21 顺铂是一种抗癌药物，其化学名称为顺二氯·二氨合铂(Ⅱ)。由顺铂的名称推测它的空间构型和中心原子的杂化方式，并写出其结构式。

思考题 4-22 试从 Cr^{3+} 的电子组态推测 Cr^{3+} 能否形成八面体外轨配位个体，为什么？

思考题 4-23 试利用配合物的价键理论，解释内轨配位个体 $[Co(CN)_6]^{4-}$ 在空气中易氧化成内轨配位个体 $[Co(CN)_6]^{3-}$ 的原因。

思考题 4-24 判断下列说法是否正确：

① 配合物均由内界和外界两部分组；

② 只有金属离子才能作为配位个体的中心原子；

③ 配位个体中配体的数目就是中心原子的配位数；

④ 配位个体的电荷数等于中心原子的氧化值；

⑤ 外轨配合物的磁矩一定比内轨配合物的磁矩大。

思考题 4-25 有三种组成相同的配合物，化学式均为 $CrCl_3 \cdot 6H_2O$，但是它们的颜色各不相同。加入 $AgNO_3$ 溶液后，亮绿色者有 2/3 的 Cl^- 沉淀析出；暗绿色者能析出 1/3 的 Cl^-；紫色者能沉淀全部的 Cl^-。Cr 的配位数是 6，试分别写出这三种配合物的结构式。

思考题 4-26 在 $[Zn(NH_3)_4]SO_4$ 溶液中，存在下述配位平衡：

$$[Zn(NH_3)_4]^{2+} \rightleftharpoons Zn^{2+} + 4NH_3$$

分别向溶液中加入少量硝酸、氨水、K_2S 溶液、NaCN 溶液和 $CuSO_4$ 溶液。上述平衡发生怎样移动？

习　题

习题 4-1　查出下列电对的 298K 时的标准电极电势，判断在 298K、标准状态下哪一种物质是最强的氧化剂？

Zn^{2+}/Zn　Fe^{3+}/Fe^{2+}　Ag^{+}/Ag　Cu^{2+}/Cu　I_2/I^-　Ni^{2+}/Ni　Ce^{4+}/Ce^{3+}

答案：在 298K、标准状态下最强的氧化剂是 Ce^{4+}

习题 4-2　用离子-电子法配平下列氧化还原反应方程式：

① $KMnO_4+K_2SO_3+H_2O \longrightarrow MnO_2+K_2SO_4+KOH$；

② $AgNO_3+Cu \longrightarrow Cu(NO_3)_2+Ag$；

③ $K_2Cr_2O_7+FeSO_4+H_2SO_4 \longrightarrow Cr_2(SO_4)_3+Fe_2(SO_4)_3+H_2O$；

④ $Na_2S_2O_3+I_2 \longrightarrow Na_2S_4O_6+NaI$；

⑤ $Cu+HNO_3 \longrightarrow Cu(NO_3)_2+NO\uparrow+H_2O$。

答案：略

习题 4-3　计算下列电极反应在 298K 时的电极电势：

① $Fe^{3+}(0.10mol \cdot L^{-1})+e^- \rightleftharpoons Fe^{2+}(0.010mol \cdot L^{-1})$；

② $Hg_2Cl_2(s)+2e^- \rightleftharpoons 2Hg(l)+2Cl^-(0.010mol \cdot L^{-1})$；

③ $Cl_2(50kPa)+2e^- \rightleftharpoons 2Cl^-(0.10mol \cdot L^{-1})$。

答案：①0.828V；②0.3863V；③1.410V

习题 4-4　在 298K 时，把铜片插入 $0.10mol \cdot L^{-1}$ $CuSO_4$ 溶液中，把银片插入 $0.10mol \cdot L^{-1}$ $AgNO_3$ 溶液中组成原电池。

① 写出该原电池的电池符号；

② 写出该原电池的电极反应和电池反应；

③ 计算 298K 时该原电池的电动势。

答案：①略；②略；③0.430V

习题 4-5　有如下原电池：

$(-)Pt, H_2(50kPa) \mid H^+(0.50mol \cdot L^{-1}) \parallel Sn^{4+}(c^{\ominus}), Sn^{2+}(0.50mol \cdot L^{-1}) \mid Pt(+)$

① 写出该原电池的电极反应；

② 写出该原电池的电池反应；

③ 计算 298K 时该原电池的电动势；

④ 当 $E=0$ 时，若 $P_{eq}(H_2)$ 和 $C_{eq}(H^+)$ 仍与反应开始时相等，则 $C_{eq}(Sn^{4+})/C_{eq}(Sn^{2+})$ 为多少？

答案：①略；②略；③0.172V；④$C_{eq}(Sn^{4+})/C_{eq}(Sn^{2+})$ 为 3.2×10^{-6}

习题 4-6　利用 298K 时电对的标准电极电势，回答下列问题：

① I_2 能否将 Mn^{2+} 氧化为 MnO_2？

② 在酸性溶液中，$KMnO_4$ 能否将 Fe^{2+} 氧化为 Fe^{3+}？

③ Sn^{2+} 能否将 Fe^{3+} 还原为 Fe^{2+}？

④ Sn^{2+} 能否将 Fe^{2+} 还原为 Fe？

答案：①I_2 不能将 Mn^{2+} 氧化为 MnO_2；②在酸性溶液中，$KMnO_4$ 能将 Fe^{2+} 氧化为 Fe^{3+}；③Sn^{2+} 能将 Fe^{3+} 还原为 Fe^{2+}；④Sn^{2+} 不能将 Fe^{2+} 还原为 Fe

习题 4-7 298K 时，$E^{\ominus}(Cl_2/Cl^-)=1.360V$，$E^{\ominus}(MnO_2/Mn^{2+})=1.229V$。试判断下列氧化还原反应：

$$MnO_2(s)+4HCl(eq)=\!=\!=MnCl_2(eq)+Cl_2(g)+2H_2O(l)$$

在 298K、标准状态下能否自发进行。这与实验室制备氯气的方法是否矛盾？为什么？

答案：在 298K、标准状态下不能自发进行，这与实验室制备氯气的方法不矛盾

习题 4-8 某混合溶液中含 Cl^-、Br^-和 I^-三种离子，欲使 I^-氧化成 I_2，而又不使 Br^-和 Cl^-被氧化。在常用的氧化剂 $Fe_2(SO_4)_3$ 和 $KMnO_4$ 中，选择哪一种能符合上述要求？

答案：$Fe_2(SO_4)_3$符合要求

习题 4-9 298K 时，把锌片插入 $1.0mol\cdot L^{-1}$ $Zn(NO_3)_2$ 溶液中，把铅片插入 Cl^-浓度为 $1.0mol\cdot L^{-1}$的饱和 $PbCl_2$ 溶液中组成原电池，测得该原电池的电动势为 0.49V。试计算 298K 时 $PbCl_2$ 的标准溶度积常数。

答案：$K_{sp}^{\ominus}(PbCl_2)=1.2\times10^{-5}$

习题 4-10 现有下列原电池：

$(-)Pt, H_2(100kpa) \mid HA(0.50mol\cdot L^{-1}) \parallel Cl^-(1.0mol\cdot L^{-1}) \mid AgCl, Ag(+)$

在 298K 时测得该原电池的电动势为 0.568V，计算一元弱酸 HA 的标准解离常数。

答案：$K_a^{\ominus}(HA)=4.1\times10^{-12}$。

习题 4-11 已知下列氧化还原反应：

$$Ag^+(aq)+Fe^{2+}(aq)\rightleftharpoons Ag(s)+Fe^{3+}(aq)$$

① 计算 298K 时该氧化还原反应的标准平衡常数；

② 如果在 $0.10mol\cdot L^{-1}$ Fe^{2+}溶液中加入 $AgNO_3$，使 $C_{eq}(Ag^+)=1.0mol\cdot L^{-1}$，试计算 Fe^{3+}平衡浓度。

③ 当 Fe^{3+}、Fe^{2}、和 Ag^+的浓度分别是 $1.0mol\cdot L^{-1}$、$0.10mol\cdot L^{-1}$和 $0.10mol\cdot L^{-1}$时，判断该氧化还原反应自发进行的方向。

答案：①$K^{\ominus}=3.2$；②$c_{eq}(Fe^{3+})=0.076mol\cdot L^{-1}$；③反应逆向进行

习题 4-12 298K 时，$E^{\ominus}(MnO_4^-/Mn^{2+})=1.512V$，$E^{\ominus}(Cl_2/Cl^-)=1.360V$。

① 在 298K 时把 MnO_4^-/Mn^{2+}和 Cl_2/Cl^-两个电极组成原电池，计算该原电池的标准电动势；

② 计算当 H^+浓度为 $0.10mol\cdot L^{-1}$，其他离子浓度均为 $1.0mol\cdot L^{-1}$，Cl_2 的分压为 100kPa 时该原电池的电动势；

③ 计算 298K 时该原电池所对应的氧化还原反应的标准平衡常数。

答案：①0.152V；②0.057V；③$K^{\ominus}=4.9\times10^{25}$

习题 4-13 298K 时，锰在酸性溶液中的元素电势($E_a^{\ominus}/V$)图为

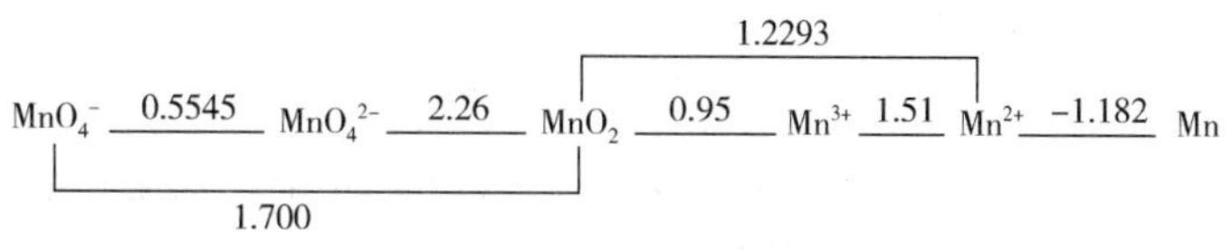
1.2293
MnO4- 0.5545 MnO42- 2.26 MnO2 0.95 Mn3+ 1.51 Mn2+ -1.182 Mn
1.700

① 上述六种离子和物质中，哪些可以发生歧化反应？写出歧化反应式。

② 在酸性介质中，哪些是比较稳定的？

答案：①在酸性介质中，MnO_4^{2-}和 Mn^{3+}可以歧化反应，歧化反应方程式略；
②在酸性介质中，比较稳定的是 Mn^{2+}

习题 4-14 指出下列配合物的内界、外界、中心原子、配体、配位原子和中心原子的配位数：

① $[Co(NH_3)_6]_2(SO_4)_3$ ②$Na_2[SiF_6]$

③ $K_2[Pt(CN)_4(NO_2)_2]$ ④$[Fe(CO)_5]$

答案：①$[Co(NH_3)_6]^{3+}$、$SO_4{}^{2-}$、Co^{3+}、NH_3、N、6；

②$[SiF_6]^{2-}$、Na^+、Si^{4+}、F^-、6；

③$[Pt(CN)_4(NO_2)_2]^{2-}$、K^+、Pt^{4+}、(CN^-，NO_2^-)、(C，N)、6；

④$[Fe(CO)_5]$、无外界、Fe、CO、C、5

习题 4-15 命名下列配合物：

① $K_3[Co(NCS)_6]$ ②$K_2[Hg(CN)_4]$

③ $[Ni(en)_2]SO_4$ ④$[Co(ONO)_2(NH_3)_2(H_2O)_2]Cl$

⑤ $[CrCl(H_2O)_5]Cl_2$ ⑥$[PtNH_2NO_2(NH_3)_2]$

答案：①六(异硫氢根)合钴(Ⅲ)酸钾；②四氰合汞(Ⅱ)酸钾；

③硫酸二(乙二胺)合镍(Ⅱ)；④氯化二亚硝酸根·二氨·二水合钴(Ⅲ)；

⑤二氯化一氯·五水合铬(Ⅲ)；⑥氨基·硝基·二氨合铂(Ⅱ)

习题 4-16 写出下列配合物的化学式：

① 二氯·四(异硫氰酸根)合铬(Ⅲ)酸铵；

② 三硝基·三氨合钴(Ⅲ)；

③ 硫酸三(乙二胺)合铬(Ⅲ)；

④ 六氰合铁(Ⅱ)酸钾；

⑤ 氨基·硝基·二氨合铂(Ⅱ)；

⑥ 氯化二氯·三氨·水合钴(Ⅲ)。

答案：①$(NH_3)_3[CrCl_2(NCS)_4]$；②$[Co(NO_2)_3(NH_3)_3]$；③$[Cr(en)_3]_2(SO_4)_3$；④$K_4[Fe(CN)_6]$；⑤$[Pt(NH_2)(NO_2)(NH_3)_2]$；⑥$[CoCl_2(NH_3)_3H_2O]Cl$

习题 4-17 已知$[Co(CN)_6]^{3-}$的磁矩为零，试判断该配离子的空间构型和中心原子的杂化方式。

答案：八面体形；d^2sp^3

习题 4-18 根据实验测得的磁矩，判断下列配位个体的中心原子的杂化类型和空间构型。

① $[Fe(CN)_6]^{3-}$，$\mu=2.3\mu B$；

② $[FeF_6]^{3-}$，$\mu=5.9\mu B$；

③ $[Ni(NH)_4]^{2+}$，$\mu=3.2\mu B$；

④ $[Co(NH_3)_6]^{3+}$，$\mu=0\mu B$；

⑤ $[CuCl_4]^{3-}$，$\mu=0\mu B$。

答案：①d^2sp^3，八面体形；②sp^3d^2，八面体形；sp^3，四面体形；④d^2sp^3，八面体形；⑤sp^3，四面体形

习题 4-19 计算下列反应的标准平衡常数，并判断反应进行的方向：

① $[Ag(NH_3)_2]^+ + 2S_2O_3^{2-} \rightleftharpoons [Ag(S_2O_3)_2]^{3-} + 2NH_3$；

② $[HgCl_4]^{2-} + 4I^- \rightleftharpoons [HgI_4]^{2-} + 4Cl^-$；

③ $[Co(CN)_6]^{3-}+6NH_3 \rightleftharpoons [Co(NH_3)_6]^{3+}+6CN^-$。

答案：①$K^{\ominus}=1.7\times10^6$，正向进行；

②$K^{\ominus}=4.32\times10^{14}$，正向进行；③$K^{\ominus}=1.6\times10^{-29}$，逆向进行

习题 4-20 计算 298K 时，0.10mol·L^{-1}游离 $Na_2S_2O_3$ 在 0.010mol·L^{-1}$[Ag(S_2O_3)_2]^{3-}$溶液中 $S_2O_3^{2-}$、$[Ag(S_2O_3)_2]^{3-}$和 Ag^+的平衡浓度。

答案：$C_{eq}(S_2O_3{}^{2-})=0.10$mol·L^{-1}；$C_{eq}\{[Ag(S_2O_3)_2]^{3-}\}=0.010$mol·L^{-1}；

$C_{eq}(Ag^+)=3.4\times10^{-14}$mol·L^{-1}

习题 4-21 298K 时，$[Cu(edta)]^{2-}$和$[Cu(en)_2]^{2+}$的标准稳定常数分别为 6.3×10^{18}和 4.0×10^{19}，从标准稳定常数大小能否说明$[Cu(en)_2]^{2+}$的稳定性大于$[Cu(edta)]^{2-}$？为什么？

答案：不能，原因略

习题 4-22 298K 时，在 0.10mol·L^{-1}$[Zn(NH_3)_4]^{2+}$溶液中，通入 H_2S 气体至 S^{2-}浓度为 1.0×10^{-10}mol·L^{-1}，是否有 ZnS 沉淀析出？

答案：有 ZnS 沉淀生成；原因：略

习题 4-23 298K 时，将 0.10mol $AgNO_3$ 溶于 1L 1.0mol·L^{-1} NH_3 溶液中。

(1)若再溶入 0.10mol·L^{-1} NaCl 时，有无 AgCl 沉淀生成？

(2)如果用 NaBr 代替 NaCl 时，有无 AgBr 沉淀生成？

(3)如有 KI 代替 NaCl，则最少需加入多少 KI 才有 AgI 沉淀析出？

答案：①无 AgCl 沉淀生成；②有 AgBr 沉淀生成；

③如有 KI 代替 NaCl，则最少需加入 1.5×10^{-6}g KI 才有 AgI 沉淀析出

习题 4-24 298K 时，1.0L 某 NH_3 溶液恰好溶解了 0.020mol AgCl 晶体，此 NH_3 溶液的浓度为多少？

答案：$C(NH_4{}^+)=0.41$mol·L^{-1}

习题 4-25 298K 时，$E^{\ominus}(Cu^{2+}/Cu)=0.3391$V，$K_s^{\ominus}([Cu(NH_3)_4]^{2+})=2.3\times10^{12}$。试计算 298K 时电对$[Cu(NH_3)_4]^{2+}/Cu$ 的标准电极电势，根据计算数据说明氨水能否储存在铜制容器中？

答案：氨水不能储存在铜制容器中，计算略

习题 4-26 298K 时，$E^{\ominus}(Zn^{2+}/Zn)=-0.763$V，$E^{\ominus}([Zn(NH_3)_4]^{2+}/Zn)=-1.04$V。试计算 298K 时$[Zn(NH_3)_4]^{2+}$的标准稳定常数。

答案：$K_S^{\ominus}\{[Zn(NH_3)_4]^{2+}\}=2.4\times10^8$

第五部分 拓展阅读

4.1 离子-电子法的配平实例

用离子-电子法配平下面方程式：

$$K_2Cr_2O_7+KI+H_2SO_4 \longrightarrow K_2SO_4+Cr_2(SO_4)_3+I_2+H_2O$$

解：①先写成离子方程式：$Cr_2O_7^{2-}+I^-+H^+ \longrightarrow Cr^{3+}+I_2+H_2O$

② 分成两个半反应：

$$I^- \longrightarrow I_2$$

$$Cr_2O_7^{2-}+H^+ \longrightarrow Cr^{3+}+H_2O$$

③ 分别配平两个半反应：

$$2I^- = I_2+2e^-$$

$$Cr_2O_7^{2-}+14H^++6e^- = 2Cr^{3+}+7H_2O$$

④ 根据得失电子数相等的原则，确定两个半反应的最小公倍数，使两个半反应得失电子数相等，再将两个半反应合并，写出配平的离子方程式：

$$Cr_2O_7^{2-}+6I^-+14H^+ = 2Cr^{3+}+3I_2+7H_2O$$

⑤ 写出配平的氧化还原反应方程式：

$$K_2Cr_2O_7+6KI+7H_2SO_4 = 4K_2SO_4+Cr_2(SO_4)_3+3I_2+7H_2O$$

4.2 化学电源

(1) 锌锰干电池

锌锰干电池以金属锌筒作为负极，正极物质为 MnO_2 和石墨棒(电导材料)，正极与负极之间填充着 $ZnCl_2$、NH_4Cl 和淀粉调制成的糊状混合物。锌锰干电池的电池符号为

$$(-)Zn \mid ZnCl_2,\ NH_4Cl(\text{糊状}) \mid MnO_2 \mid C(\text{石墨})(+)$$

接通外电路放电时，负极上锌发生氧化反应：

$$Zn = Zn^{2+}+2e^-$$

正极上 MnO_2 发生还原反应：

$$2MnO_2+2NH_4^++2e^- = Mn_2O_3+2NH_3+H_2O$$

放电时，干电池的总反应为

$$Zn+2MnO_2+2NH_4^+ = Zn^{2+}+Mn_2O_3+2NH_3+H_2O$$

锌锰干电池的电动势为 1.5V，与电池体积的大小无关。锌锰干电池的缺点是生成的 NH_3 能被石墨棒吸附，导致电池内阻增大，电动势下降较快，因此它的性能较差。

(2) 锌氧化银扣式电池

锌氧化银扣式电池是一种小型的圆柱形锌氧化银一次电池，其高度小于直径，外形像纽扣。锌氧化银扣式电池用氧化银与石墨混合后压成片状做电池正极，锌粉加入添加剂压成片状作负极，氢氧化钾水溶液作电解质，正极与负极之间用专用隔膜隔开。锌氧化银扣式电池的电池符号为

$$(-)Zn \mid KOH(aq) \mid Ag_2O \mid C(\text{石墨})(+)$$

该电池放电时，电极反应和电池反应分别为

负极反应：$Zn+2OH^- = Zn(OH)_2+2e^-$

正极反应：$Ag_2O(s)+H_2O+2e^- = 2Ag+2OH^-$

电池反应：$Zn+Ag_2O+H_2O = Zn(OH)_2+2Ag$

锌氧化银扣式电池的电动势为 1.5V，它具有容量大、放电电压平稳、储存性能较好等优点。锌氧化银扣式电池常用于电子手表、计算器、小型仪表等微型电器中作电源。但锌氧化银扣式电池的成本较高，因此它的价格较高。

(3) 铅蓄电池

铅蓄电池是用两组铅锑合金格板(相互间隔)作为电极导电材料，其中一组格板的孔穴中填充二氧化铅，在另一组格板的孔穴中填充海绵状金属铅，并以稀硫酸(密度为 1.25~

$1.3g \cdot cm^{-3}$)作为电解质溶液而组成的。铅蓄电池在放电时相当于一个原电池，它的电池符号可表示为

$$(-)Pb \mid H_2SO_4(1.25\sim1.30g \cdot cm^{-3}) \mid PbO_2, Pb(+)$$

放电时电极反应和电池反应分别为

负极反应：$Pb+SO_4^{2-} = PbSO_4+2e^-$

正极反应：$PbO_2+4H^++SO_4^{2-}+2e^- = PbSO_4+2H_2O$

电池反应：$Pb+PbO_2+2H_2SO_4 = 2PbSO_4+2H_2O$

铅蓄电池每个单元的电动势为2.0V，汽车用蓄电池一般由三个单元组成，电动势为6.0V。铅蓄电池放电后，正极和负极都沉积一层硫酸铅，同时硫酸溶液的密度减小，当每个单元的电动势下降到1.8V时，铅蓄电池就不能继续使用，必须进行充电。

充电时，直流电源的正极与铅蓄电池中进行氧化反应的阳极相连，负极与进行还原反应的阴极相连。铅蓄电池充电时，电极反应和电池反应分别为

阳极反应：$PbSO_4+2H_2O = PbO_2+SO_4^{2-}+4H^++2e^-$

阴极反应：$PbSO_4+2e^- = Pb+SO_4^{2-}$

电池反应：$2PbSO_4+2H_2O = Pb+PbO_2+2H_2SO_4$

随着充电的进行，铅蓄电池的电动势和硫酸溶液的密度逐渐增大。铅蓄电池充电后又恢复原状，可继续使用。

铅蓄电池的放电反应和充电反应可以合并写为

$$Pb+PbO_2+2H_2SO_4 \underset{充电}{\overset{放电}{\rightleftharpoons}} 2PbSO_4+2H_2O$$

铅蓄电池具有电动势高、电压稳定、价格便宜等优点，它是二次电池中使用最广泛、技术最成熟的电池。

(4) 锂离子电池

锂离子电池的负极由嵌入锂离子的石墨层组成，正极由$LiCoO_2$组成。锂离子电池在充电或放电时，锂离子往返于正极与负极之间。充电时，锂离子由能量较低的正极材料迁移到石墨材料的负极层间而成为高能态；放电时，锂离子由能量高的负极材料层间迁移回能量低的正极材料层间，同时通过外电路释放电能。

锂离子电池放电和充电时的电极反应和电池反应分别为

负极反应：$Li_xC_6 \underset{充电}{\overset{放电}{\rightleftharpoons}} xLi^++6C+ze^-$

正极反应：$xLi^++Li_{1+x}CoO_2+ze^- \underset{充电}{\overset{放电}{\rightleftharpoons}} LiCoO_2$

电池反应：$Li_xC_6+Li_{1-x}CoO_2 \underset{充电}{\overset{放电}{\rightleftharpoons}} 6C+LiCoO_2$

锂离子电池的体积小，输出电压高达4.2V，在60℃左右的条件下仍能保持很好的电性能。锂离子电池主要用于便携式摄像机、液晶电视机、移动电话机和笔记本电脑等电子设备中。

4.3 金属电极电极电势的产生

用导线和盐桥把铜电极和锌电极连接起来有电流通过，表明铜电极与锌电极之间存在着电势差，下面以金属电极为例，讨论金属电极电极电势的产生原因。

当金属板插入该金属离子的盐溶液中时，金属与金属离子就组成了金属电极。金属板表面的金属离子由于本身的热运动和受到极性水分子的吸引，有溶解进入溶液中成为水合金属离子的趋势，金属越活泼，溶液中金属离子浓度越低，这种溶解趋势就越大。同时，溶液中的水合金属离子也有从金属板表面获得电子，沉积在金属板上的趋势，金属越不活泼，溶液中金属离子浓度越高，这种沉积趋势就越大。当金属的溶解速率与金属离子的沉积速率相等时，在金属(M)和金属离子(M^{z+})之间建立如下动态平衡：

$$M(s) \underset{\text{沉积}}{\overset{\text{溶解}}{\rightleftharpoons}} M^{z+}(aq) + ze^-$$

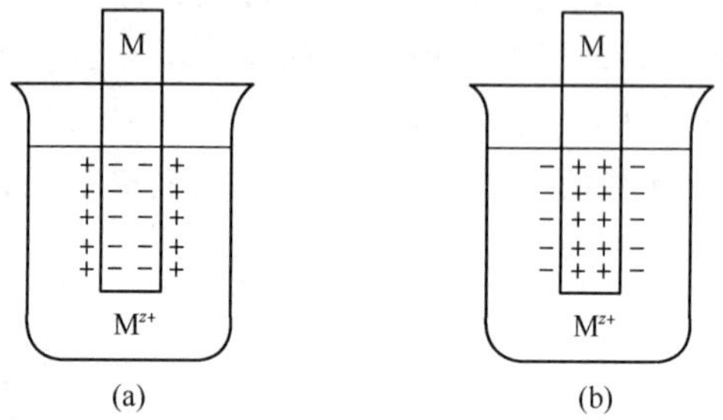

图 4-9　金属电极的电极电势

如果金属溶解的趋势大于金属离子沉积的趋势，当达到平衡时，金属表面带负电荷，而与金属板接触的溶液带正电荷[图 4-9(a)]。

如果金属离子的沉积趋势大于金属溶解的趋势，当达到平衡时，金属表面带正电荷，而与金属接触的溶液带负电荷[图 4-9(b)]。

无论发生上述哪一种现象，在金属板表面与溶液之间都会产生电势差，这种产生于金属板表面与其金属离子的溶液之间的电势差，称为金属电极的电极电势。

4.4　影响中心原子配位数的主要因素

中心原子的价层电子组态：第二周期元素的价层最多容纳 4 对电子，其最大配位数为 4；第三周期及以后周期的元素，其配位数常为 4 和 6。如$[BeCl_4]^{2-}$和$[BF_4]^-$。中心原子为第三周期及以后周期的元素原子时，它的价层轨道为$(n-1)$d、ns、np、nd 轨道，其配位数常为 4 和 6，最高可达 12。

空间效应：中心原子的体积越大，配体的体积越小时，中心原子能结合的配体越多，配位数也越大。例如，中心原子 Al^{3+} 与半径较小的配体 F^- 能形成配位数为 6 的配位个体$[AlF_6]^{3-}$，而与半径较大的配体 Cl^-形成配位数为 4 的配位个体$[AlCl_4]^-$；B^{3+} 半径小于 Al^{3+} 半径，与 F^- 只能形成配位数为 4 的配位个体$[BF_4]^-$。

静电作用：中心原子的电荷数越大，对配体的吸引力越强，配位数就越大；如 Cu^+ 与 NH_3 形成配位数为 2 的配位个体$[Cu(NH_3)_2]^+$。

配体的电荷数的绝对值越大，配体之间的排斥作用也越大，则配位数变小。如 Ni^{2+} 与 NH_3 形成配位数为 6 的配位个体$[Ni(NH_3)_6]^{2+}$，而与 CN^- 只能形成配位数为 4 的配位个体$[Ni(CN)_4]^{2-}$。

4.5　配位化合物的异构现象

具有相同的组成而结构不同的现象称为异构现象。配合物的异构现象分为结构异构和立体异构。

(1) 结构异构

配合物的结构异构包括解离异构和键合异构。

① 解离异构。组成相同的配合物，在水溶液中解离得到不同配位个体和外界离子的现象称为解离异构，如：

$[CoSO_4(NH_3)_5]Br$　　红色

$[CoBr(NH_3)_5]SO_4$　　紫色

② 键合异构。键合异构是由于两可配体以不同配位原子配位所产生的异构现象。例如$[Co(NO_2)(NH_3)_5]Cl_2$与$[Co(ONO)(NH_3)_5]Cl_2$属于键合异构体。前者配体NO_2^-中的N原子为配位原子，后者配体NO_2^-中的O原子为配位原子。另一个可能生成键合异构体的配体是SCN^-，SCN^-中的S原子和N原子都可以作配位原子。

(2) 立体异构

配合物的立体异构是指组成相同的配合物的不同配体在空间排列不同而产生的异构现象。

① 几何异构。几何异构体主要存在于配位数为4的平面正方形配合物和配位数为6的八面体配合物中。

在配合物的几何异构体中，当同种配体处于相邻位置时称为顺式异构体，处于对角线位置时称为反式异构体。例如，平面正方形的配合物$[PtCl_2(NH_3)_2]$有以下两种几何异构体：

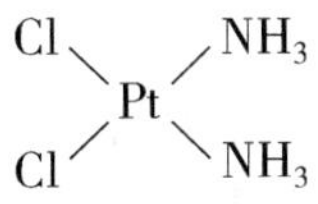

顺二氯·二氨合铂(Ⅱ)

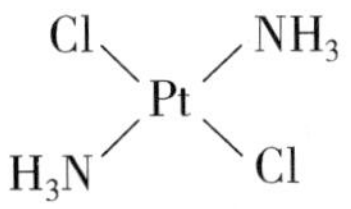

反二氯·二氨合铂(Ⅱ)

铂类配合物的抗癌作用，顺-二氯二氨合铂(Ⅱ)有抗癌活性。反-二氯二氨合铂(Ⅱ)无抗癌活性。

在中心原子的配位数为6的配位个体中，几何异构现象更为普遍。例如，配位个体$[CrCl_2(NH_3)_4]^+$的两种几何异构体分别为

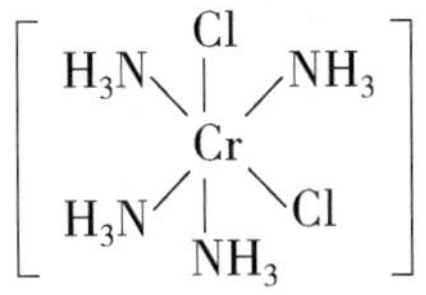

顺二氯·四氨合铬(Ⅲ)离子

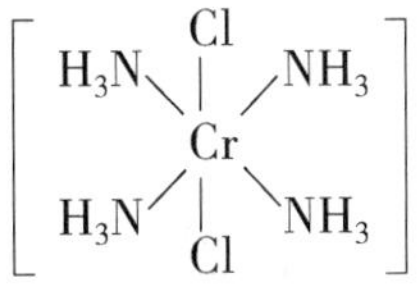

反二氯·四氨合铬(Ⅲ)离子

② 对映异构。配位个体的两种对映异构体互为镜像，不能重合在一起。

两种对映异构体可使平面偏振光发生方向相反的偏转。使偏振光向左偏转的对映异构体称为左旋体，使偏振光向右偏转的对映异构体称为右旋体。例如：配位个体$[PtBr_2Cl(NH_3)_2H_2O]^-$的两种对映异构体分别为

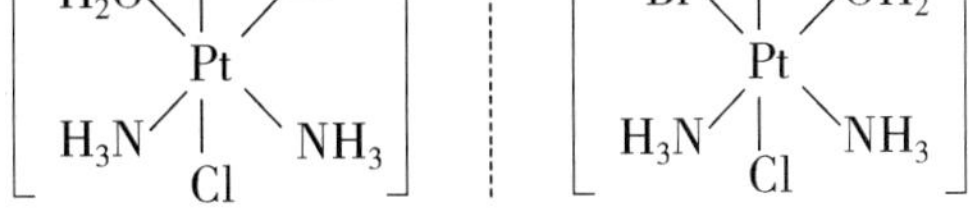

对映异构体在生物体内的生物功能有显著差异。

模块五 元素化学

元素化学是无机化学的重要组成内容，它主要讨论元素及其化合物的存在、性质、制备和用途。在元素的原子结构中，最后填充的电子进入 s 能级的元素是 s 区元素，填充在 p 能级的是 p 区元素，依次类推还有 d 区元素和 f 区元素。本模块按照结构分区讨论元素化学，重点讨论 p 区和 d 区重要元素。着重介绍典型元素单质和化合物的制备、特征反应、物理化学性质、物质结构与性质之间的内在联系等。进一步深入理解现代化学原理在解释元素性质中的应用，从宏观和微观的不同角度阐明物质的性质和无机反应规律、实际应用。探索学习无机化学研究的前沿领域，如新型碳材料、金属有机化合物、能源转化及存储材料、生物无机材料等。元素化学中充满着丰富多彩的化学反应事实和振奋人心的新发现。

s 区单质是化学活泼性最大的金属，是极好的还原剂，有些金属能产生光电效应用于制成光电材料。铍、镁、铝适于制造轻质合金材料，广泛应用于航天航空及汽车、机械工业领域。本区元素的挥发性化合物在火焰中灼烧可使火焰呈不同的颜色(铍的反常性质见拓展阅读 5.1)。

分布在元素周期表中金属与非金属元素交界区的一些金属元素，是典型的半导体材料。银、铜、金、铝是所有金属中导电性最好的，铜、铝广泛应用于电气工业。铁是所有金属中用途最广，用量最大的一种金属，铁系金属是许多磁性材料的主要成分。铂系金属有很高的化学稳定性且耐高温。稀土元素被广泛应用于制造磁性材料、发光材料和原子能材料。

现在元素周期表已填满第七周期，共有 24 种非金属元素，除氢元素以外，其他非金属元素都位于 p 区。包括“不活泼的单原子气体——稀有气体”，无机非金属材料库：C—C 复合材料、人造金刚石、半导体硅、分子筛(铝硅酸盐)、高能燃料(N_2H_4)、多种同素异形体，例如碳单质的同素异形体有金刚石、石墨、足球烯等；生物高分子主要是由 C、H、O、N、P 和 S 这 6 种元素构成的，构成生物高分子的元素在元素周期表处于前 20 位元素中，使构成的生物体有较轻的质量，能形成很强的共价键。

第一部分 基础知识

※ s 区元素

s 区元素包括碱金属(IA)：ns^1(Li、Na、K、Rb、Cs、Fr)，碱土金属(ⅡA)：ns^2(Be、Mg、Ca、Sr、Ba、Ra)，都是活泼金属。

本部分介绍 s 区元素单质的主要化学性质；元素氧化物的类型、性质、用途；氧化物的溶解度、碱性、热稳定性的变化规律；重要盐类的性质(溶解度、热稳定性)及变化规律；锂–镁和铍–铝的相似性及周期表中的对角线规则。

5-1　s区元素单质

除氢以外，其他都是活泼的金属元素，能直接或间接地与电负性较高的非金属元素，如卤素、硫、氧、磷、氮和氢等形成相应的化合物。与 O_2 反应，分别生成普通氧化物 Li_2O、MO(M 为ⅡA 族元素)、过氧化物 M_2O_2(O_2^{2-})(M 为ⅠA 族元素)、超氧化物 MO_2(O_2^-)(M 为ⅠA 族元素)。

焰色反应：碱金属和碱土金属中钙、锶、钡等的化合物，在高温火焰中其电子易被激发至高能级，处于高能级上的电子不稳定，从较高能级跃迁回到低能级，能量以光能的形式释放出来，光的波长位于可见光范围内，因而使火焰呈现出相应的特征颜色。

5-2　s区元素的化合物

(1) 氢化物

属离子化合物，化合物中存在 H^-。LiH、NaH、CaH_2 的熔点很高；还原性强；遇水分解释放出 H_2；H^-具有孤对电子，与缺电子化合物形成加合物。

(2) 氧化物

① 普通氧化物：属离子型化合物(如 M_2O、MO)。具有较高的熔点和硬度，MgO 的高熔点常用来做耐高温材料，CaO 用作建筑材料。强碱性，与水作用生成氢氧化物。

② 过氧化物：属离子晶体，晶体中存在 O_2^{2-}离子，因 O_2^{2-}中 2 个 O 原子间的作用力只有单键，因此具有较强的化学活泼性。具有强氧化性，但 O_2^{2-}中 O 为中间氧化态，当遇到更强氧化剂时可被氧化放出 O_2 气，与水或稀酸反应生成 H_2O_2，与 CO_2 气体作用放出 O_2(二氧化碳与环境见拓展阅读 5.2)。

③ 超氧化物：键能 $O_2^- > O_2^{2-}$，强氧化性(但氧化性及化学活泼性小于 O_2^{2-})；与水反应产生 H_2O 和 O_2，与 CO_2 反应放出 O_2。

(3) 氢氧化物

① 碱金属：除 Li 外其余氢氧化物均是强碱；

② 碱土金属：氢氧化镁是中强碱，其他碱土金属氢氧化物均为强碱。碱性变化可从 $R(OH)_n$模型说明。

R—O—H 的离解方式有两种：碱性离解 $R^+ + OH^-$；酸性离解 $RO^- + H^+$。若 R^{n+}电荷为 Z，r 为离子半径，令 $\varphi = Z/r$(φ 为离子势)，当 r 以 pm 为单位时，$\sqrt{\varphi} < 0.22$ 时，氢氧化物为碱性；$\sqrt{\varphi} > 0.32$ 时，氢氧化物为酸性；$0.22 < \sqrt{\varphi} < 0.32$ 时，氢氧化物为两性。

由于同族元素从上而下，Z 相同，r 增大，φ 值减小，碱式电离增大；另同周期的 M^+离子电荷<M^{2+}离子电荷，$\varphi_{M^+} < \varphi_{M^{2+}}$，所以 MOH 的碱性大于 $M(OH)_2$。

(4) 离子型盐溶解度的一般规律

① 离子电荷小、半径大的盐往往是易溶的。例如，碱金属离子的电荷比碱土金属小，半径比碱土金属大，所以碱金属的氟化物比碱土金属氟化物易溶。

② 阴离子半径较大时，盐的溶解度常随金属原子序数的增大而减少。例如 I^-、SO_4^{2-} 半径较大，它们的盐的溶解度按锂到铯，铍到钡的顺序减小。阴离子半径较小时，盐的溶解度常随金属原子序数的增大而增大。例如，F^-、OH^- 的半径较小，其盐的溶解度按锂到铯，铍到钡的顺序增大。

③ 盐中正负离子半径相差较大时，其盐的溶解度较大。盐中正负离子半径相近时，其溶解度较小。

（5）碱土金属盐的热稳定性

碱土金属盐的热稳定性较碱金属盐相比较低。碱土金属 M^{2+} 的电荷比碱金属 M^+ 多，且离子半径又较小，所以 M^{2+} 对酸根离子的极化作用较 M^+ 的强，故 M^{2+} 的含氧酸盐的热稳定性比 M^+ 要弱得多。

5-3 对角线规则

IA 族的 Li 与 IIA 族的 Mg，IIA 族的 Be 与 IIIA 族的 Al，IIIA 族的 B 与 IVA 族的 Si，这三对元素在周期表中处于对角线位置，相应的两元素及其化合物的性质有许多相似之处，这种相似性称为对角线规则。

处于对角线的元素在性质上的相似性，是由于它们的离子极化力相近的缘故。Li^+ 和 Na^+ 虽同一族，离子电荷相同，但是前者半径较小，并且 Li^+ 具有 2e 结构，所以它的极化力比 Na^+ 强得多，因而使锂的化合物与钠的化合物在性质上差别较大。由于 Mg^{2+} 的电荷较高，半径又小于 Na^+，极化力与 Li^+ 接近，于是 Mg 便与它左上方的锂离子在性质上显示出相似性。

※ p 区元素

p 区元素包括元素周期表中 IIIA 族元素～0 族元素，包括了除氢以外的所有非金属元素和部分金属元素。

主要介绍 p 区元素单质的主要化学性质；p 区元素的价电子构型为 ns^2np^{1-6}，它们大多都有多种氧化态。IIIA～VA 族元素自上而下，低氧化态化合物的稳定性逐渐增强，高氧化态化合物的稳定性则逐渐减弱。

5-4 硼族元素

元素周期表中 IIIA 族包括硼(B)、铝(Al)、镓(Ga)、铟(In)、铊(Tl)五种元素，统称硼族元素。常见氧化数为+3 和+1。本单元主要讨论硼、铝及其化合物。

硼族元素的价电子构型为 ns^2np^1，价电子数(3 个电子)<价层轨道数(1 个 s 轨道+3 个 p 轨道)，所以硼族元素是缺电子元素，易形成缺电子化合物，易形成配位化合物，例如 $HF+BF_3 \longrightarrow HBF_4$；易形成双聚物，例如 Al_2Cl_6。

① 硼酸 H_3BO_3(图 5-1)。硼酸为一元弱酸，在水中硼酸分子结合 OH^- 而使溶液显酸性：

$$H_3BO_3+H_2O \longrightarrow B(OH)_4^-+H^+ \qquad K_a=5.75\times10^{-10}$$

② 乙硼烷。硼与氢可形成共价型氢化物 B_nH_{n+6}(B_4H_{10})，B_nH_{n+4}(B_2H_6、B_5H_9、B_6H_{10})，称为硼烷。最简单的硼烷是乙硼烷(B_2H_6)，B_2H_6 分子有 14 个价轨道，只有 12 个价电子，

是缺电子化合物。

③ 乙硼烷的结构。在 B_2H_6 分子中，有 8 个价电子用于 2 个 B 原子各与 2 个 H 原子形成 4 个 B—Hσ 键，这 4 个 σ 键在同一平面上。剩下的 4 个价电子在 2 个 B 原子和另外 2 个 H 原子之间形成了垂直于上述平面的 2 个三中心二电子键，一个在平面之上，另一个在平面之下，每一个三中心两电子键是由 1 个 H 原子和 2 个 B 原子共用 2 个电子构成的。这个 H 原子把 2 个 B 原子连接起来，具有桥状结构(图 5-2)，我们称这个 H 原子为"桥氢原子"。

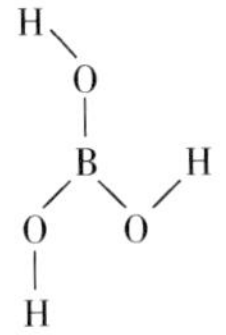

图 5-1　H_3BO_3 的结构

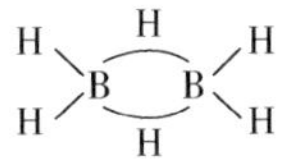

图 5-2　乙硼烷的结构

5-5　碳族元素

元素周期表中ⅣA 族包括碳(C)、硅(Si)、锗(Ge)、锡(Sn)、铅(Pb)五种元素，统称碳族元素，本单元主要讨论碳、硅、锡、铅及其化合物(硅胶及变色硅胶见拓展阅读 5.3)。

(1) 元素的成键特征

① 碳的成键特征：以 sp、sp^2、sp^3 三种杂化状态与 H、O、Cl、N 等非金属原子形成共价化合物，如 CH_4、CO、CCl_4、HCN 等，键能大，稳定性高，因此，C、H、O 三种元素形成数百万种的有机化合物，其中碳的氧化数介于+4 和−4 之间。

② 硅的成键特征：以硅氧四面体的形式存在，如石英和硅酸盐矿中(硅酸盐见拓展阅读 5.4)。

③ 锡铅的成键特征：

a. 以+2 氧化态的形式存在于离子化合物中，如 $SnCl_2$、SnO、PbO、$Pb(NO_3)_2$ 等；

b. 以+4 氧化态的形式存在于共价化合物和少数离子型化合物中，如 $SnCl_4$、PbO_2、SnO_2 等。其中+4 氧化态的铅，由于惰性电子对效应，具有强的氧化性。

(2) 碳单质的同素异形体

金刚石：原子晶体，C 原子采用 sp^3 杂化(图 5-3)，硬度最大，熔点最高。

石墨：C 原子采用 sp^2 杂化(图 5-4)，层状晶体，质软，有金属光泽。

足球烯或富勒烯：C_{60}、C_{70}等。C_{60}中 C 原子采用 sp^2 杂化，由 12 个五边形和 20 个六边形组成的 32 面体。

(3) 碳族元素的氧化物

① SiO_2：Si 采用 sp^3 杂化轨道与氧形成硅氧四面体(图 5-5)，属原子晶体，熔沸点高。溶于热碱和 HF 溶液中，因此，玻璃容器不能盛放浓碱溶液和氢氟酸。

$$SiO_2+2NaOH \longrightarrow Na_2SiO_3+H_2O$$

$$SiO_2+6HF \longrightarrow H_2SiF_6+2H_2O$$

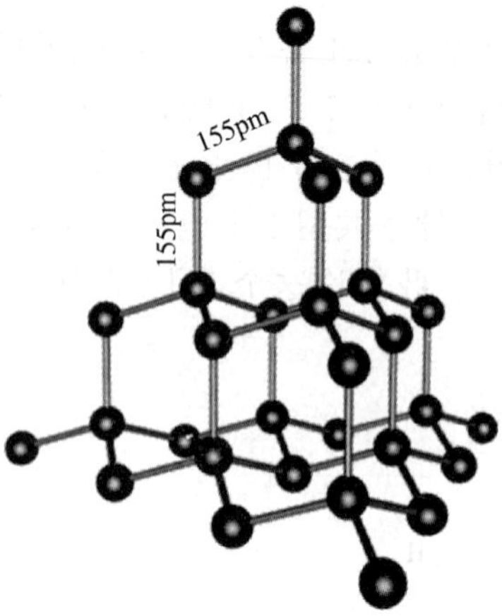

图 5-3　金刚石的结构

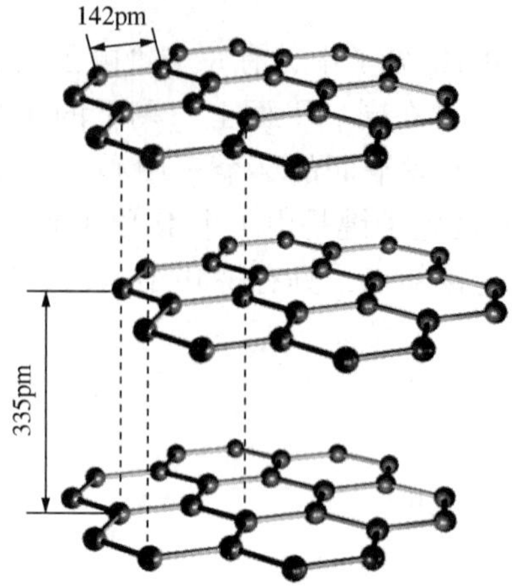

图 5-4　石墨的结构

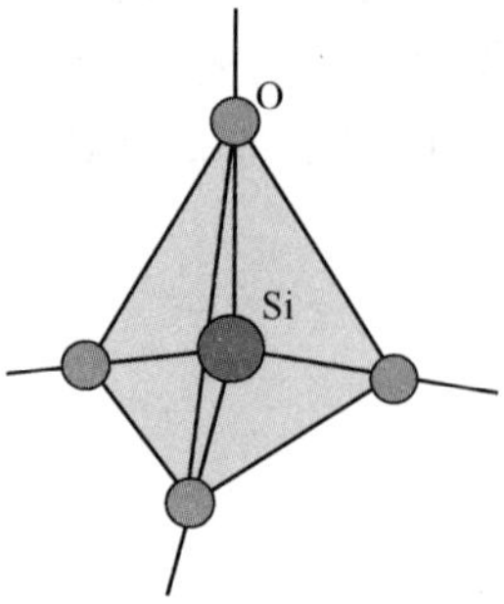

图 5-5　硅氧四面体的结构

② CO：一个 σ 键两个 π 键，与 N_2 不同的是其中一个 π 键是配位键，这对电子是由 O 原子提供的。CO 分子的价键结构式为

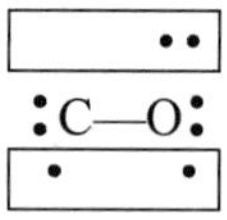

性质：a. 剧毒；

b. 作配位体，C 是配位原子，形成羰基配合物 $Fe(CO)_5$、$Ni(CO)_4$；

c. 还原剂：

$$CO(g)+\frac{1}{2}O_2(g) \longrightarrow CO_2(g)$$

$$Fe_2O_3(s)+3CO(g) \longrightarrow 2Fe(s)+3CO_2(g)$$

③ CO_2：CO_2 无毒，不具有 CO 的可燃性和还原性，加合性也不明显。

④ PbO_2：强氧化剂。

$$PbO_2+4HCl \longrightarrow PbCl_2+Cl_2\uparrow+2H_2O$$

$$5PbO_2+2Mn^{2+}+4H^+ \longrightarrow 5Pb^{2+}+2MnO_4^-+2H_2O$$

（4）Sn(Ⅱ)的还原性

$$2Fe^{3+}+Sn^{2+} \rightleftharpoons 2Fe^{2+}+Sn^{4+}$$

$$2Hg^{2+}+Sn^{2+}+2Cl^- \longrightarrow Hg_2Cl_2\downarrow+Sn^{4+}$$

$$Hg_2Cl_2+Sn^{2+} \longrightarrow 2Hg\downarrow+Sn^{4+}+2Cl^-$$

（5）碳酸盐的热稳定性

碳酸正盐中除碱金属(Li^+除外)、铵及铊(Tl^+)盐外，均难溶于水，但难溶的正盐，其酸式盐溶解度较大，易溶的正盐其酸式盐的溶解度反而变小，如 $Ca(HCO_3)_2$ 比 $CaCO_3$ 易溶，而 $NaHCO_3$ 比 Na_2CO_3 难溶。

碳酸盐热稳定性相对较低，阳离子的极化性和变形性越大，碳酸盐热稳定性越低，如：

$$Na_2CO_3>MgCO_3>Al_2(CO_3)_3$$

$$BeCO_3<MgCO_3<CaCO_3<SrCO_3<BaCO_3$$

正盐比酸式盐稳定。

5-6 氮族元素

氮族元素(VA)：N、P、As、Sb、Bi，价层电子构型是 ns^2np^3，np 轨道处于半充满的稳定状态，第一电离能大于同周期的后一元素，电子亲和能却较小，化学活性相应较低。本单元主要讨论 N、P 及其化合物。

N 与同族其他元素性质的差异：N—N 单键键能反常地比 P—P 单键小；N═N 和 N≡N 的键能又比其他元素的大；N 的最大配位数为 4，而 P、As 可达到 5 或 6；N 有形成氢键的倾向，但氢键强度要比 O 和 F 的弱。

(1) 磷的同素异形体

$$黑磷 \xleftarrow{高温高压} 白磷 \xrightarrow{隔绝空气\ 400℃} 红磷$$

白磷 P_4 化学性质活泼，空气中自燃，溶于非极性溶剂；红磷较稳定，400℃以上燃烧，不溶于有机溶剂(*磷及其化合物见拓展阅读 5.5*)。

(2) 氮的化合物

① 氨(NH_3)：

N：sp^3 不等性杂化，三角锥形。NH_3 的结构如图 5-6 所示。

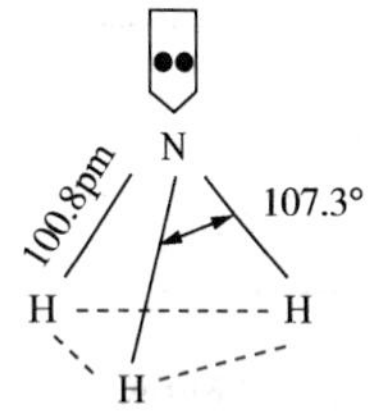

图 5-6 NH_3 的结构

NH_4^+的鉴定：

a. 石蕊试纸法 (红→蓝)：$NH_4Cl+NaOH \longrightarrow NH_3+NaCl+H_2O$

b. Nessler 试剂法 $K_2[HgI_4]$：由红棕到深褐。

$$NH_4^++2[HgI_4]^{2-}+4OH^- \longrightarrow [Hg_2ONH_2]I(s)+7I^-+3H_2O$$

铵盐的热分解：与阴离子对应酸的氧化性、挥发性有关，与分解温度有关。对应酸有挥发性无氧化性，产物为 NH_3 和对应酸；酸无挥发性，产物为 NH_3 逸出，酸或酸式盐残留。酸有氧化性，产物为氨被氧化为氮或氮的氧化物，放出大量热。

② 氮的含氧酸及其盐：

a. 亚硝酸盐氧化还原性：

$$2NO_2^-+2I^-+4H^+ \longrightarrow 2NO+I_2+2H_2O$$

$$NO_2^-+Fe^{2+}+2H^+ \longrightarrow NO+Fe^{3+}+H_2O$$

$$5NO_2^-+2MnO_4^-+6H^+ \longrightarrow 5NO_3^-+2Mn^{2+}+3H_2O$$

b. 硝酸强氧化性：

$$HNO_3+非金属单质 \longrightarrow 相应高价酸+NO$$

大部分金属可溶于硝酸，硝酸被还原的程度与金属的活泼性和硝酸的浓度有关。规律为 HNO_3 越稀，金属越活泼，HNO_3 被还原的氧化值越低。

c. 硝酸盐性质：易溶于水；水溶液在酸性条件下才有氧化性，固体在高温时有氧化性；热稳定性差。

$$Mg 以前：2NaNO_3 \xrightarrow{\triangle} 2NaNO_2+O_2$$

$$Mg\sim Cu：2Pb(NO_3)_2 \xrightarrow{\triangle} 2PbO+4NO_2+O_2$$

$$Cu 以后：2AgNO_3 \xrightarrow{\triangle} 2Ag+2NO_2+O_2$$

（3）磷的含氧酸及其盐

磷有多种含氧酸，如表5-1所示。

表5-1　磷的含氧酸

名称	正磷酸	焦磷酸	三聚磷酸	偏磷酸	亚磷酸	次磷酸
化学式	H_3PO_4	$H_4P_2O_7$	$H_5P_3O_{10}$	HPO_3	H_3PO_3	H_2PO_2
磷的氧化数	+5	+5	+5	+5	+3	+1
酸结构示意图	$\begin{array}{c} OH \\ | \\ HO-P=O \\ | \\ OH \end{array}$	$\begin{array}{c} O \quad\quad O \\ \| \quad\quad \| \\ HO-P-O-P-OH \\ | \quad\quad | \\ OH \quad\quad OH \end{array}$	$\begin{array}{c} O \quad\quad O \quad\quad O \\ \| \quad\quad \| \quad\quad \| \\ HO-P-O-P-O-P-OH \\ | \quad\quad | \quad\quad | \\ OH \quad\quad OH \quad\quad OH \end{array}$	$\begin{array}{c} O \\ \| \\ P=O \\ | \\ OH \end{array}$	$\begin{array}{c} H \\ | \\ HO-P=O \\ | \\ OH \end{array}$	$\begin{array}{c} H \\ | \\ H-P=O \\ | \\ OH \end{array}$
n 元酸	3	4	5	1	2	1

H_3PO_4 属于三元中强酸。焦磷酸、三聚磷酸和四聚偏磷酸都是多聚磷酸。多聚磷酸为缩合酸，一般缩合酸的酸性比正磷酸的酸性强。磷酸盐有三种类型，如表5-2所示。

表5-2　磷酸盐的性质

磷酸盐	正盐	酸式盐	
	M_3PO_4	M_2HPO_4	MH_2PO_4
溶解性	大多数难溶(除 K^+、Na^+、NH_4)		大多数易溶
水溶液酸碱性	Na_3PO_4	Na_2HPO_4	NaH_2PO_4
	pH>7	pH>7	pH<7
	水解为主	水解>解离	水解<解离
稳定性	稳定	相对不稳定	

5-7　氧族元素

氧族元素（ⅥA）：O、S、Se、Te、Po。价层电子构型是 ns^2np^4。本单元主要讨论 O、S 及其化合物（氧及其化合物见拓展阅读5.6）。

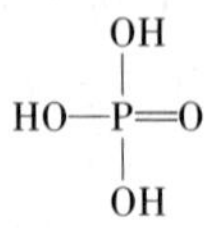

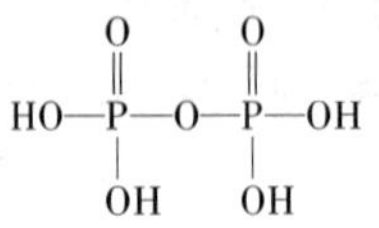

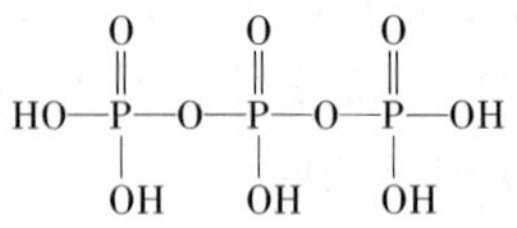

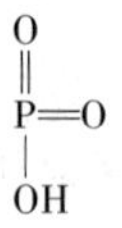

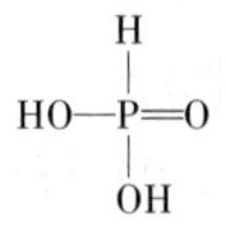

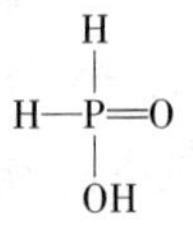

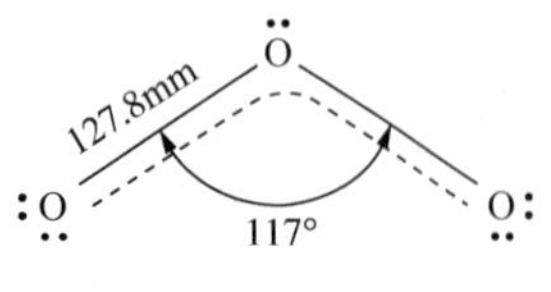

图5-7　O_3 分子的结构

（1）氧（O_2）

酸性条件下氧化性强：

$$O_2+4H^++4e^- \longrightarrow 2H_2O \quad E_A^{\ominus}=1.229V$$

（2）臭氧（O_3）

O_2 的同素异形体，V 形，唯一的极性单质（图5-7）。

a. 不稳定性：$2O_3 \rightleftharpoons 3O_2$

b. 氧化性：$O_3+2H^++2e^- \longrightarrow O_2+H_2O \quad E_A^{\ominus}=2.075V$

$$O_3+H_2O+2e^- \longrightarrow O_2+2OH^- \quad E_B^{\ominus}=1.247V$$

$$O_3+2I^-+2H^+ \longrightarrow I_2+O_2+H_2O$$

（3）过氧化氢（H_2O_2）

纯的过氧化氢是淡蓝色的黏稠液体，沸点为423K，过氧化氢与水可以形成分子间氢键，因此它能与水以任意比混溶。过氧化氢的水溶液也称为双氧水，常用过氧化氢溶液中 H_2O_2

的质量分数为 3%。H_2O_2 分子的结构如图 5-8 所示。

H_2O_2 分子中有一个过氧键—O—O—，两个 O 原子都以 sp^3 杂化轨道成键，除相互形成一个 O—Oσ 键外，还各与一个 H 原子形成一个 O—Hσ 键。

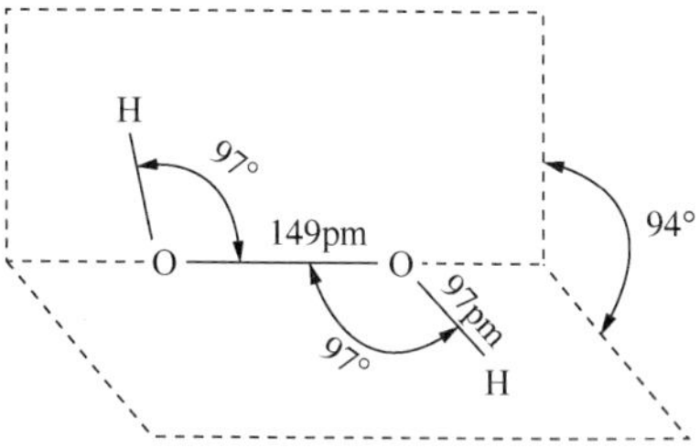

图 5-8　H_2O_2 分子的结构

H_2O_2 的主要化学性质是不稳定性、氧化性和还原性。

a. 不稳定性：$2H_2O_2 \longrightarrow 2H_2O+O_2$

b. 氧化还原性：氧化性较强，还原性较弱。

$$H_2O_2+2Fe^{2+}+2H^+ \longrightarrow 2Fe^{3+}+2H_2O$$

$$4H_2O_2+PbS(s，黑) \longrightarrow PbSO_4(s，白)+4H_2O$$

$$5H_2O_2+2MnO_4^-+6H^+ \longrightarrow 2Mn^{2+}+5O_2+8H_2O$$

$$3H_2O_2+2Cr(OH)_4^-+2OH^- \longrightarrow 2CrO_4^{2-}+8H_2O$$

（4）硫及其化合物

① 单质硫：S 原子采用 sp^3 杂化，形成环状 S_8 分子。

$$S(斜方) \xrightleftharpoons{94.5} S(单斜) \xrightarrow{190℃} 弹性硫$$

② 硫化氢和硫化物：

a. H_2S：无色腐蛋味的剧毒气体，稍溶于水，水溶液呈酸性，为二元弱酸。

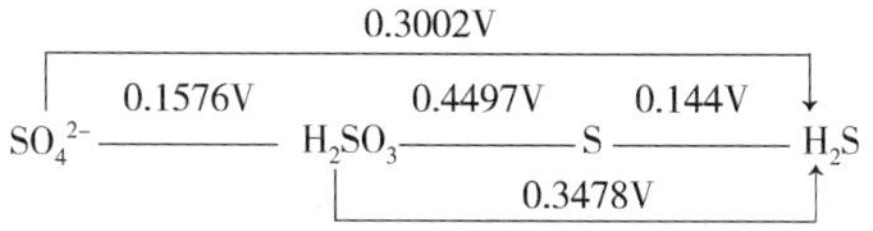

还原性：

$$2H_2S+3O_2 \longrightarrow 2H_2O+2SO_2(完全燃烧)$$

$$2H_2S+O_2 \longrightarrow 2H_2O+S(不完全燃烧)$$

$$H_2S+2Fe^{3+} \longrightarrow S+2\ Fe^{2+}+2H^+$$

$$H_2S+X_2 \longrightarrow S+2X^-+2H^+(X=Cl，Br，I)$$

$$H_2S+4X_2(Cl_2，Br_2)+4H_2O \longrightarrow H_2SO_4+8HX$$

$$5H_2S+2MnO_4^-+6H^+ \longrightarrow 2Mn^{2+}+5S+8H_2O$$

$$5H_2S+8MnO_4^-+14H^+ \longrightarrow 8Mn^{2+}+5SO_4^{2-}+12H_2O$$

b. 金属硫化物：易水解，最易水解的化合物是 Cr_2S_3 和 Al_2S_3。只有 NH_4^+ 和碱金属硫化物易溶，其余难溶。

③ 二氧化硫、亚硫酸：二氧化硫为无色，有强烈刺激性气味，具有漂白作用，可使品红褪色。易溶于水，溶于水后形成亚硫酸。具有氧化性和还原性。

$$H_2SO_3+2H_2S \longrightarrow 3S+3H_2O$$

$$H_2SO_3+I_2+H_2O \longrightarrow H_2SO_4+2HI(Cl_2，Br_2)$$

$$2H_2SO_3+O_2 \longrightarrow 2H_2SO_4$$

④ 浓 H_2SO_4。二元强酸，具有强氧化性，可与金属及非金属单质反应；具有强吸水性，作干燥剂；具有脱水性，从纤维、糖中提取水。

⑤ 硫代硫酸盐：$Na_2S_2O_3 \cdot 5H_2O$，海波，大苏打。

制备：$Na_2SO_3+S \longrightarrow Na_2S_2O_3$

性质：a. 易溶于水，水溶液呈弱碱性。遇酸分解：

$$S_2O_3^{2-}+2H^+ \rightleftharpoons H_2S_2O_3 \longrightarrow S+SO_2+H_2O$$

b. 还原性：

$$2S_2O_3^{2-}+I_2 \longrightarrow S_4O_6^{2-}+2I^-$$

$$S_2O_3^{2-}+4Cl_2+5H_2O \longrightarrow 2SO_4^{2-}+8Cl^-+10H^+$$

c. 配位性：

$$AgBr+2S_2O_3^{2-} \longrightarrow [Ag(S_2O_3)_2]^{3-}+Br^-$$

⑥ 过二硫酸盐[$K_2S_2O_8$、$(NH_4)_2S_2O_8$]：

a. 强氧化剂：$2Mn^{2+}+5S_2O_8^{2-}+8H_2O \xrightarrow{Ag^+} 2MnO_4^-+10SO_4^{2-}+16H^+$

b. 稳定性差：$2K_2S_2O_8 \xrightarrow{\triangle} 2K_2SO_4+2SO_3+O_2$

5-8　卤族元素

卤族元素(ⅦA)：F、Cl、Br、I，价层电子构型是 ns^2np^5。氧化性最强的是 F_2，还原性最强的是 I^-。

① 卤化物的键型及性质的递变规律：

同一周期：从左到右，阳离子电荷数增大，离子半径减小，离子型向共价型过渡，溶沸点下降(表 5-3)。

表 5-3　同一周期

物质	NaCl	$MgCl_2$	$AlCl_3$	$SiCl_4$
沸点/℃	1465	1412	181(升华)	57.6

同一金属不同卤素：AlX_3 随着 X 半径的增大，极化率增大，共价成分增多(表 5-4)。

表 5-4　同一金属不同卤素

物质	AlF_3	$AlCl_3$	$AlBr_3$	AlI_3
沸点/℃	1272	181	253	382

IA 的卤化物均为离子键型，随着离子半径的减小晶格能增大，熔沸点增大(表 5-5)。

表 5-5　IA 的卤化物

物质	NaF	NaCl	NaBr	NaI
熔点/℃	996	801	755	660

同一金属不同氧化值：高氧化值的卤化物共价性显著，熔沸点相对较低(表 5-6)。

表 5-6　同一金属不同氧化值

物质	$SnCl_2$	$SnCl_4$	$SbCl_3$	$SbCl_5$
熔点/℃	247	-33	73.4	3.5

② 氯的各种含氧酸性质：HClO、$HClO_2$、$HClO_3$、$HClO_4$，从左到右酸性逐步减小，稳

定性逐步增大，氧化性逐步降低。

③ 次卤酸及其盐：HClO、HBrO、HIO，从左到右酸性、稳定性、氧化性均逐步减小。

④ 卤酸及其盐：$HClO_3$、$HBrO_3$、HIO_3，从左到右酸性逐步减小，稳定性逐步增大。

⑤ 高卤酸及其盐：$HClO_4$、$HBrO_4$、H_5IO_6，从左到右酸性逐步减小，都是强氧化剂，均已获得纯物质，稳定性好。

⑥ 重要反应：

$$2HClO \xrightarrow{光} O_2+2HCl$$

$$Cl_2+NaOH \xrightarrow{冷} NaClO+NaCl+H_2O$$

$$2Cl_2+3Ca(OH)_2 \longrightarrow Ca(ClO)_2+CaCl_2 \cdot Ca(OH)_2 \cdot H_2O+H_2O$$

$$2KClO_3 \xrightarrow{MnO_2} 2KCl+3O_2$$

$$5H_5IO_6+2Mn^{2+} \longrightarrow 2MnO_4^-+5IO_3^-+7H_2O+11H^+$$

5-9 p 区元素化合物性质的递变规律

（1）分子型氢化物

非金属都有正常氧化态的氢化物。

① 通常情况下为气体或挥发性液体。其熔沸点的变化呈现一定的规律。例如，同一族中，沸点从上到下递增，但相比之下，第二周期的 NH_3、H_2O 及 HF 的沸点异常的高，这是由于在这些分子间存在着氢键，分子间缔合作用特别强的缘故。

② 分子型氢化物的热稳定性，与组成氢化物的非金属元素的电负性有关，非金属与氢的电负性相差越大，所生成的氢化物越稳定；反之则不稳定。

③ 除 HF 以外，其他分子型氢化物都有还原性，其变化规律与稳定性的增减规律相反，稳定性大的氢化物，还原性小。

④ 非金属元素氢化物在水溶液中的酸碱性和该氢化物在水中给出或接受质子能力的相对强弱有关。非金属元素的氢化物，相对于水而言，大多数是酸，如 HX 和 H_2S 等；少数是碱，如 NH_3、PH_3 等；H_2O 本身既是酸又是碱，表现两性。酸的强度取决于下列质子传递反应平衡常数的大小。

通常用电离常数 $K_a^\ominus$ 或 $pK_a^\ominus$ 来衡量。$pK_a^\ominus$ 越小，酸的强度越大。如果氢化物的 $pK_a^\ominus$ 小于 H_2O 的 $pK_a^\ominus$，它们给出质子，表现为酸，反之则表现为碱。究竟是哪一些主要因素影响这些氢化物在水中的酸碱性，主要因素有两个：HA 的键能和非金属元素 A 的电负性。

（2）含氧酸

① 含氧酸的强度。R—O—H 规则：如果 R 的电负性大，R 周围的非羟基氧原子(配键电子对偏向这种氧原子使 R 的有效电负性增加)数目多，则 R 原子吸引羟基氧原子的电子能力强，从而使 O—H 键的极性增强，有利于质子 H^+的转移，所以酸的酸性强。

氢氧化物或含氧酸，可记作$(OH)_mRO_n$，其中 m 为羟基氧的个数；n 为非羟基氧的个数。

酸性的强弱取决于羟基氢的释放难易，而羟基氢的释放又取决于羟基氧的电子密度，若羟基氧的电子密度小，易释放氢，则酸性强。

若中心原子 R 的电负性大，半径小，氧化值高则羟基氧的电子密度小，酸性强；非羟基氧的数目多，可使羟基氧上的电子密度减小，酸性增强。

② 含氧酸及其盐的氧化还原性。高氧化态含氧酸(盐)表现氧化性；低氧化态化合物表现为还原性；而处于中间氧化态的既有氧化性又有还原性。

a. 同一周期中各元素最高氧化态含氧酸的氧化性从左至右大致递增。

b. 在同一主族中，各元素最高氧化态含氧酸的氧化性，大多是随原子数增加呈锯齿形升高。从第二周期到第三周期，最高氧化态(中间氧化态)含氧酸的氧化性有下降的趋势。从第三周期到第四周期又有升高趋势，第四周期含氧酸的氧化性很突出，有时在同族元素中居于最强地位。第六周期元素含氧酸盐氧化性又比第五周期强得多。

c. 同一种元素的不同氧化态的含氧酸，低氧化态的氧化性较强。

$$HClO>HClO_2>HClO_3>HClO_4$$

$$HNO_2>HNO_3；\ H_2SO_3>H_2SO_4$$

d. 浓酸的氧化性比稀酸强，含氧酸的氧化性一般比相应盐的氧化性强。同一种含氧酸盐在酸性介质中的氧化性比在碱性介质中强。

③ 影响含氧酸(盐)氧化能力的因素：

a. 中心原子结合电子的能力。含氧酸(盐)的氧化能力指处于高氧化态的中心原子在它转变为低氧化态的过程中获得电子的能力，这种能力与它的电负性、原子半径及氧化态等有关。若中心原子的原子半径小、电负性大、获得电子的能力强，其含氧酸(盐)的氧化性也就强；反之，氧化性则弱。

b. 含氧酸分子的稳定性。含氧酸的氧化性和分子稳定性有关。一般来说，如果含氧酸分子中的中心原子多变价，分子又不稳定，该含氧酸(盐)就有氧化性，而且分子越不稳定，其氧化性越强。

c. 其他外界因素的影响。溶液的酸碱性、温度以及伴随氧化还原反应同时进行的其他非氧化还原过程(例如水的生成、溶剂化和反溶剂化作用、沉淀的生成、缔合等)都对含氧酸(盐)的氧化性有影响。如溶液的酸碱性、浓度、温度以及伴随氧化还原反应同时进行的其他非氧化还原过程对含氧酸的氧化性均有影响。含氧酸盐在酸性介质中比在中性介质或碱性介质中的氧化性强。浓酸比稀酸的氧化性强。酸又比相应的盐的氧化性强。对同一元素来说，一般是低氧化态弱酸的氧化性强于稀高氧化态的强酸。

(3) 惰性电子对效应

p 区元素中ⅢA、ⅣA、ⅤA 主族元素，从上到下随着原子序数的递增，电子层数增多，处于 ns^2 上两个电子的反应活性减弱，不容易成键，元素最高正价态的稳定性减弱，低氧化态渐趋稳定的现象。例如碳族元素，C、Si、Ge、Sn、Pb，碳和硅等元素是以+4 价化合物稳定性强，铅则是+2 价化合物的稳定性强。

非金属含氧酸盐的某些性质见拓展阅读 5.7。

※ 过渡元素

过渡元素包括元素周期表中的 d 区元素和 ds 区元素，过渡元素都是金属元素。过渡元素也称副族元素。d 区元素包括ⅢB～ⅦB 族和Ⅷ族元素(不包括镧系元素和锕系元素)。d 区元素的价层电子组态为 $(n-1)d^{1\sim10}ns^{1\sim2}$(Pd 为 $4d^5s^0$)。ds 区元素包括ⅠB 族和ⅡB 族元素。ds 区元素的价层电子组态为 $(n-1)d^{10}ns^{1\sim2}$。

铜族元素的通性见拓展阅读 5.8、锌族元素的通性见拓展阅读 5.9。

5-10　d 区元素单质的化学性质

第一过渡系的单质比第二过渡系的单质活泼；与活泼非金属(卤素和氧)直接形成化合物；与氢形成金属型氢化物。

5-11　过渡元素的氧化态

过渡元素表现出可变的多种氧化态。

原因：过渡元素的价电子层结构为$(n-1)d^{1-10}ns^{1-2}$，其中$(n-1)$d 电子参加成键的数目可多可少，表现出可变的多种氧化态。如：Mn 的价电子构型为$3d^5 4s^2$，其氧化态有 0、1、2、3、4、5、6、7 等。

5-12　过渡元素的离子的颜色

过渡元素的水合离子大多具有颜色，过渡元素的离子与其他配体形成的配位个体也常具有颜色。

原因：配位个体吸收了一部分可见光后，发生 d-d 跃迁而其余部分的光透过溶液。人们肉眼看到的就是这部分透过光的颜色，也就是溶液呈现的颜色。d^{10}和d^0电子组态的中心原子，在可见光照下不发生 d-d 跃迁，它们与水分子形成的配位个体没有颜色。

5-13　过渡元素重要化合物

(1) 铬(Ⅲ)的氧化物及其水合物

Cr_2O_3为绿色晶体，硬度大，微溶于水，常用作绿色颜料或研磨剂。向Cr^{3+}中加入适量强碱溶液，可生成灰蓝色的$Cr_2O_3 \cdot nH_2O$胶状沉淀，通常写为$Cr(OH)_3$

$$Cr^{3+}+3OH \longrightarrow Cr(OH)_3\downarrow$$

Cr_2O_3和$Cr(OH)_3$的主要性质如下：

两性：它们与酸作用可生成相应的铬(Ⅲ)盐

$$Cr_2O_3+3H_2SO_4 \longrightarrow Cr_2(SO_4)_3+3H_2O$$

$$Cr(OH)_3+3HCl \longrightarrow CrCl_3+3H_2O$$

它们与碱作用可生成深绿色的亚铬酸盐

$$Cr_2O_3+2NaOH+3H_2O \rightleftharpoons 2Na[Cr(OH)_4]$$

$$Cr(OH)_3+NaOH \rightleftharpoons Na[Cr(OH)_4]$$

还原性：在碱性溶液中铬(Ⅲ)具有较强的还原性，可被H_2O_2、Cl_2等氧化剂氧化成铬酸盐。

$$2Na[Cr(OH)_4]+3H_2O_2+2NaOH \longrightarrow 2Na_2CrO_4+8H_2O$$

在酸性溶液中Cr^{3+}的还原性很弱，只有高锰酸钾、过二硫酸盐等强氧化剂才能将Cr^{3+}氧化为$Cr_2O_7^{2-}$。

$$10Cr^{3+}+6MnO_4^-+11H_2O \longrightarrow 5Cr_2O_7^{2-}+6Mn^{2+}+22H^+$$

(2) Cr(Ⅵ)含氧酸盐

① CrO_4^{2-}和$Cr_2O_7^{2-}$的平衡关系：

$$\underset{(黄)}{2CrO_4^{2-}}+2H^+ \rightleftharpoons \underset{(橙)}{Cr_2O_7^{2-}}+H_2O$$

pH<2：$Cr_2O_7^{2-}$为主；pH>6：CrO_4^{2-}为主。

② $K_2Cr_2O_7$ 的氧化性：$E^{\ominus}(Cr_2O_7^{2-}/Cr^{3+})=1.33V$

$$Cr_2O_7^{2-}+6I^-+14H^+ \longrightarrow 3I_2+2Cr^{3+}+7H_2O$$

$$Cr_2O_7^{2-}+6Fe^{2+}+14H^+ \longrightarrow 6Fe^{3+}+2Cr^{3+}+7H_2O$$

③ Cr(Ⅵ)的鉴定反应：

$$Cr_2O_7^{2-}+4H_2O_2+2H^+ \longrightarrow 2CrO(O_2)_2+5H_2O$$

$CrO(O_2)_2$不稳定，会逐渐分解成 Cr^{3+}，并放出 O_2，该物质在乙醚或戊醇中较稳定，并呈蓝色，可用于鉴定。

④ 沉淀反应：在铬酸盐和重铬酸盐溶液中加入 Ag^+、Pb^{2+}、Ba^{2+}等离子时，均可生成难溶性的铬酸盐沉淀。

$$2AgNO_3+K_2CrO_4 = 2KNO_3+Ag_2CrO_4\downarrow(砖红色)$$

$$2Pd(NO_3)_2+K_2Cr_2O_7+2H_2O = 2KNO_3+2HNO_3+PdCrO_4\downarrow(黄色)$$

上述反应常用于鉴定 CrO_4^{2-}、$Cr_2O_7^{2-}$或 Ag^+、Pb^{2+}、Ba^{2+}等金属离子。因重铬酸盐的溶解度较大，因此，向铬酸盐溶液或重铬酸盐溶液中加入某种沉淀剂时，生成的都是铬酸盐沉淀。

(3) Cr(Ⅲ)、Cr(Ⅵ)的转换关系

$$Cr^{3+}\xrightarrow{OH^-}Cr(OH)_4^-\xrightarrow{H_2O_2}CrO_4^{2-}\xrightarrow{H^+}Cr_2O_7^{2-}\xrightarrow{H_2O_2}2CrO(O_2)_2$$

戊醇(乙醚)蓝色

(4) 锰(Ⅶ)的化合物

最重要的锰(Ⅶ)的化合物是高锰酸钾。高锰酸钾为深紫色晶体，常温下稳定，易溶于水，其水溶液显紫红色。高锰酸钾的主要化学性质如下：

强氧化性：溶液的酸度不同，MnO_4^- 被还原的产物不同，酸性溶液中，高锰酸钾是强氧化剂，本身被还原为 Mn^{2+}。

$$2MnO_4^-+5SO_3^{2-}+6H^+ \longrightarrow 2Mn^{2+}+5SO_4^{2-}+3H_2O$$

$$2MnO_4^-+5H_2C_2O_4+6H^+ \longrightarrow 2Mn^{2+}+10CO_2+8H_2O$$

在中性或接近中性溶液中，高锰酸钾被还原产物为二氧化锰。

$$2MnO_4^-+3SO_3^{2-}+H_2O \longrightarrow 2MnO_2+3SO_4^{2-}+2OH^-$$

在强碱性溶液中，高锰酸钾被还原产物为锰酸钾。

$$2MnO_4^-+SO_3^{2-}+2OH^-(浓) \longrightarrow 2MnO_4^{2-}+SO_4^{2-}+H_2O$$

稳定性：(见光)遇酸：$4MnO_4^-+4H^+(微酸) \longrightarrow 4MnO_2+3O_2+2H_2O$

浓碱：$4MnO_4^-+4OH^- \longrightarrow 4MnO_4^{2-}+O_2+2H_2O$

加热：$2KMnO_4 \xrightarrow{>220℃} K_2MnO_4+MnO_2(s)+O_2$

(5) 锰(Ⅵ)的化合物

K_2MnO_4 暗绿色晶体，在强碱性溶液中以 MnO_4^{2-}形式存在，在酸性，中性溶液中发生歧化：

$$3MnO_4^{2-}+4H^+ \longrightarrow MnO_2+2MnO_4^-+2H_2O$$

$$3MnO_4^{2-}+2CO_2 \longrightarrow MnO_2+2MnO_4^-+2CO_3^{2-}$$

(6) 锰(Ⅳ)的化合物

MnO_2 为棕黑色粉末，是锰的最稳定氧化物。

强氧化剂：

$$MnO_2+4HCl(浓) \longrightarrow Cl_2+MnCl_2+2H_2O$$

$$2MnO_2+2H_2SO_4(浓) \longrightarrow 2MnSO_4+O_2+2H_2O$$

还原性(碱性)：

$$MnO_2+2MnO_4^-+4OH^- \longrightarrow 3MnO_4^{2-}+2H_2O$$

(7) 锰(Ⅱ)的化合物

锰(Ⅱ)盐与碱反应，产生白色的沉淀 $Mn(OH)_2$，在空气中不稳定，迅速被氧化为棕色的$MnO(OH)_2$。

$$2Mn(OH)_2+O_2 \longrightarrow 2MnO(OH)_2(s，棕黄色)$$

在酸性溶液中，Mn^{2+}较稳定，只有用强氧化剂，如：$NaBiO_3$、PbO_2、$(NH_4)_2S_2O_8$ 才能氧化为紫红色的高锰酸根MnO_4^-，如：

$$2Mn^{2+}+5NaBiO_3(s)+14H^+ \longrightarrow 2MnO_4^-+5Bi^{3+}+5Na^++7H_2O$$

$$2Mn^{2+}+5PbO_2(s)+4H^+ \longrightarrow 2MnO_4^-+5Pb^{2+}+2H_2O$$

$$2Mn^{2+}+5S_2O_8^{2-}+8H_2O \xrightarrow{Ag^+} 2MnO_4^-+10SO_4^{2-}+16H^+$$

鉴定 Mn^{2+}常用 $NaBiO_3$，介质用 HNO_3，Mn^{2+}量不宜多。

(8) 铁、钴、镍的化合物

① Fe(Ⅱ)、Co(Ⅱ)、Ni(Ⅱ)化合物的还原：性还原性依 $Fe(OH)_2$、$Co(OH)_2$、$Ni(OH)_2$ 的顺序而递减。

$$5Fe^{2+}+MnO_4^-+8H^+ \longrightarrow 5Fe^{3+}+Mn^{2+}+4H_2O$$

$$Fe^{2+}+2OH^- \longrightarrow Fe(OH)_2(s)\text{白色}$$

$$4Fe(OH)_2(s)+O_2(空气)+2H_2O \longrightarrow 4Fe(OH)_3(s)\text{红棕色}$$

$$Co^{2+}+2OH^- \longrightarrow Co(OH)_2(s)\text{粉红色}$$

$$2Co(OH)_2(s)+\frac{1}{2}O_2+(x-2)H_2O \longrightarrow Co_2O_3 \cdot xH_2O\ \text{暗棕色}$$

$$2Co(OH)_2(s)+H_2O_2 \longrightarrow 2H_2O+CoO(OH)(s)\text{褐色}$$

$$NiSO_4+NaOH \longrightarrow Ni(OH)_2(s)\text{绿色}$$

$$Ni(OH)_2+H_2O_2 \neq \text{不反应}$$

$$2Ni(OH)_2+Br_2+2OH^- \longrightarrow 2H_2O+2Br^-+2NiO(OH)(s)\text{黑色}$$

② Fe(Ⅲ)、Co(Ⅲ)、Ni(Ⅲ)化合物的氧化性：氧化性依 $Fe(OH)_3$、$Co(OH)_3$、$Ni(OH)_3$ 的顺序而递增。

$$2Fe^{3+}+2I^- \longrightarrow 2Fe^{2+}+I_2$$

$$2Co(OH)_3+6HCl \longrightarrow 2CoCl_2+Cl_2\uparrow+6H_2O$$

$$2Ni(OH)_3+6HCl \longrightarrow 2NiCl_2+Cl_2\uparrow+6H_2O$$

③ 铁、钴、镍的配合物。在 Fe^{3+}的溶液中加入 SCN^-立即出现血红色：

$$Fe^{3+}+nSCN^- \rightleftharpoons [Fe(NCS)_n]^{3-n}$$

其中 $n=1\sim6$，随着 SCN^- 的浓度而异，上述反应是鉴定 Fe^{3+} 的灵敏反应之一，常用于 Fe^{3+} 的可见吸收光谱分析。

在 Fe^{2+} 溶液中加入 KCN 溶液，先生成 $Fe(CN)_2$ 白色沉淀，当 KCN 过量时沉淀溶解，

$$FeSO_4+2KCN \longrightarrow Fe(CN)_2\downarrow+K_2SO_4$$

$$Fe(CN)_2+4KCN \rightleftharpoons K_4[Fe(CN)_6]$$

从溶液中结晶析出的 $K_4[Fe(CN)_6]\cdot 3H_2O$ 黄色晶体称为三水合六氰合铁(Ⅱ)酸钾，俗称黄血盐。在黄血盐中通入氯气，生成六氰合铁(Ⅲ)钾，六氰合铁(Ⅲ)钾的晶体为深红色，俗称赤血盐。

$$2K_4[Fe(CN)_6]+Cl_2 \rightleftharpoons 2K_3[Fe(CN)_6]+2KCl$$

在 Fe^{3+} 的溶液中加入 $K_4[Fe(CN)_6]$ 溶液，生成一种蓝色沉淀，称为普鲁士蓝。

$$Fe^{3+}+K^++[Fe(CN)_6]^{4-} \longrightarrow [KFe(CN)_6Fe]\downarrow(\text{普鲁士蓝})$$

该反应用于 Fe^{3+} 的鉴定。

在 Fe^{2+} 的溶液中加入 $K_3[Fe(CN)_6]$ 溶液，生成一种蓝色沉淀，称为滕氏蓝。

$$Fe^{2+}+K^++[Fe(CN)_6]^{3-} \longrightarrow [KFe(CN)_6Fe]\downarrow(\text{滕氏蓝})$$

该反应用于 Fe^{2+} 的鉴定。

鉴定 Co^{2+} 的反应：

$$Co^{2+}+4SCN^- \xrightarrow{\text{丙酮}} [Co(NCS)_4]^{2-}(\text{天蓝})$$

由于 $[Co(NCS)_4]^{2-}$ 在水溶液中易解离，而在丙酮或乙醚中比较稳定，因此在鉴定时常加入丙酮或乙醚。Ni^{2+} 与 SCN^- 形成的配合物不稳定。

Co^{2+} 和 Ni^{2+} 都能与 NH_3 生成配位数位 6 的八面体配位个体。

$$Co^{2+}+6NH_3(\text{过量}) \rightleftharpoons [Co(NH_3)_6]^{2+}(\text{土黄色})$$

$$Ni^{2+}+6NH_3(\text{过量}) \rightleftharpoons [Ni(NH_3)_6]^{2+}(\text{蓝色})$$

$[Co(NH_3)_6]^{2+}$ 不稳定，在空气中被氧化为 $[Co(NH_3)_6]^{3+}$。

$$4[Co(NH_3)_6]^{2+}(\text{土黄色})+O_2+2H_2O \rightleftharpoons 4[Co(NH_3)_6]^{3+}(\text{红色})+4OH^-$$

Ni^{2+} 能与多齿配位体形成螯合物。在 Ni^{2+} 溶液中加入丁二酮肟(镍试剂)，生成一种鲜红色螯合物。这是鉴别 Ni^{2+} 的特效反应。

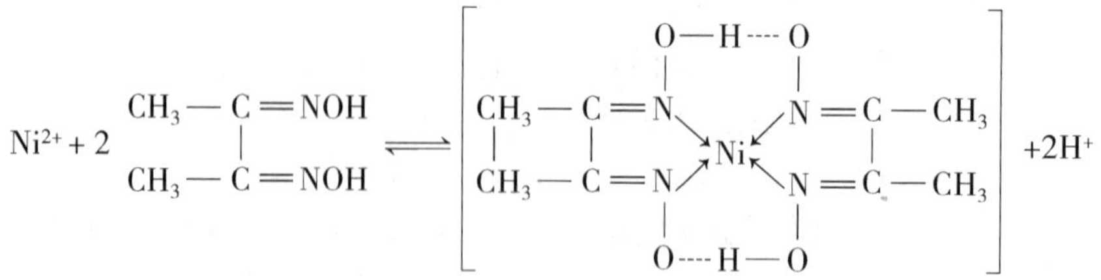

(丁二酮肟)　　鲜红色

(9) 铜的化合物

① 氧化物。氧化亚铜主要用作玻璃、搪瓷工业的红色颜料。氧化铜是一种黑色晶体，不溶于水，但可溶于酸溶液。CuO 的热稳定性很高，加热到 1000℃ 才分解为暗红色的氧化亚铜。

$$4CuO \xrightarrow{1000℃} 2Cu_2O+O_2\uparrow$$

Cu_2O 难溶于水，但易溶于稀硫酸，并立即发生歧化反应：

$$Cu_2O+H_2SO_4 \longrightarrow CuSO_4+Cu+H_2O$$

Cu_2O 与盐酸反应形成难溶于水的氯化亚铜白色沉淀。

$$Cu_2O+2HCl \longrightarrow 2CuCl\downarrow +H_2O$$

Cu_2O 还能溶于过量的氨水中，形成无色的配离子$[Cu(NH_3)_2]^+$：

$$Cu_2O+4NH_3+H_2O \rightleftharpoons 2[Cu(NH_3)_2]^++2OH^-$$

$[Cu(NH_3)_2]^+$在空气中被氧化为深蓝色的$[Cu(NH_3)_4]_2^{2+}$：

$$4[Cu(NH_3)_4]^++8NH_3+2H_2O+O_2 \rightleftharpoons 4[Cu(NH_3)_4]_2^{2+}+4OH^-$$

② 氢氧化物。氢氧化铜是两性化合物，不仅能溶于酸，和碱反应如下：

$$Cu(OH)_2+2NaOH \rightleftharpoons Na_2[Cu(OH)_4]$$

$[Cu(OH)_4]^{2-}$可被葡萄糖 $C_6H_{12}O_6$ 还原为暗红色的氧化亚铜沉淀，医学上常用此反应来检查糖尿病患者尿液中葡萄糖的含量。

$$2[Cu(OH)_4]^{2-}+C_6H_{12}O_6 \xrightarrow{\triangle} Cu_2O\downarrow +C_6H_{12}O_7+4OH^-+2H_2O$$

$Cu(OH)_2$ 溶于过量氨水，生成深蓝色的$[Cu(NH_3)_4]^{2+}$：

$$Cu(OH)_2+4NH_3 \rightleftharpoons [Cu(NH_3)_4](OH)_2$$

③ 铜的卤化物。氯化亚铜：

$$HCl(浓)+Cu+CuCl_2 \rightleftharpoons 2[CuCl_2]^-+2H^+$$

生成物用水稀释则得 CuCl 白色沉淀。

$$2Cu^{2+}+4I^- \longrightarrow 2CuI\downarrow +I_2$$

常用此反应以碘量法定量检测 Cu^{2+} 含量。除 I^-，二价铜在有 X^- 及还原剂同时存在时生成 CuX。

氯化铜：$CuCl_2$ 很浓的溶液呈黄绿色、浓溶液呈绿色{$[CuCl_4]^{2-}$和$[Cu(H_2O)_4]^{2+}$的混合色}、稀溶液呈蓝色，无水 $CuCl_2$ 呈棕黄色，共价化合物。$CuCl_2$ 能溶于乙醇和丙酮。

$CuCl_2$ 加热可分解：$2CuCl_2 \longrightarrow 2CuCl+Cl_2\uparrow$

④ 铜的硫化物。Cu_2S 是黑色化合物溶解度很小，不溶于水和非氧化性酸。可溶于氧化性的硝酸：

$$Cu_2S+HNO_3 \longrightarrow Cu(NO_3)_2+S+NO+H_2O$$

Cu_2S 可溶于 KCN 生成$[Cu(CN)_4]^{3-}$。

CuS 的 $K_{sp}^{\ominus}=8.5\times10^{-45}$，只能溶于热的硝酸中：

$$3CuS+8HNO_3 \longrightarrow 3Cu(NO_3)_2+2NO\uparrow +3S\downarrow +4H_2O$$

可溶于 NaCN 溶液中，因 CN^-与 I^-相似，具有还原能力但又有配合能力。

$$10NaCN+2CuS \rightleftharpoons 2Na_3[Cu(CN)_4]+2Na_2S+(CN)_2\uparrow$$

⑤ 硫酸铜。$CuSO_4\cdot 5H_2O$，俗称胆矾，最重要的二价铜盐，硫酸铜在不同温度下，可以发生下列变化：

$$CuSO_4\cdot 5H_2O \xrightarrow{375K} CuSO_4\cdot 3H_2O \xrightarrow{386K} CuSO_4\cdot H_2O \xrightarrow{531K} CuSO_4 \xrightarrow{923K} CuO$$

在蓝色的五水硫酸铜中，四个水分子以平面四边形配位在 Cu^{2+}的周围，第五个水分子以氢键与硫酸根结合，SO_4^{2-}在平面四边形的上和下，形成一个不规则的八面体(图 5-9)。

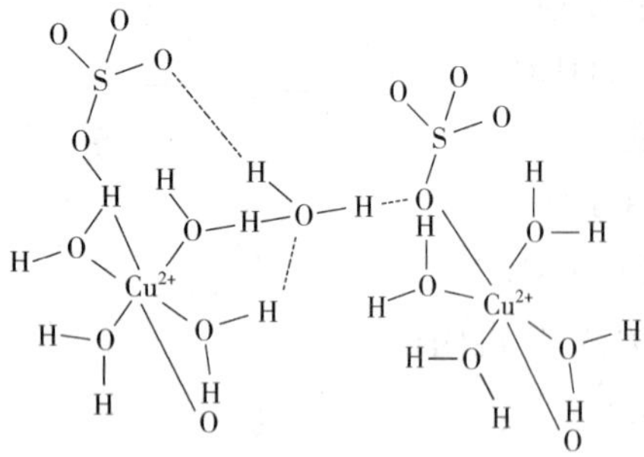

图 5-9　$CuSO_4 \cdot 5H_2O$ 的空间构型

无水硫酸铜为白色粉末，不溶于乙醇和乙醚，其吸水性很强，吸水后显出特征的蓝色。可利用这一性质来检验乙醇、乙醚等有机溶剂中的微量水分。也可以用无水硫酸铜从这些有机物中除去少且水分(作干燥剂)。

硫酸铜是制备其他含铜化合物的重要原料，在工业上用于镀铜和制颜料。在农业上同石灰乳混合得到波尔多液，通常的配方是：

$$CuSO_4 \cdot 5H_2O : CaO : H_2O = 1 : 1 : 100$$

波尔多液在农业上，尤其在果园中是最常用的杀菌剂。

⑥ 配合物。Cu^{2+} 有较强的配合性，它与单齿配体一般形成配位数是 4 的配位个体，如$[Cu(H_2O)_4]^{2+}$、$[Cu(NH_3)_4]^{2+}$、$[CuCl_4]^{2-}$ 等。此外 Cu^{2+} 还能与一些多齿配体(如 en、edta 等)形成稳定的螯合物。

(10) 银的化合物

① 氧化银和氢氧化银。在−45℃以下 AgOH 白色物质稳定存在，高于此温度分解为暗棕色物质 Ag_2O，其为共价型难溶于水的化合物。Ag^+ 一般不稳定，具有一定的氧化性。

② 硝酸银。$AgNO_3$ 是一种重要试剂，可用银和硝酸反应制得，见光易分解因而保存到棕色瓶中，又有一定的氧化性，遇微量的有机化合物即被还原为黑色的单质银，如果皮肤沾上硝酸银溶液，就会出现黑色斑点。医药上常用硝酸银作消毒剂和腐蚀剂。

③ 卤化银。AgX 中除 AgF 溶于水外，其他卤化银皆不溶于水及稀酸。卤化银的颜色从氯到碘逐渐加深，并且都具有感光性，可用于照相术。

④ 硫化银。Ag_2S 黑色化合物溶解度很小，不溶于水和非氧化性酸，可溶于氧化性的硝酸。

⑤ 配合物。Ag^+ 具有 5s、5p 空轨道，具有很强的配位能力，能形成二配位的配合物，如：$[Ag(NH_3)_2]^+$、$[Ag(SCN)_2]^-$、$[Ag(S_2O_3)_2]^{3-}$、$[Ag(CN)_2]^-$ 等，它们的稳定性依次增强。$[Ag(NH_3)_2]^+$ 具有弱氧化性，工业上利用它与甲醛或葡萄糖反应在玻璃或水瓶胆上镀银。

$$[Ag(NH_3)_2]^+ + HCHO + 2OH \xrightarrow{\triangle} 2Ag\downarrow + HCOONH_4 + 3NH_3 + H_2O$$

(11) 锌族元素的重要化合物

ⅡB 族离子都是无色的，所以它们的化合物一般是无色的。但因它们的极化作用及变形性较大，当与易变形的阴离子结合时往往有较深的颜色。

① 氧化物和氢氧化物：

物理性质：ZnO(白色)、CdO(灰棕色)、HgO(红色或黄色)。

应用：ZnO 俗名锌白，用作白色颜料。

化学性质：ZnO 为两性化合物，溶于酸形成锌(Ⅱ)盐，溶于碱形成锌酸盐。

Zn^{2+} 加碱得 $Zn(OH)_2$ 沉淀，$Zn(OH)_2$ 也显两性溶于酸生成锌盐，溶于碱生成四羟基合锌。

$$Zn(OH)_2 + 2OH^- \rightleftharpoons [Zn(OH)_4]^{2-}$$

$Zn(OH)_2$ 能溶于氨水，形成配合物。

$$Zn(OH)_2+4NH_3 \rightleftharpoons [Zn(NH_3)_4]^{2+}+2OH^-$$

② 硫化物。ⅡB 族的元素都能形成相应的硫化物。如：ZnS 白色，$K_{sp}^{\ominus}=1.2\times10^{-23}$，溶于 0.1mol/L 的 HCl 溶液但不能溶于醋酸。CdS 黄色，$K_{sp}^{\ominus}=3.6\times10^{-29}$，不溶于稀酸，但溶于浓酸。HgS 黑色，$K_{sp}^{\ominus}=3.5\times10^{-52}$，是溶解度最小的硫化物，不溶于硝酸只溶于王水。在王水中，HNO_3 将 S^{2-} 氧化，而 Cl^- 与 Hg^{2+} 形成配位个体，同时降低了 S^{2-} 和 Hg^{2+} 的浓度，使硫化汞溶解。

$$3HgS+2HNO_3+12HCl \longrightarrow 3H_2[HgCl_4]+3S\downarrow+2NO\uparrow+4H_2O$$

$$ZnSO_4+BaS \longrightarrow ZnS\cdot BaSO_4$$

$ZnS\cdot BaSO_4$ 称为锌钡白(立德粉，是一种优良的白色颜料)，CdS 称为镉黄，可做颜料。

③ 氯化汞和氯化亚汞。氯化汞为白色针状晶体，微溶于水，有剧毒，$HgCl_2$ 是共价化合物，熔点低(280℃)，易升华，因此又称升汞。氯化汞微溶于水，在水中解离度很小，主要是以分子形式存在。

氯化亚汞是一种白色晶体，难溶于水，氯化亚汞无毒因味略甜，又称甘汞，常用于制作甘汞电极。也具有氧化性，光照分解。

$HgCl_2$ 结构：Cl—Hg—Cl。

Hg_2Cl_2 结构：在亚汞化合物中，汞是以双聚体 ${Hg_2}^{2+}$ 的形式出现，氧化数为+1。

$HgCl_2$ 在氨水和水中氨解或水解：

$$HgCl_2+2NH_3 \longrightarrow Hg(NH_2)Cl\downarrow(\text{白})+NH_4Cl$$

$$HgCl_2+H_2O \longrightarrow Hg(OH)Cl\downarrow+HCl$$

Hg^{2+} 与 ${Hg_2}^{2+}$ 的转化与鉴别：

$$HgCl_2+SnCl_2 \longrightarrow Hg_2Cl_2\downarrow(\text{白})+SnCl_4$$

$$Hg_2Cl_2+SnCl_2 \longrightarrow 2Hg\downarrow(\text{黑})+SnCl_4$$

在水溶液中存在下列离子平衡：

$$Hg^{2+}+Hg \longrightarrow {Hg_2}^{2+} \quad K=69.4$$

因平衡常数不大，改变条件可以相互转化，加入 Hg^{2+} 沉淀剂或配位剂，平衡向左进行：

$${Hg_2}^{2+}+2OH^- \longrightarrow Hg\downarrow+HgO\downarrow+H_2O$$

$${Hg_2}^{2+}+H_2S \longrightarrow HgS\downarrow+Hg\downarrow+2H^+$$

$$Hg_2Cl_2+2NH_3 \longrightarrow HgNH_2Cl\downarrow+Hg\downarrow+NH_4Cl$$

$$Hg_2I_2+2KI \rightleftharpoons K_2[HgI_4]+Hg$$

Hg_2Cl_2 与氨水反应，生成氨基氯化汞和汞而使沉淀呈灰色，利用此反应区分 Hg^{2+} 与 ${Hg_2}^{2+}$，因此反应可鉴定 Hg_2^{2+}。

④ 配合物。Zn^{2+}、Cd^{2+}、Hg^{2+} 与 CN^-、SCN^-、CNS^-、Cl^-、Br^-、I^- 均生成 $[ML_4]^{2-}$ 配离子。

$$Hg^{2+}+I^- \longrightarrow HgI_2\downarrow(\text{红色})+I^- \longrightarrow [HgI_4]^{2-}$$

$[HgI_4]^{2-}$ 与强碱混合后叫奈氏试剂，用于鉴定 ${NH_4}^+$、Hg^{2+}。

第二部分　典型例题

【例 5-1】 CsF 是典型的离子型化合物它的熔点却较低，试解释其原因。

答： 虽然 CsF 是典型的离子型化合物，但由于 Cs^+ 和 F^- 的电荷数较小，且 Cs^+ 的半径较大，致使 Cs^+ 与 F^- 之间的静电引力较小，形成的离子键较弱，所以其熔点较低。

【例 5-2】 有四瓶失落标签的无色溶液，分别是 Na_2S、Na_2SO_3、$Na_2S_2O_3$ 和 Na_2SO_4 溶液，试加以鉴别，写出有关反应的化学方程式。

答： 可以利用 HCl 溶液进行鉴别。加入 HCl 溶液后，有臭鸡蛋味气体放出的是 Na_2S 溶液；有刺激性气味气体放出的是 Na_2SO_3；有刺激性气味气体放出，且有黄色沉淀生成的是 $Na_2S_2O_3$ 溶液；没有任何现象产生的是 Na_2SO_4 溶液。有关反应的化学方程式为

$$Na_2S+2HCl \longrightarrow 2NaCl+H_2S\uparrow$$

$$Na_2SO_3+2HCl \longrightarrow 2NaCl+SO_2\uparrow+H_2O$$

$$Na_2S_2O_3+2HCl \longrightarrow 2NaCl+SO_2\uparrow+S\downarrow+H_2O$$

【例 5-3】 某固体混合物中可能含有 $MgCO_3$、Na_2SO_4、$Ba(NO_3)_2$、$AgNO_3$、$CuSO_4$。将固体混合物溶于水后得无色溶液和白色沉淀。无色溶液与盐酸不发生反应，焰色反应呈黄色；白色沉淀溶于稀盐酸并放出气体。试判断此固体混合物中含有哪些物质。

答： 混合物溶于水后得无色溶液和白色沉淀，可知 $CuSO_4$ 肯定不存在；焰色反应呈黄色，可知 Na_2SO_4 肯定存在；白色沉淀溶于稀盐酸并放出气体，可知 $MgCO_3$ 肯定存在，而 $Ba(NO_3)_2$ 和 $AgNO_3$ 肯定不存在。因此，此固体混合物含有 Na_2SO_4 和 $MgCO_3$。

【例 5-4】 选择适当试剂实现下列转化，写出各步反应方程式。

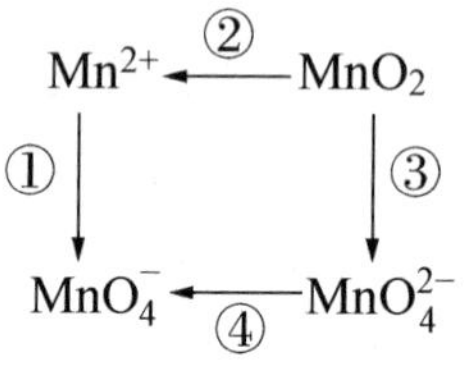

答： ① $5S_2O_8^{\ 2-}+2Mn^{2+}+8H_2O \longrightarrow 10SO_4^{\ 2-}+2MnO_4^{\ -}+16H^+$

② $MnO_2+2Cl^-+4H^+ \longrightarrow Mn^{2+}+Cl_2\uparrow+2H_2O$

③ $MnO_2+H_2O_2+2OH^- \longrightarrow MnO_4^{\ 2-}+2H_2O$

④ $3MnO_4^{\ 2-}+4H^+ \longrightarrow 2MnO_4^{\ -}+MnO_2\downarrow+2H_2O$

【例 5-5】 往 $MnCl_2$ 溶液中加入适量的 HNO_3 酸化，再加入 $NaBiO_3$，溶液中出现紫色后又消失，请说明产生这种现象可能的原因，并写出有关的反应方程式。

答： 在酸性溶液中，$NaBiO_3$ 可以将 Mn^{2+} 氧化为 $MnO_4^{\ -}$，溶液呈紫红色。

$$2Mn^{2+}+5NaBiO_3+14H^+ \longrightarrow 2MnO_4^{\ -}+5Bi^{3+}+5Na^++7H_2O$$

该反应是 Mn^{2+} 的特征反应，常用这个反应来鉴定溶液中微量的 Mn^{2+}。

若溶液中同时还存在 Cl^- 时，$MnO_4^{\ -}$ 在酸性溶液中可将 Cl^- 氧化为 Cl_2，而本身被还原成近无色的 Mn^{2+}：

$$2MnO_4^{\ -}+10Cl^-+16H^+ \longrightarrow 2Mn^{2+}+5Cl_2\uparrow+8H_2O$$

另外，Mn^{2+}过多或 $NaBiO_3$ 过少时，生成的 MnO_4^-可能与过量的 Mn^{2+}反应生成 MnO_2，紫红色也会消失：

$$2MnO_4^- + 3Mn^{2+} + 2H_2O \longrightarrow 5MnO_2\downarrow + 4H^+$$

第三部分　实验内容

实验十二　p 区重要非金属化合物的性质

1. 实验目的

① 掌握过氧化氢的主要性质；学习硫化氢和硫化物的性质。

② 了解硫代硫酸盐和过二硫酸盐的性质。

③ 学会 H_2O_2、S^{2-}、SO_3^{2-}和 $S_2O_3^{2-}$的鉴定方法。

④ 掌握硝酸及其盐、亚硝酸及其盐的重要性质。

⑤ 了解磷酸盐的主要性质。

⑥ 学会 NH_4^+、NO_3^-、NO_2^-和 PO_4^{3-}的鉴定方法。

2. 必备知识

① H_2O_2 何时呈现氧化性，何时呈现还原性？为什么说 H_2O_2 是一种在反应中不带入杂质离子的试剂？

② 实验室中如何制取 H_2S 气体？为什么不能用硝酸或浓硫酸与 FeS 作用制取 H_2S 气体？

③ 长期放置的 H_2S、Na_2S 和 Na_2SO_3 溶液会发生什么变化，为什么？

④ 在鉴定 $S_2O_3^{2-}$时，如果 $Na_2S_2O_3$ 比 $AgNO_3$ 的量多，将会出现什么情况，为什么？

⑤ 预习硝酸及其盐、亚硝酸及其盐、磷酸盐的主要性质及有关离子鉴定方法。

3. 实验原理

（1）硫代硫酸盐遇酸容易分解

$$S_2O_3^{2-} + 2H^+ \longrightarrow SO_2 + S + H_2O$$

$Na_2S_2O_3$ 常用作还原剂，能将 I_2 还原为 I^-，本身被氧化成为连四硫酸钠：

$$2S_2O_3^{2-} + I_2 \longrightarrow S_4O_6^{2-} + 2I^-$$

这一反应在分析化学上用于碘量法容量分析。另外，$S_2O_3^{2-}$能与某些金属离子形成配合物。

（2）$K_2S_2O_8$ 或$(NH_4)_2S_2O_8$ 性质

$K_2S_2O_8$ 或$(NH_4)_2S_2O_8$ 是过二硫酸的重要盐类。它们与 H_2O_2 相似，含有过氧键，也是强氧化剂，能将 I^-、Mn^{2+}和 Cr^{3+}氧化成相应的高氧化态化合物，例如：

$$2Mn^{2+} + 5S_2O_8^{2-} + 8H_2O \longrightarrow 2MnO_4^- + 10SO_4^{2-} + 16H^+$$

有 $AgNO_3$ 存在时，该反应将迅速进行(银的催化作用)。

(3) H_2O_2、S^{2-}、$SO_3{}^{2-}$和$S_2O_3{}^{2-}$的鉴定

① 在含有$Cr_2O_7{}^{2-}$的溶液中加入H_2O_2和戊醇，有蓝色的过氧化物CrO_5生成，该化合物不稳定，放置或摇动时便分解。利用这一性质可以鉴定H_2O_2、Cr(Ⅲ)和Cr(Ⅵ)，主要反应为

$$Cr_2O_7{}^{2-}+4H_2O_2+2H^+ \longrightarrow 2CrO_5+4H_2O$$

此反应是目前实验室经常使用鉴定H_2O_2的反应。

② S^{2-}能与稀酸反应生成H_2S气体，借助$Pb(Ac)_2$试纸进行鉴定。另外，在弱碱性条件下，S^{2-}与$Na_2[Fe(CN)_5NO]$亚硝酰五氰合铁(Ⅱ)反应生成紫红色配合物：

$$S^{2-}+[Fe(CN)_5NO]^{2-} \longrightarrow [Fe(CN)_5NOS]^{4-}$$

③ $SO_3{}^{2-}$与$Na_2[Fe(CN)_5NO]$反应生成红色配合物，加入饱和的$ZnSO_4$溶液和$K_4[Fe(CN)_6]$溶液，会使红色明显加深。

④ $S_2O_3{}^{2-}$与Ag^+反应生成不稳定的$Ag_2S_2O_3$白色沉淀，在转化为黑色的Ag_2S沉淀过程中，沉淀的颜色由白→黄→棕→黑，这是$S_2O_3{}^{2-}$的特征反应。

应当指出，当溶液中同时存在S^{2-}、$SO_3{}^{2-}$和$S_2O_3{}^{2-}$需要逐个加以鉴定时，必须先加$PbCO_3$固体，生成PbS以消除S^{2-}的干扰，再离心分离，取其清液分别鉴定$SO_3{}^{2-}$和$S_2O_3{}^{2-}$。

(4) 鉴定$NH_4{}^+$常用两种方法：

① $NH_4{}^+$与NaOH反应生成$NH_3(g)$，使红色石蕊试纸变蓝。

② $NH_4{}^+$与Nessler试剂($K_2[HgI_4]$的碱性溶液)反应生成红棕色沉淀：

$$NH_4{}^++2[HgI_4]^{2-}+4OH^- \longrightarrow [Hg_2ONH_2]I(s)+7I^-+3H_2O$$

(5) 亚硝酸性质

亚硝酸是稍强于醋酸的弱酸，它极不稳定，仅存在于冷的稀溶液中，加热或浓缩便发生分解：

$$2HNO_2 \longrightarrow H_2O+N_2O_3(\text{浅蓝色})$$

$$N_2O_3 \longrightarrow NO+NO_2$$

亚硝酸盐在溶液中尚稳定，它是极毒、致癌物质，其中氮的氧化态为Ⅲ；在酸性介质中作氧化剂，一般被还原为NO；与强氧化剂作用时，本身被氧化成硝酸盐。

(6) $NO_3{}^-$和$NO_2{}^-$的鉴定

鉴定$NO_3{}^-$或$NO_2{}^-$时，加浓H_2SO_4，$NO_3{}^-$能形成棕色环，$NO_2{}^-$能发生棕色反应。

$$3Fe^{2+}+NO_3^-+4H^+ \longrightarrow 3Fe^{3+}+NO+2H_2O$$

$$[Fe(H_2O)_6]^{2+}+NO \longrightarrow [Fe(NO)(H_2O)_5]^{2+}(\text{棕色})+H_2O$$

当有$NO_2{}^-$存在时，会干扰对$NO_3{}^-$的鉴定，因此，鉴定时先加入NH_4Cl溶液，加热以除去$NO_2{}^-$。

$NO_2{}^-$在醋酸溶液中就能发生上述棕色反应与$FeSO_4$生成$[Fe(NO)(H_2O)_5]SO_4$，使溶液呈棕色。因此，利用这一反应鉴定$NO_2{}^-$。

(7) 磷酸盐的主要性质

磷酸盐和磷酸一氢盐中，只有碱金属(除锂外)和铵的盐类易溶于水，其他磷酸盐都难溶。大多数磷酸二氢盐易溶于水。焦磷酸盐和三磷酸盐具有配位作用，例如：

$$Cu^{2+}+2P_2O_7{}^{4-} \longrightarrow [Cu(P_2O_7)_2]^{6-}$$

$$Ca^{2+}+P_3O_{10}{}^{5-} \longrightarrow [CaP_3O_{10}]^{3-}$$

4. 仪器及药品

仪器：试管、试管夹、点滴板、滴管、小量筒、酒精灯、离心机等。

药品：H_2SO_4(1.0mol·L^{-1}，2.0mol·L^{-1}，6.0mol·L^{-1}，浓)、HNO_3(2.0mol·L^{-1}，浓)，HCl(2.0mol·L^{-1}，6.0mol·L^{-1})，HAc(2.0mol·L^{-1})，KI(0.02mol·L^{-1}，1.0mol·L^{-1})，$Pb(NO_3)$(0.1mol·L^{-1})，$KMnO_4$(0.01mol·L^{-1})，$K_2Cr_2O_7$(0.1mol·L^{-1})，$FeCl_3$(0.01mol·L^{-1})，NaCl(0.1mol·L^{-1})，$ZnSO_4$(0.1mol·L^{-1}，饱和)，$CdSO_4$(0.1mol·L^{-1})，$CuSO_4$(0.1mol·L^{-1})，$Hg(NO_3)_2$(0.1mol·L^{-1})，Na_2S(0.1mol·L^{-1})，$Na_2[Fe(CN)_5NO]$(1.0%)，$K_4[Fe(CN)_6]$(0.1mol·L^{-1})，$Na_2S_2O_3$(0.1mol·L^{-1})，Na_2SO_3(0.1mol·L^{-1})，$AgNO_3$(0.1mol·L^{-1})，KBr(0.1mol·L^{-1})，$(NH_4)_2S_2O_8$(0.2mol·L^{-1})，$BaCl_2$(0.5mol·L^{-1}，1.0mol·L^{-1})，$MnSO_4$(0.002mol·L^{-1})，MnO_2(固)，$K_2S_2O_8$(固)、硫粉、CCl_4、戊醇、SO_2 溶液(饱和)、H_2O_2 溶液(3%)、碘水(饱和)、H_2S 溶液(饱和)、淀粉试纸、醋酸铅试纸、蓝色石蕊试纸、品红溶液、氨水(饱和)。

NaOH(2.0mol·L^{-1}，6.0mol·L^{-1})，NH_4Cl(0.1mol·L^{-1})，$NaNO_2$(0.1mol·L^{-1}，1.0mol·L^{-1})，KNO_3(0.1mol·L^{-1})，Na_3PO_4(0.1mol·L^{-1})，Na_2HPO_4(0.1mol·L^{-1})，NaH_2PO_4(0.1mol·L^{-1})，$CaCl_2$(0.1mol·L^{-1})，$Na_4P_2O_7$(0.5mol·L^{-1})，Na_2CO_3(0.1mol·L^{-1})，$Na_5P_3O_{10}$(0.1mol·L^{-1})，锌粉、铜屑、KNO_3(固)、$FeSO_4·7H_2O$(固)、$CO(NH_2)_2$(固)、NH_4NO_3(固)、$Na_3PO_4·12H_2O$(固)、Nessler 试剂、淀粉试液、钼酸铵试剂、红色石蕊试纸。

5. 实验步骤

(1) 过氧化氢的性质

① 在试管中加入 0.5mL KI(0.1mol·L^{-1})溶液，酸化后加 5 滴 H_2O_2 溶液(3%)和 10 滴 CCl_4 溶液，充分振荡，比较溶液颜色，写出离子反应方程式。

② 试管中加 1mL $Pb(NO_3)_2$(0.5mol·L^{-1})溶液，再加 H_2S 溶液(饱和)，至沉淀生成，离心分离，弃去清液；水洗沉淀后加入 H_2O_2 溶液(3%)，观察沉淀颜色的变化。写出反应方程式。

③ 在试管中加入 5mL $KMnO_4$(0.01mol·L^{-1})溶液，酸化后滴加 H_2O_2 溶液(3%)，观察现象。写出离子反应方程式。

④ 取 H_2O_2 溶液(3%)和戊醇各 10 滴，加 5 滴 H_2SO_4(1.0mol·L^{-1})溶液和 1 滴 $K_2Cr_2O_7$(0.1mol·L^{-1})溶液，振荡试管，观察现象。

(2) 硫化氢和硫化物的性质

① 取 1mL H_2S 溶液(饱和)，滴加 $KMnO_4$(0.01mol·L^{-1})溶液后再酸化，观察有何变化。写出反应方程式。

② 试验 $FeCl_3$(0.01mol·L^{-1})溶液与 H_2S 溶液(饱和)的反应，根据现象写出反应方程式。

③ 在 5 支试管中分别加入下列溶液(0.1mol·L^{-1})各 5 滴：NaCl、$ZnSO_4$、$CdSO_4$、$CuSO_4$ 和 $Hg(NO_3)_2$，然后各加 1mL H_2S 溶液(饱和)，观察是否都有沉淀析出，记录各种沉淀的颜色；离心分离，弃去清液，在沉淀中分别加入数滴 HCl(2.0mol·L^{-1})溶液，看沉淀

是否溶解；将不溶解的沉淀离心分离，弃去清液，加 HCl(6.0mol · L^{-1})溶液，看沉淀是否溶解，将仍不溶解的沉淀离心分离出来，用少量去离子水洗涤沉淀 1～2 次，加数滴 HNO_3(浓)并微热，沉淀是否溶解；如不溶解，再加数滴 HCl(浓)，使 HCl 与 HNO_3 体积比约为 3∶1，并微热使沉淀全部溶解。

根据实验结果，比较上述金属硫化物的溶解性，并记住它们的颜色。

④ 在点滴板上滴加 1 滴 Na_2S(0.1mol · L^{-1})溶液，再加 1 滴 $Na_2[Fe(CN)_5NO]$(1.0%)溶液，出现紫红色表示有 S^{2-}。

⑤在试管中加入数滴 Na_2S(0.1mol · L^{-1})溶液和 HCl(6.0mol · L^{-1})溶液，微热之，在管口用湿润的 $Pb(Ac)_2$ 试纸检查逸出的气体。

（3）硫代硫酸及其盐的性质

① 在试管中加入 $Na_2S_2O_3$(0.1mol · L^{-1})溶液和 HCl(2.0mol · L^{-1})溶液数滴，摇荡片刻观察现象，用湿润的蓝色石蕊试纸检验逸出的气体。

② 取 5 滴碘水(0.01mol · L^{-1})，加 1 滴淀粉试液，逐滴加入 $Na_2S_2O_3$(0.1mol · L^{-1})溶液，观察颜色的变化。

③ 取 5 滴饱和氯水，滴加 $Na_2S_2O_3$(0.1mol · L^{-1})溶液，用 $BaCl_2$(1.0mol · L^{-1})溶液检查是否有 SO_4^{2-}存在。

④ 在试管中加 $AgNO_3$(0.1mol · L^{-1})溶液和 KBr(0.1mol · L^{-1})溶液各 2 滴，观察沉淀颜色，然后加 $Na_2S_2O_3$(0.1mol · L^{-1})溶液，使沉淀溶解。

记录以上实验现象，写出有关反应方程式。

⑤ 在点滴板上加 2 滴 $Na_2S_2O_3$(0.1mol · L^{-1})溶液，再加 $AgNO_3$(0.1mol · L^{-1})溶液至产生白色沉淀，利用沉淀物分解时颜色的变化，确认 $S_2O_3^{2-}$的存在。

（4）过硫酸盐的氧化性

① 在试管中加 0.5mL KI(0.1mol · L^{-1})溶液和 10 滴 H_2SO_4(1.0mol · L^{-1})溶液，再加数滴$(NH_4)_2S_2O_8$(0.2mol · L^{-1})溶液和淀粉溶液，观察颜色的变化。写出反应方程式。

② 将 H_2SO_4(1.0mol · L^{-1})溶液和去离子水各 5mL 与 2～3 滴 $MnSO_4$(0.002mol · L^{-1})溶液均匀混合后分成 2 份。一份加少量 $K_2S_2O_8$ 固体，另一份加 1 滴 $AgNO_3$(1.0mol · L^{-1})溶液和少量 $K_2S_2O_8$ 固体，同时在水浴上加热片刻，观察溶液颜色的变化有何不同。写出反应方程式。

（5）NH_4^+的鉴定

在试管中加 NH_4Cl(0.1mol · L^{-1})溶液和 NaOH(2.0mol · L^{-1})溶液各 10 滴，微热，用湿润的红色石蕊试纸在管口检验逸出的气体。

（6）硝酸和硝酸盐的性质

① 在 2 支试管中分别放入少量锌粉和铜屑，各加入 5 滴 HNO_3(浓)，观察现象，实验后迅速倒掉溶液以回收铜。写出反应方程式。

② 在 2 支试管中分别放入少量锌粉和铜屑，各加 1mL HNO_3(2.0mol · L^{-1})溶液，如不反应可以微热，证明有锌粉的试管中存在 NH_4^+，如锌粉未全部反应，可取清液检验，检验时应加过量的 NaOH 溶液。

(7) 亚硝酸和亚硝酸盐的性质

① 在试管中加 10 滴 $NaNO_2$(1.0mol · L^{-1})溶液，如室温较高，应将试管放在冷水中冷却后，然后滴加 H_2SO_4(6.0mol · L^{-1})溶液，观察液相和气相中的颜色，解释现象。

② 在 0.5mL $NaNO_2$(0.1mol · L^{-1})溶液中加入 1 滴 KI(0.02mol · L^{-1})溶液，有无变化？加 H_2SO_4(0.1mol · L^{-1})溶液酸化，再加淀粉试液，有何变化？写出离子反应方程式。

③ 取 0.5mL $NaNO_2$(0.1mol · L^{-1})溶液，加 1 滴 $KMnO_4$(0.01mol · L^{-1})溶液，用 H_2SO_4 酸化，比较酸化前后溶液的颜色，写出离子反应方程式。

(8) NO_3^-和 NO_2^-的鉴定

① 取 2 滴 KNO_3(0.1mol · L^{-1})溶液，用水稀释至 1mL，加少量 $FeSO_4 \cdot 7H_2O$(s)，振荡溶解后，斜持试管，沿管壁滴加 20~25 滴 H_2SO_4(浓)，静止片刻，观察两种液体的接界面处的棕色环。

② 取 1 滴 $NaNO_2$(0.1mol · L^{-1})溶液，用水稀释至 1mL，加少量 $FeSO_4 \cdot 7H_2O$(s)，振荡溶解，用 HAc(2.0mol · L^{-1})溶液代替浓 H_2SO_4 重复上述实验。

③ 以 $NaNO_2$(0.1mol · L^{-1})溶液代替 KNO_3 溶液，用鉴定 NO_3^-的方法鉴定 NO_2^-，并验证能否用鉴定 NO_2^-的方法来鉴定 NO_3^-，由此可以得到什么结论？

(9) 磷酸盐的性质

① 用 pH 试纸分别测定下列溶液的 pH 值：Na_3PO_4(0.1mol · L^{-1})，Na_2HPO_4(0.1mol · L^{-1})和 NaH_2PO_4(0.1mol · L^{-1})。写出这些盐类水解方程式。

② 在 3 支试管中各加入 10 滴 $CaCl_2$(0.1mol · L^{-1})溶液，然后分别加入等量的 Na_3PO_4、Na_2HPO_4 和 NaH_2PO_4 溶液，观察各试管中是否有沉淀生成？

③ 取 1 滴 $CaCl_2$(0.1mol · L^{-1})溶液，滴加 Na_2CO_3(0.1mol · L^{-1})溶液至产生沉淀，再滴加 $Na_5P_3O_{10}$(0.1mol · L^{-1})溶液至沉淀溶解。写出有关离子反应方程式。

(10) PO_4^{3-}的鉴定

① 取 5 滴 Na_3PO_4(0.1mol · L^{-1})溶液，加 10 滴 HNO_3(浓)，再加 20 滴钼酸铵试剂，在水浴上微热到 40~45℃，观察黄色沉淀的产生。

② 取 10 滴 Na_3PO_4(0.1mol · L^{-1})溶液，加 1 滴 HNO_3(2.0mol · L^{-1})溶液，使溶液接近中性，再滴加 $AgNO_3$(0.1mol · L^{-1})溶液，观察黄色沉淀的产生。用 $Na_4P_2O_7$(0.1mol · L^{-1})溶液代替 Na_3PO_4 溶液重复这一实验，观察白色沉淀的产生。写出有关的离子反应方程式。

6. 思考题

① 用 Nessler 试剂鉴定 NH_4^+时，为什么加 NaOH 使 NH_3 逸出？能否将试剂直接加入含 NH_4^+的溶液中进行鉴定？

② 浓硝酸与金属或非金属反应时，主要的还原产物是什么？

③ 如果用 Na_2SO_3 代替 KI 来证明 $NaNO_2$ 具有氧化性，应该怎样进行实验？

实验十三　d 区重要化合物的性质

1. 实验目的

① 掌握锰主要化合物的性质，掌握 Mn^{2+}的鉴定反应。

② 掌握锰相关化合物的还原性和锰相关化合物的氧化性及其递变规律。

③ 掌握 Fe、Co、Ni 主要配位化合物的性质及其在定性分析中的应用。

④ 掌握 Fe^{2+}、Fe^{3+}、Co^{2+}、Ni^{2+}的分离与鉴定。

2. 必备知识

预习锰、铁、钴、镍的有关性质和鉴定方法。

3. 实验原理

（1）锰的重要化合物的性质

氧化物及其水合物的性质见表 5-7。

表 5-7　氧化物及其水合物的性质

氧化值	+2	+4	+6	+7
氧化物	MnO（绿色）	MnO_2（棕色）		Mn_2O_7（黑绿色油状液体）
氧化物的水合物	$Mn(OH)_2$（白色）	$MnO(OH)_2$（棕黑色）	H_2MnO_4（绿色）	$HMnO_4$（紫红色）
酸碱性	碱性	两性	酸性	强酸性
氧化还原稳定性	MnO 不稳定，易被空气中的氧氧化成 MnO(OH)，进一步氧化成 $MnO(OH)_2$	MnO_2 稳定，在酸性介质中有强氧化性，碱性介质中有还原性	H_2MnO_4 不稳定，易发生歧化反应	Mn_2O_7 不稳定，易分解为 MnO_2 和 O_2

（2）锰化合物的氧化还原性

锰的电势图：

$E^{\ominus}_{A}/V$　$MnO_4^- \xrightarrow{0.55} MnO_4^{2-} \xrightarrow{2.27} MnO_2 \xrightarrow{0.95} Mn^{3+} \xrightarrow{1.51} Mn^{2+} \xrightarrow{-1.18} Mn$

（MnO_4^-—Mn^{2+}：1.507；MnO_4^-—MnO_2：1.679；MnO_2—Mn^{2+}：1.208）

$E^{\ominus}_{B}/V$　$MnO_4^- \xrightarrow{0.56} MnO_4^{2-} \xrightarrow{0.62} MnO_2 \xrightarrow{-0.20} Mn(OH)_3 \xrightarrow{0.10} Mn(OH)_2 \xrightarrow{-1.56} Mn$

（MnO_4^-—MnO_2：0.59；MnO_2—$Mn(OH)_2$：-0.05）

从锰的电势图可知：在酸性介质中，Mn^{3+}和 MnO_4^{2-}均不稳定，易发生歧化反应；在中性和碱性介质中也歧化，但趋势小，速度慢。MnO_4^{2-}只能稳定存在于强碱介质中。

$$2Mn^{3+}+2H_2O \longrightarrow Mn^{2+}+MnO_2\downarrow+4H^+$$

$$3MnO_4^{2-}+4H^+ \longrightarrow MnO_4^-+MnO_2\downarrow+2H_2O$$

在碱性介质中，$Mn(OH)_2$ 易被氧化成 $MnO(OH)_2$；Mn^{2+}在酸性介质稳定，只有强氧化剂(如 $NaBiO_3$、PbO_2 等)才能将 Mn^{2+}氧化成 MnO_4^-。

$$2Mn(OH)_2+O_2 \longrightarrow MnO(OH)_2$$

$$5PbO_2+Mn^{2+}+4H^+ \longrightarrow MnO_4^-+5Pb^{2+}+2H_2O$$

MnO_2 在酸性介质中有强氧化性，还原产物一般为 Mn^{2+}；在碱性介质中有还原性，可被氧化剂(如 O_2、$KClO_3$、KNO_3 等)氧化成 MnO_4^{2-}。

$$MnO_2+4HCl(浓) \longrightarrow MnCl_2+Cl_2+2H_2O$$

$$3MnO_2+KClO_3+6KOH \longrightarrow 3K_2MnO_4+KCl+3H_2O$$

$KMnO_4$ 具有强氧化性，在酸性介质中氧化能力更强，是最常用的强氧化剂。它的还原产物因溶液的酸碱性不同而不同(表 5-8)。

表 5-8　高锰酸钾在不同酸碱介质中的还原产物

溶　液	酸　性	中性或弱碱性	强　碱　性
还原产物	Mn^{2+}	MnO_2	MnO_4^{2-}

(3) 铁系元素的氢氧化物

相关氧化物的还原性见表 5-9。

表 5-9　氧化值为+2 的氢氧化物的还原性

$M(OH)_2$	空气	中强氧化剂（如 H_2O_2）	强氧化剂（如 Cl_2、Br_2）	反应举例
$Fe(OH)_2$（白色）	$Fe(OH)_3$ 反应迅速	$Fe(OH)_3$	$Fe(OH)_3$	$4Fe(OH)_2+O_2+2H_2O \longrightarrow 4Fe(OH)_3$
$Co(OH)_2$（蓝色或粉红色）	$CoO(OH)$ 反应缓慢	$CoO(OH)$	$CoO(OH)$	$2Co(OH)_2+H_2O_2 \longrightarrow 2H_2O+2CoO(OH)$
$Ni(OH)_2$	不作用	$NiO(OH)$	$NiO(OH)$	$2Ni(OH)_2+Cl_2+2OH^- \longrightarrow 2NiO(OH)+2Cl^-+2H_2O$

注：$Co(OH)_2$ 沉淀的颜色由生成条件而定。

$Fe(OH)_2$ 极易被空气氧化，在制备时所用溶液应除去氧并避免受热，在空气中很快由白色变灰绿，最终变为红棕色的 $Fe(OH)_3$。$Co(OH)_2$ 较稳定，$Ni(OH)_2$ 稳定。还原性依 $Fe(OH)_2$、$Co(OH)_2$、$Ni(OH)_2$ 的顺序递减(表 5-10)。

表 5-10　氧化值为+3 的氢氧化物的氧化性

$M(OH)_3$	H_2SO_4	浓 HCl	反应举例
$Fe(OH)_3$(红棕色)	Fe^{3+}	Fe^{3+}	$Fe(OH)_3+3H^+ \longrightarrow Fe^{3+}+3H_2O$
$CoO(OH)$（褐色）	$Co^{2+}+O_2$	$[CoCl_4]^{2-}+Cl_2$	$4CoO(OH)+8H^+ \longrightarrow 4Co^{2+}+O_2\uparrow+6H_2O$ $2CoO(OH)+6H^++10Cl^- \longrightarrow 2[CoCl_4]^{2-}+Cl_2\uparrow+4H_2O$
$NiO(OH)$（黑色）	$Ni^{2+}+O_2$	$[NiCl_4]^{2-}+Cl_2$	$4NiO(OH)+8H^+ \longrightarrow 4Ni^{2+}+O_2\uparrow+6H_2O$ $2NiO(OH)+6H^++10Cl^- \longrightarrow 2[NiCl_4]^{2-}+Cl_2\uparrow+4H_2O$

酸性溶液中均有氧化性，氧化性依 $Fe(OH)_3$，$CoO(OH)$，$NiO(OH)$的顺序而递增。

(4) 铁系元素的盐类

常见的 Fe(Ⅱ)盐有 $FeSO_4$ 和 $FeCl_2$，它们的水溶液呈浅绿色，常用作还原剂。在空气中它的复盐比较稳定，因而常用$(NH_4)_2Fe(SO_4)_2$ 代替。Fe^{2+} 在酸性介质中比在碱性介质中稳定，所以在配制和保存 Fe^{2+}溶液时应加入足够浓度的酸，并加入几颗铁钉：

$$2Fe^{3+}+Fe \longrightarrow 3Fe^{2+}$$

Fe(Ⅲ)盐主要有 $FeCl_3$、$Fe(NO_3)_3$ 等，在强酸性溶液中，Fe^{3+} 呈浅紫色，其水溶液常因水解而呈黄色。Fe^{3+} 有氧化性，可将 $SnCl_2$、KI、H_2S 等还原剂氧化。

常见的钴、镍盐有 $CoCl_2$，$NiSO_4$ 等，水合 Co^{2+} 呈粉红色，水合 Ni^{2+} 呈绿色。Co^{3+}、Ni^{3+} 因有强氧化性，它们的盐极少并且在溶液中不能存在。

（5）铁系元素常见配位化合物

铁系元素常见配位化合物见表5-11。

表5-11　铁系元素常见配位化合物

	Fe^{2+}	Fe^{3+}	Co^{2+}	Ni^{2+}
$NH_3 \cdot H_2O$	$Fe(OH)_2 \xrightarrow{(O_2)} Fe(OH)_3$	$Fe(OH)_3$	$[Co(NH_3)_6]^{2+} \xrightarrow{(O_2)} [Co(NH_3)_6]^{3+}$	$[Ni(NH_3)_6]^{2+}$
CN^-	$[Fe(CN)_6]^{4-}$	$[Fe(CN)_6]^{3-}$	$[Co(CN)_5(H_2O)]^{3-}$	$[Ni(CN)_4]^{2-}$
SCN^-	$Fe(OH)_2 \xrightarrow{(O_2)} Fe(OH)_3$	$[Fe(NCS)_n]^{3-n}$ $n \leqslant 6$	$[Co(NCS)_4]^{2-}$	$[Ni(NCS)]^+$ 不稳定

Fe^{3+}还与F^-形成比$[Fe(NCS)]^{2+}$更加稳定但无色的$[FeF_6]^{3-}$，Co^{2+}与F^-不形成稳定的配位化合物，因此在Fe^{3+}，Co^{2+}混合离子鉴定是可用NH_4F做掩蔽剂将Fe^{3+}掩蔽起来。

形成配位化合物后会改变电对的电极电势。如：

$$E^{\ominus}_{(Fe^{3+}/Fe^{2+})} = 0.77V \quad E^{\ominus}_{([Fe(CN)_6]^{3-}/[Fe(CN)_6]^{4-})} = 0.36V$$

$$E^{\ominus}_{(Co^{3+}/Co^{2+})} = 1.8V \quad E^{\ominus}_{([Co(NH_3)_6]^{3+}/[Co(NH_3)_6]^{2+})} = 0.02V$$

水溶液中，Co^{2+}稳定；氨合物中，$[Co(NH_3)_6]^{2+}$易被空气氧化成$[Co(NH_3)_6]^{3+}$：

$$4[Co(NH_3)_6]^{2+}(\text{土黄色}) + O_2 + 2H_2O \longrightarrow 4[Co(NH_3)_6]^{3+}(\text{红棕色}) + 4OH^-$$

（6）离子的鉴定

Fe^{2+}：加赤血盐，出现蓝色沉淀。

$$Fe^{2+} + K^+ + [Fe(CN)_6]^{3-} \longrightarrow KFe[Fe(CN)_6]\downarrow$$

Fe^{3+}：①加黄血盐，出现蓝色沉淀。

$$Fe^{3+} + K^+ + [Fe(CN)_6]^{4-} \longrightarrow KFe[Fe(CN)_6]\downarrow$$

② 加KSCN，溶液变血红色。

$$Fe^{3+} + nSCN^- \longrightarrow [Fe(NCS)_n]^{3-n}(n \leqslant 6)$$

Co^{2+}：加浓KSCN，并用丙酮或戊醇萃取，溶液呈宝石蓝色。

$$Co^{2+} + 4SCN^- \longrightarrow [Co(NCS)_4]^{2-}$$

Ni^{2+}：在氨性介质中加丁二酮肟，出现鲜红色沉淀。

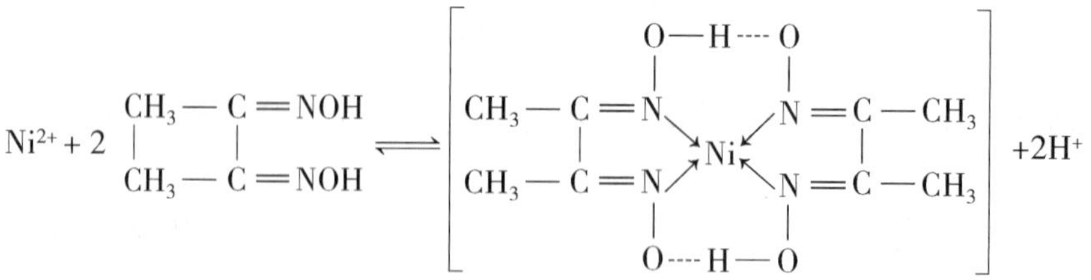

4. 仪器及药品

仪器：试管、试管夹、离心试管、点滴板、小量筒、酒精灯、离心机等。

药品：$MnSO_4$(0.1mol·L^{-1}，0.5mol·L^{-1})、NaOH(2.0mol·L^{-1}，40%，6.0mol·L^{-1})、H_2S(饱和)、$NH_3 \cdot H_2O$(2.0mol·L^{-1}，6mol·L^{-1})、HCl(浓)，$KMnO_4$(0.01mol·L^{-1}，0.1mol·L^{-1})、H_2SO_4(1mol·L^{-1}，2.0mol·L^{-1})、Na_2SO_3(0.1mol·L^{-1})、HNO_3(6mol·L^{-1})、MnO_2(固)、$NaBiO_3$(固)、$K_2Cr_2O_7$(0.1mol·L^{-1})、$CoCl_2$(0.1mol·L^{-1})、$NiSO_4$(0.1mol·L^{-1})、

$KI(0.1mol \cdot L^{-1})$、$FeSO_4(0.1mol \cdot L^{-1}$、$0.5mol \cdot L^{-1})$、$FeCl_3(0.1mol \cdot L^{-1})$、$Pb(NO_3)_2(0.1mol \cdot L^{-1})$、$KSCN(0.1mol \cdot L^{-1})$、$K_4[Fe(CN)_6](0.1mol \cdot L^{-1})$、$K_3[Fe(CN)_6](0.1mol \cdot L^{-1})$、丁二酮肟、$H_2O_2(3\%)$、$NaF(0.1mol \cdot L^{-1})$、$Br_2$ 水、CCl_4、丙酮、$(NH_4)_2Fe(SO_4)_2 \cdot 6H_2O$(固)、KSCN(固)、$KI^-$淀粉。

5. 实验步骤

(1) $Mn(OH)_2$ 的生成和性质

在 3 支试管中各加入 0.5mL $MnSO_4(0.1mol \cdot L^{-1})$ 溶液，再分别加入 NaOH 溶液 $(2.0mol \cdot L^{-1})$ 至有白色沉淀生成；在 2 支试管中迅速检查 $Mn(OH)_2$ 的酸碱性；另一支试管在空气中振荡，观察沉淀颜色的变化。解释现象，写出反应方程式。

(2) MnS 的生成和性质

在溶液 $MnSO_4(0.1mol \cdot L^{-1})$ 中滴加 H_2S(饱和)溶液，有无沉淀生成？再向试管中加 $NH_3 \cdot H_2O(2.0mol \cdot L^{-1})$ 溶液，摇荡试管，有无沉淀生成？

(3) MnO_2 的生成和性质

① 将 $KMnO_4(0.01mol \cdot L^{-1})$ 溶液和 $MnSO_4(0.5mol \cdot L^{-1})$ 溶液混合后，是否有沉淀生成？

② 用 MnO_2(固)和 HCl(浓)制备 Cl_2 并检验。

(4) MnO_4^{2-}的生成和性质

在 2mL $KMnO_4(0.01mol \cdot L^{-1})$ 溶液中加入 1mL NaOH(40%)溶液，再加少量 MnO_2(固)，加热，搅动，沉降片刻，观察上层清液的颜色。取清液于另一试管中，用 H_2SO_4 酸化有何现象，为什么？

(5) 溶液的酸碱性对 MnO_4^-还原产物的影响

在 3 支试管中分别加入 5 滴 $KMnO_4(0.01mol \cdot L^{-1})$ 溶液，再分别加入 5 滴 $H_2SO_4(2.0mol \cdot L^{-1})$ 溶液，$NaOH(6.0mol \cdot L^{-1})$ 和 H_2O，然后各加入几滴 $Na_2SO_3(0.1mol \cdot L^{-1})$ 溶液。观察各试管中发生的变化，写出有关反应方程式。

(6) Mn^{2+}的鉴定

取 2 滴 $MnSO_4(0.1mol \cdot L^{-1})$ 溶液和数滴 $HNO_3(6mol \cdot L^{-1})$ 溶液，加少量 $NaBiO_3$(固)，摇荡试管，静止沉降，上层清液呈紫红色，表示有 Mn^{2+}存在。

(7) Fe(Ⅱ)、Co(Ⅱ)、Ni(Ⅱ)化合物的还原性

① Fe(Ⅱ)化合物的还原性：

a. 设计并完成实验，证明 $FeSO_4$ 在酸性介质中能被 $KMnO_4$ 氧化，观察现象并写出离子反应方程式。

b. 在一支试管中，加入 1mL 蒸馏水和几滴稀 H_2SO_4，煮沸以赶去空气(为什么)。待冷却后，加入少量 $(NH_4)_2Fe(SO_4)_2 \cdot 6H_2O$ 固体，使其溶解，制得 $(NH_4)_2Fe(SO_4)_2$ 溶液。

在另一支试管中加入 $6mol \cdot L^{-1}$ NaOH 溶液 3mL，煮沸以赶去空气。待冷却后，用滴管吸取 NaOH 溶液，插入 $(NH_4)_2Fe(SO_4)_2$ 溶液(至试管底部)慢慢放出 NaOH 溶液(注意整个操作都要避免将空气带入溶液)。观察白色 $Fe(OH)_2$ 沉淀的生成。摇动放置一段时间，观察沉淀颜色的变化，写出离子反应方程式。

② Co(Ⅱ)化合物的还原性。在试管中加入 $0.1mol \cdot L^{-1}$ 的 $CoCl_2$ 溶液 0.5mL，滴加 $6mol \cdot L^{-1}$ 的 NaOH 溶液，观察现象。将沉淀分盛于两支试管中，一支试管中的沉淀放置片刻，观察沉

淀颜色的变化；在另一支试管中加入数滴 3% H_2O_2 溶液，观察沉淀颜色的变化，将沉淀保留作后面实验使用。写出离子反应方程式。

③ Ni(Ⅱ)化合物的还原性。在 2 支试管中分别制备少量的 $Ni(OH)_2$ 沉淀，观察沉淀的颜色。然后在一支试管中加入 3% H_2O_2 溶液，在另一支试管中加入几滴 Br_2 水，观察沉淀颜色的变化有何不同。将制得的 NiO(OH)沉淀保留作后面实验使用。写出离子反应方程式。

(8) Fe(Ⅲ)、Co(Ⅲ)、Ni(Ⅲ)化合物的氧化性

① 自制少量 $Fe(OH)_3$ 沉淀(选用什么试剂)，然后加入浓 HCl，观察现象(有无 Cl_2 产生？应该怎样检验)。再加入 0.5mL CCl_4 和 1 滴 0.1mol·L^{-1}KI 溶液，观察 CCl_4 层颜色的变化。写出有关反应的离子方程式。

② 用实验制得的 CoO(OH)沉淀，加入少量浓 HCl，观察现象，并检验所产生的气体。写出离子反应方程式。

③ 用实验制得的 NiO(OH)沉淀，加入少量浓 HCl，观察现象，并检验所产生的气体。写出离子反应方程式。

根据实验比较 $Fe(OH)_2$、$Co(OH)_2$、$Ni(OH)_2$ 还原性的强弱和 $Fe(OH)_3$、CoO(OH)、NiO(OH)氧化性的强弱。

(9) 铁、钴、镍的配合物

① 在 $K_4[Fe(CN)_6]$(0.1mol·L^{-1})溶液中，分别滴加数滴 NaOH(2.0mol·L^{-1})溶液和 $FeCl_3$(0.1mol·L^{-1})溶液，观察现象并解释。在 $K_3[Fe(CN)_6]$(0.1mol·L^{-1})溶液中，分别滴加 NaOH(2.0mol·L^{-1})和 $FeSO_4$(0.1mol·L^{-1})，观察现象，写出反应方程式。

② 在 $FeCl_3$(0.1mol·L^{-1})溶液中加入 2 滴 KSCN(0.1mol·L^{-1})溶液有何现象？再滴加 NaF(0.1mol·L^{-1})溶液有何变化？写出反应方程式。

③ 取 5 滴 $CoCl_2$(0.1mol·L^{-1})溶液，加少量 KSCN(固)，再加入几滴丙酮，观察现象。

④ 在点滴板上加 1 滴 0.1mol·L^{-1} $NiSO_4$ 溶液，1 滴 6mol·L^{-1} $NH_3 \cdot H_2O$，再加入 1 滴 1%丁二酮肟，观察鲜红色沉淀的生成。

⑤ 氨配合物：取 1mL $FeCl_3$ 溶液，滴加 6mol·L^{-1} $NH_3 \cdot H_2O$ 直至过量，观察沉淀是否溶解。

在 2 支试管中分别加入 0.5mL 浓度均为的 0.1mol·L^{-1}溶液 $CoCl_2$ 和溶液 $NiSO_4$。然后再分别加入过量的 6mol·L^{-1} $NH_3 \cdot H_2O$，观察现象。静置片刻，再观察溶液颜色有无变化。写出有关的离子反应方程式。

根据实验比较$[Co(NH_3)_6]^{2+}$、$[Ni(NH_3)_6]^{2+}$氧化还原稳定性的相对大小。

6. 思考题

① 怎样实现 $Mn^{2+} \longrightarrow MnO_2 \longrightarrow MnO_4^{2-} \longrightarrow MnO_4^- \longrightarrow Mn^{2+}$的转化？用反应方程式表示。

② 怎样存放 $KMnO_4$ 溶液，为什么？

③ 制取 $Fe(OH)_2$ 时为什么要先将有关溶液煮沸？

④ 制取 $Co(OH)_3$、$Ni(OH)_3$ 时，为什么要以 Co(Ⅱ)、Ni(Ⅱ)为原料在碱性溶液中进行氧化，而不用 Co(Ⅲ)、Ni(Ⅲ)直接制取？

⑤ 在 $Co(OH)_3$ 沉淀中加入浓 HCl 后，有时溶液呈蓝色，加水稀释后又呈粉红色，为什么？

实验十四　阴离子定性分析

1. 实验目的

① 了解分离检出十一种常见阴离子的方法、步骤和条件。

② 熟悉常见阴离子的有关性质。

③ 检出未知液中的阴离子。

2. 仪器及药品

仪器：电热套、试管、烧杯、滴管。

药品：CO_3^{2-}、NO_2^-、NO_3^-、PO_4^{3-}、S^{2-}、SO_3^{2-}、SO_4^{2-}、$S_2O_3^{2-}$、Cl^-、Br^-、I^-中部分阴离子混合液。

CCl_4、pH 试纸、淀粉-碘溶液、$NH_3 \cdot H_2O$（6mol·L^{-1}）、HNO_3（6mol·L^{-1}）、H_2SO_4（2mol·L^{-1}）、$AgNO_3$（1mol·L^{-1}）、KI（1mol·L^{-1}）、$BaCl_2$（0.5mol·L^{-1}）、$KMnO_4$（0.02mol·L^{-1}）。

3. 实验步骤

领取未知溶液一份，其中可能含有的阴离子是 CO_3^{2-}、NO_2^-、NO_3^-、PO_4^{3-}、S^{2-}、SO_3^{2-}、SO_4^{2-}、$S_2O_3^{2-}$、Cl^-、Br^-、I^-等离子，按以下步骤，检出未知液中的阴离子。

（1）阴离子的初步检验

① 溶液的酸、碱性检验：用 pH 试纸测定未知溶液的酸、碱性。若溶液呈酸性，则不可能存在 CO_3^{2-}、SO_3^{2-}、$S_2O_3^{2-}$、S^{2-}、NO_2^-等离子。如果溶液显碱性，在试管中加几滴未知溶液，加 2mol·L^{-1} H_2SO_4 溶液进行酸化，轻敲管底，观察是否有气泡产生。如果现象不明显，可稍微加热。如果有气泡产生，表示可能存在 CO_3^{2-}、SO_3^{2-}、$S_2O_3^{2-}$、S^{2-}、NO_2^-等离子，需要用相应的方法检出它们。

② 钡组阴离子的检验：在试管中加 3 滴未知溶液，加 6mol·L^{-1}的 $NH_3 \cdot H_2O$，使溶液显碱性，如果加 2 滴 0.5mol·L^{-1}的 $BaCl_2$ 溶液后，有白色沉淀产生，可能存在 CO_3^{2-}、SO_4^{2-}、SO_3^{2-}、PO_4^{3-}、$S_2O_3^{2-}$等离子。如果不产生沉淀，除 $S_2O_3^{2-}$离子不能确定外，其他离子都不存在。

③ 银组阴离子的检验：在试管中加 3 滴未知溶液和 5 滴蒸馏水，再加 3 滴 1mol·L^{-1}的 $AgNO_3$ 溶液，然后加 5 滴 6mol·L^{-1}的 HNO_3 溶液，如果产生沉淀，表示 S^{2-}、$S_2O_3^{2-}$、Cl^-、Br^-、I^-等离子可能存在。并可由沉淀的颜色进行初步判断：沉淀为白色的为 Cl^-；淡黄色的为 Br^-、I^-；黑色的为 S^{2-}，但黑色可能掩盖其他颜色的沉淀；沉淀由白色变为黄色，再变为橙色，最后变为黑色的为 $S_2O_3^{2-}$。如果没有沉淀产生，说明上述离子不存在。

④ 还原性阴离子的检验：在试管中加 3 滴未知溶液，滴加 2mol·L^{-1}的 H_2SO_4 溶液进行酸化，然后加入 1～2 滴 0.02mol·L^{-1} $KMnO_4$ 溶液，如果紫色退去，表示 SO_3^{2-}、$S_2O_3^{2-}$、S^{2-}、Br^-、I^-、NO_2^-等离子可能存在。如果现象不明显，可温热。

当检出有还原性阴离子后，再用淀粉-碘溶液检验是否存在强还原性离子。如果蓝色退去，则可能存在 S^{2-}、SO_3^{2-}、$S_2O_3^{2-}$等离子。

⑤ 氧化性阴离子的检验：在试管中加 3 滴未知溶液，滴加 2mol·L^{-1} H_2SO_4 进行酸化，再加几滴 CCl_4 和 1～2 滴 1mol·L^{-1} KI 溶液，振荡试管，如果 CCl_4 层中显紫色，表示存在 NO_2^-（在前面所列出的十一种阴离子中，只有 NO_2^-有此反应）。

(2) 阴离子的检验

经过以上的初步实验，可以判断哪些离子可能存在，哪些离子不可能存在。对可能存在的离子，进行逐一分离、检出，最后确定未知溶液中有哪些阴离子存在。

实验十五　水溶液中 Fe^{3+}、Co^{2+}、Ni^{2+}、Mn^{2+}、Al^{3+}、Cr^{3+}和 Zn^{2+}等离子的分离和检出

1. 实验目的

① 将 Fe^{3+}、Co^{2+}、Ni^{2+}、Mn^{2+}、Al^{3+}、Cr^{3+}和 Zn^{2+}等离子进行分离和检出，并掌握它们的检出条件。

② 熟悉以上各离子的有关性质(如氧化性、还原性、两性、综合性等)。

2. 仪器及药品

仪器：电热套、试管、烧杯、滴管、离心机、试管架、搅拌棒、点滴板。

药品：Fe^{3+}、Co^{2+}、Ni^{2+}、Mn^{2+}、Al^{3+}、Cr^{3+}、Zn^{2+}中部分阳离子混合液。

NH_4Cl(s)、NH_4F(s)、$NaBiO_3$(s)、CCl_4、丙酮、溴水、饱和 NH_4SCN、硫代乙酰胺、$(NH_4)_2Hg(SCN)_4$、丁二酮肟、亚硝基 R 盐、铝试剂、NaOH($6mol \cdot L^{-1}$)、HAc($6mol \cdot L^{-1}$、$2mol \cdot L^{-1}$)、HNO_3($3mol \cdot L^{-1}$)、NH_4Ac($3mol \cdot L^{-1}$)、H_2SO_4($2mol \cdot L^{-1}$)、$NH_3 \cdot H_2O$($2mol \cdot L^{-1}$)、Na_2S($2mol \cdot L^{-1}$)、KSCN($1mol \cdot L^{-1}$)、$Pb(Ac)_2$($0.5mol \cdot L^{-1}$)、$K_4[Fe(CN)_6]$($0.1mol \cdot L^{-1}$)、3%H_2O_2。

3. 实验步骤

向指导教师索取混合试液，按以下步骤进行分离和检出。

① Fe^{3+}、Co^{2+}、Ni^{2+}、Mn^{2+}与 Al^{3+}、Cr^{3+}、Zn^{2+}的分离：取少量试液加入试管中，往试液中加入 $6mol \cdot L^{-1}$NaOH 溶液呈强碱性后，再多加 5 滴 NaOH 溶液。然后逐滴加入 3%H_2O_2 溶液，每加 1 滴 H_2O_2 溶液，即用搅棒搅拌。加完后继续搅拌 3min，加热，使过剩的 H_2O_2 完全分解，至不再发生气泡为止。离心分离，把清液移到另一支离心试管中，按步骤⑦的方法处理。沉淀用热水洗一次，离心分离，弃去洗涤液。

② 沉淀的溶解：往步骤①的沉淀上，加 10 滴 $2mol \cdot L^{-1}$ H_2SO_4 溶液和 2 滴 3%H_2O_2 溶液，搅拌后，放在水浴中加热至沉淀全部溶解、H_2O_2 全部分解为止。把溶液冷至室温，进行以下试验。

③ Fe^{3+}的检出：取 1 滴步骤②的溶液加到点滴板穴中，再加 1 滴 $0.1mol \cdot L^{-1}$ $K_4[Fe(CN)_6]$溶液，产生蓝色沉淀，表示有 Fe^{3+}存在。

取 1 滴步骤②的溶液加到点滴板穴中，再加 1 滴 $1mol \cdot L^{-1}$KSCN 溶液。溶液变成血红色，表示有 Fe^{3+}存在。

④ Mn^{2+}离子的检出：取 1 滴步骤②的溶液，加 3 滴蒸馏水和 3 滴 $3mol \cdot L^{-1}$$HNO_3$ 溶液及一小勺 $NaBiO_3$ 固体，搅拌，溶液变成紫色，表示有 Mn^{2+}存在。

⑤ Ni^{2+}的检出：在离心管中，加几滴步骤②的溶液，并加 $2mol \cdot L^{-1}$$NH_3 \cdot H_2O$ 至呈碱性。如果沉淀生成，还要离心分离。然后往上层清液中加 1~2 滴丁二酮肟，产生桃红色沉淀，表示有 Ni^{2+}存在。

⑥ Co^{2+}的检出：在试管中，加 2 滴步骤②的溶液和 1 滴 $3mol \cdot L^{-1}$ NH_4Ac 溶液，再加入

1 滴亚硝基 R 盐溶液，溶液呈红褐色，表示有 Co^{2+}存在。

在试管中加 2 滴步骤②的溶液和少量 NH_4F 固体，再加入等体积的丙酮，然后加入饱和 NH_4SCN 溶液，溶液呈蓝色(或蓝绿色)，表示有 Co^{2+}存在。

⑦ Al(Ⅲ)、Cr(Ⅵ)和 Zn(Ⅱ)的分离及 Al^{3+}的检出：往步骤①的清液内加入 NH_4Cl 固体，加热，产生白色絮状沉淀，即是 $Al(OH)_3$ 沉淀。离心分离，把清液移到另一支试管中，按步骤⑧和步骤⑨两步处理。沉淀用 $2mol \cdot L^{-1}$ 氨水洗一次，离心分离，洗涤液并入清液，加 4 滴 $6mol \cdot L^{-1}$ HAc，加热使沉淀溶解，再加 2 滴蒸馏水、2 滴 $3mol \cdot L^{-1}$ NH_4Ac 溶液和 2 滴铝试剂，搅拌后微热之，产生红色沉淀，表示有 Al^{3+}存在。

⑧ Cr^{3+}的检出：如果步骤⑦清液呈淡黄色，则有 CrO_4^{2-}，用 $6mol \cdot L^{-1}$ HAc 酸化，再加 2 滴 $0.5mol \cdot L^{-1}$ $Pb(Ac)_2$ 溶液，产生黄色沉淀，表示有 Cr^{3+}存在。

⑨ Zn^{2+}的检出：取几滴步骤⑦的清液，滴加 $2mol \cdot L^{-1}$ Na_2S 溶液，产生白色沉淀，表示有 Zn^{2+}存在。

取几滴步骤⑦的清液，用 $2mol \cdot L^{-1}$ HAc 进行酸化，再加入等体积的 $(NH_4)_2Hg(SCN)_4$ 溶液，摩擦试管壁，生成白色沉淀，表示有 Zn^{2+}存在。

Fe^{3+}、Co^{2+}、Ni^{2+}、Mn^{2+}、Al^{3+}、Cr^{3+}、Zn^{2+}等离子的分离与检出如下：

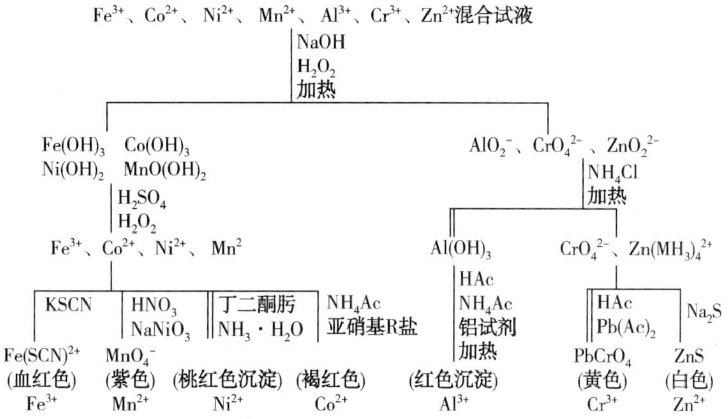

第四部分　思考题和习题

思 考 题

思考题 5-1　为什么氢氧化物中金属阳离子的离子势 φ 较大时，氢氧化物的酸式解离的趋势也较大？

思考题 5-2　为什么 LiF 在水中的溶解度比 AgF 小，而 LiI 在水中的溶解度比 AgI 大？

习　　题

习题 5-1　白色固体 A 加强热得到白色固体 B 和无色气体 C。B 溶于水得到溶液 D，该溶液能使红色石蕊试纸变蓝，在溶液中加入 HCl 溶液后经蒸发干燥得固体 E。用 E 做焰色反应实验，火焰为绿色。C 不能使酸性 $KMnO_4$ 溶液褪色，通入 $Ca(OH)_2$ 饱和溶液中生成白色沉淀 F。将溶液 D 与 H_2SO_4 溶液混合后，生成白色沉淀 G，G 不溶于 HNO_3 溶液。试确定 A、B、C、D、E、F、G 各为什么物质，写出有关的反应方程式。

答案：A：$BaCO_3$，B：BaO，C：CO_2，D：$Ba(OH)_2$，E：$BaCl_2$，F：$CaCO_3$，G：$BaSO_4$；反应方程式略

习题 5-2 写出下列反应方程式：

(1) 亚硝酸钠在酸性介质中与碘化钾反应；

(2) 黑色硫化铅遇过氧化氢变白；

(3) 在 $Na[Al(OH)_4]$溶液中加入 NH_4Cl 溶液，生成乳白色胶状沉淀。

答案：略

习题 5-3 钠盐 A 溶于水，在 A 的溶液中加入 HCl 溶液有刺激性气体 B 产生，同时有白色(或浅黄色)沉淀 C 析出，B 能使 $KMnO_4$ 溶液褪色。若通足量 Cl_2 于 A 溶液中，则得溶液 D，D 与 $BaCl_2$ 溶液作用生成白色沉淀 E，E 不溶于 HNO_3 溶液。试推测 A、B、C、D、E 各为何物质。

答案：A：$Na_2S_2O_3$，B：SO_2，C：S，D：Na_2SO_4和 NaCl，E：$BaSO_4$

习题 5-4 在 $Cr_2(SO_4)_3$ 溶液中滴加 NaOH 溶液，先析出灰绿色絮状沉淀，后又溶解。此时加入溴水，溶液则由绿色转变为黄色，再向溶液中加入硫酸酸化后，由黄色变为橙色。写出上述反应的化学方程式。

答案：略

习题 5-5 用化学方法鉴别 Fe^{2+}和 Fe^{3+}，并用反应式表示。

答案：略

习题 5-6 分别写出 $KMnO_4$ 在强酸性、中性及强碱性介质中与 Na_2SO_3 作用的反应方程式。

答案：略

习题 5-7 某粉红色晶体溶于水得溶液 A，A 也呈粉红色。向 A 中加入少量 NaOH 溶液，生成蓝色沉淀，当 NaOH 溶液过量时，则得到粉红色沉淀 B，再加入 H_2O_2 溶液，得到棕色沉淀 C。C 与过量浓盐酸反应生成蓝色溶液 D 和黄绿色气体 E。将 D 用水稀释又转变为溶液 A。溶液 A 中加入 KSCN 晶体和丙酮后得到天蓝色溶液 F。试确定 A、B、C、D、E、F 所代表的物质，并写出有关反应的化学方程式。

答案：略

第五部分　拓展阅读

5.1　铍的反常性质

Be 原子的价电子层结构为 $2s^2$，它的原子半径为 89pm，Be 离子半径为 31pm，Be 的电负性为 1.57。铍由于原子半径和离子半径特别小(不仅小于同族的其他元素，还小于碱金属元素)，电负性又相对较高(不仅高于碱金属元素，也高于同族其他各元素)，所以铍形成共价键的倾向比较显著，不像同族其他元素主要形成离子型化合物。因此铍常表现出不同于同

族其他元素的反常性质。

① 铍由于表面易形成致密的保护膜而不与水作用，而同族其他金属镁、钙、锶、钡均易与水反应。

② 氢氧化铍是两性的，而同族其他元素的氢氧化物均是中强碱或强碱性的。

$$Be(OH)_2+H^++2H_2O \rightleftharpoons [Be(H_2O)_4]^{2+}$$

$$Be(OH)_2+2OH^- \rightleftharpoons [Be(OH)_4]^{2-}$$

③ 铍盐强烈地水合生成四面体型的离子 $[Be(H_2O)_4]^{2+}$，键很强，这就削弱了 O—H 键，因此水合铍离子有失去质子的倾向：

$$[Be(H_2O)_4]^{2+} \rightleftharpoons [Be(OH)(H_2O)_3]^++H^+$$

因此铍盐在纯水中是酸性的。而同族其他元素(镁除外)的盐均没有水解作用。

5.2 二氧化碳与环境

CO_2 在大气中约占 0.03%，海洋中约占 0.014%。它还存在于火山喷射气及某些泉水中。空气中的 CO_2 主要来自碳和碳化合物的燃烧、碳酸钙矿石的分解、动物的呼吸以及发酵过程。地球上的植物及海洋中的浮游生物则将 CO_2 转变为 O_2，一直维持着大气中 O_2 与 CO_2 的平衡。但是近几十年来随着全世界工业的高速发展及由此带来的海洋污染，产生的 CO_2 越来越多，而浮游生物越来越少(因海洋污染)，同时森林又滥遭砍伐，这在很大程度上破坏生态平衡。大气中 CO_2 的含量的增多，这对地表温度将发生影响。这是造成地求"温室效应"的主要原因。因为地球从太阳吸收能量的速度本来等于它向空间辐射能量的速度以保持热平衡。地球辐射的最长波长在红外区。太阳能辐射到地面，约有一半反射到空间，另一半则被吸收并重新以红外线辐射出来。大气中的 CO_2 及水蒸气为红外线吸收体，它们在调节地面温度方面起着决定性的作用。如果大气中的 CO_2 浓度增加，则太阳吸收多，反射到太空的少，地表温度将上升。大气中 CO_2 含量的增加导致地表气温上升 2~3K，会给人类生活造成一些影响，这个问题在国际上已引起科学界的正视。

5.3 硅胶及变色硅胶

正硅酸放置时，生成多硅酸胶体溶液，即硅胶。在单体可溶性硅酸盐($NaSiO_3$)中，加 H^+，至 pH=7~8 时，硅酸根缩聚，聚合度逐渐加高，形成大相对分子质量的胶体溶液。当分子量达到一定程度时，变成凝胶。用水洗涤，交换去掉阳离子，烘干(333~343K)，加热(573K)活化，得到一种多孔性有吸附作用的物质，多孔硅胶，可用作干燥剂，起吸水作用。吸水后，若有明显现象，则可以在除水后，再生使用。为此，可用 $CoCl_2$ 溶液浸泡，烘干，$CoCl_2$ 无水时呈蓝色，当干燥剂吸水后，随吸水量不同，呈现蓝紫-紫-紫粉-粉红。最后为呈粉红色。说明硅胶已经吸饱水。二氯化钴晶体由于所含结晶水不同而呈现不同颜色：

$$\underset{(粉红色)}{CoCl_2 \cdot 6H_2O} \xrightleftharpoons{325K} \underset{(紫红色)}{CoCl_2 \cdot 2H_2O} \xrightleftharpoons{363K} \underset{(蓝紫色)}{CoCl_2 \cdot H_2O} \xrightleftharpoons{393K} \underset{(蓝色)}{CoCl_2}$$

硅胶干燥剂可重复使用。再使用时要烘干，在烘箱中加热又失去水由粉红色变为蓝色，称这种硅胶为变色硅胶。

5.4 硅酸盐

(1) 可溶性[Na_2SiO_3(水玻璃)、K_2SiO_3]

工业上制硅酸钠的方法是将石英砂、硫酸钠熔融即得玻璃块状的硅酸钠熔体。它能溶于水，其水溶液俗称“水玻璃”，又名“泡花碱”。它是多种多硅酸盐的混合物其化学组成为$Na_2O \cdot nSiO_2$。水玻璃的用途很广，建筑工业及造纸工业用它作黏合剂。木材或织物用水玻璃浸泡以后既可以防腐又防火。浸过水玻璃的鲜蛋可以长期保存。水玻璃还用作软水剂、洗涤剂和制肥皂的填料。它也是制硅胶和分子筛的原料。

(2) 不溶性

大部分硅酸盐难溶于水，且有金属离子的特征颜色。硅酸盐结构复杂，一般写成氧化物形式，它的基本结构单位为硅氧四面体。硅酸盐矿的复杂性在其阴离子。而阴离子的基本结构单元是SiO_4四面体。由此四面体组成的阴离子，除了简单的单个SiO_4^{4-}和二硅酸阴离子以外，还有由多个SiO_4四面体通过顶角上的一个或两个或三个、四个氧原子连接而成的环状、链状、片状或三网格结构的复杂阴离子。这些阴离子借金属离子结合成为各种硅酸盐。分子筛有天然的和合成的两大类。天然的分子筛就是泡沸石，它是一类含有结晶水的铝硅酸盐($Na_2O \cdot Al_2O_3 \cdot 2SiO_2 \cdot nH_2O$)，经过脱水所得到的多孔性物质。合成分子筛的原料是水玻璃、偏铝酸钠和氯化钠。将这些原料分别配成溶液，按一定比例混合均匀即得一种白色悬浊液，然后在373K保温使之逐渐转变为固体。将此固体洗涤、干燥、成型和脱水即得产品。分子筛具有吸附能力和离子交换能力，其吸附选择性高，容量大，热稳定性好，可以活化再生反复使用。所以它是一种优良的吸附剂。已广泛用于化工、环保、食品、医疗、能源、学业及日常生活中。

5.5 磷及其化合物

(1) 磷的单质

结构：不论在溶液中或在蒸气状态，磷的相对分子质量都相当于分子式P_4。P_4分子呈四面体构型，P—P键易于断裂，使白磷有很高的化学活性(图5-10)。

性质：见光逐渐变为黄色，所以又叫黄磷。剧毒，误食0.1g就能致死。不溶于水，易溶于CS_2中。易自燃，所以应储存于水中隔绝空气。

红磷：暗红色粉末。不溶于水、碱和CS_2，基本无毒，化学性质比较稳定。空气中不自燃。加热到673K才着火(图5-11)。

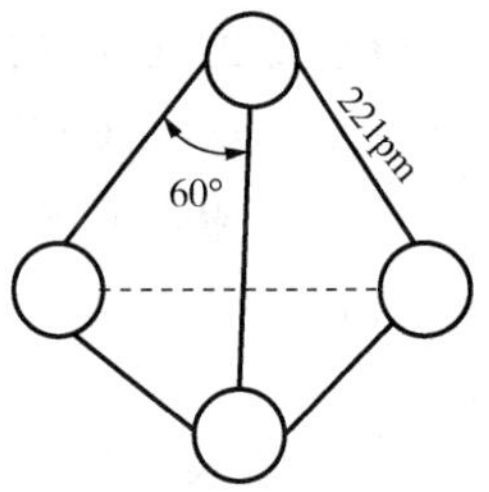

图5-10　白磷的分子结构

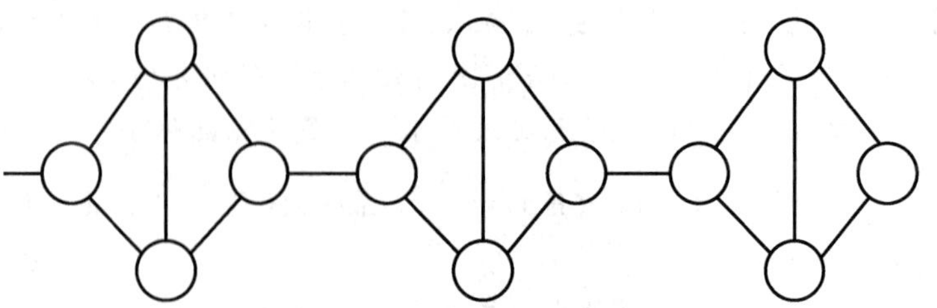

图5-11　红磷的一种可能结构

黑磷性状：黑磷是磷的最稳定的一种变体。在1200MPa的压力下，白磷加热到473K才能转化为类似石墨的片状结构的黑磷，能导电，有“金属磷”之称。

在三种同素异形体中，黑磷密度最大。不溶于有机溶剂。一般不易发生化学反应。

(2) 卤化物

磷的卤化物有两种类型：PX_5 和 PX_3(PI_5 不易生成)。

$$2P+3X_2(\text{少量})\longrightarrow 2PX_3(\text{除氟})$$

$$2P+3X_2(\text{过量})\longrightarrow 2PX_5(\text{除碘})$$

5.6 氧及其化合物

(1) 氧化物

① 酸性氧化物。绝大多数非金属氧化物还有某些高价金属氧化物属于酸性氧化物，如 $Mn_2O_7 \longrightarrow HMnO_4$、$CrO_3 \longrightarrow H_2CrO_4$ 和 $H_2Cr_2O_7$。

② 碱性氧化物。多数金属氧化物属于碱性氧化物。

③ 两性氧化物少数金属氧化物 Al_2O_3、ZnO、BeO、Ga_2O_3、CuO、Cr_2O_3 等，还有极个别的非金属氧化物 As_2O_3、TeO_2 等属于两性氧化物。

④ 不显酸性和碱性的氧化物 CO、NO、N_2O。变化规律：同周期元素的最高价氧化物从左到右酸性增强；同主族同价态氧化物从上到下碱性增强；同一元素多种价态的氧化物氧化数高的酸性强。

(2) 臭氧层

大气层中，离地表20km~40km有臭氧层，很稀，在20km处的浓度为0.2ppm($1ppm=1\times10^{-6}$)。总量相当于在地表覆盖3mm厚的一层。臭氧层可以吸收紫外线，$O_3=O_2+O$，对地面生物有重要的保护作用。近些年来，还原性气体 SO_2、H_2S 的大量排放对臭氧层有破坏作用。对此应严加控制。尤其是制冷剂氟利昂(一种氟氯代烃)放出的Cl是 O_3 分解的催化剂，对破坏臭氧层有长期的作用。

(3) 过氧化氢的鉴定

$$Cr_2O_7^{2-}+2H_2O_2+2H^+\longrightarrow 5H_2O+2CrO_5(\text{蓝色})$$

这是典型的过氧链转移反应。过氧链—O—O—取代了酸根中的双键氧，此反应可用于鉴定过氧链的存在。CrO_5 不稳定，放置后发生如下反应：

$$2CrO_5+7H_2O_2(\text{过量})+6H^+\longrightarrow 7O_2+10H_2O+2Cr^{3+}(\text{蓝绿})$$

CrO_5 物质在乙醚或戊醇中较稳定，并呈蓝色，可用于鉴定。

(4) 过氧化氢的制取

① 电解水解法。用Pt做电极，电解 NH_4HSO_4 饱和溶液：

阳极(铂极)：$2HSO_4^- \longrightarrow S_2O_8^{2-}+2H^++2e^-$

阴极(石墨)：$2H^++2e^- \longrightarrow H_2$

将电解产物过二硫酸盐在 H_2SO_4 作用下进行水解，便得到 H_2O_2 溶液，$S_2O_8^{2-}+2H_2O = H_2O_2+2HSO_4$ 经减压蒸馏可得到浓度为30~35%的 H_2O_2 溶液。

② 乙基蒽醌法：通空气，利用空气中的氧制 H_2O_2，在Pd催化下，通入 H_2，醌又变成醇。可以反复通入 O_2 和 H_2，制得 H_2O_2。

5.7 非金属含氧酸盐的某些性质

(1) 溶解性

含氧酸盐属于离子化合物，它们的绝大部分钠盐、钾盐、铵盐以及酸式盐都溶于水。其他含氧酸盐在水中的溶解性可归纳如下：

① 硝酸盐：硝酸盐都易溶于水，且溶解度随温度的升高而迅速地增加。

② 硫酸盐：大部分溶于水，但 $SrSO_4$、$BaSO_4$ 和 $PbSO_4$ 难溶于水，$CaSO_4$、Ag_2SO_4 和 Hg_2SO_4 微溶于水。

③ 碳酸盐：大多数都不溶于水，其中又以 Ca^{2+}、Sr^{2+}、Ba^{2+}、Pb^{2+} 的碳酸盐最难溶。

④ 磷酸盐：大多数都不溶于水。

离子化合物的溶解过程可以认为：首先是离子晶体中的正、负离子克服离子间的引力，从晶格中解离下来成为游离离子，然后进入水中并与极性水分子结合成水合离子的过程。离子化合物的溶解性与其溶解过程的吉布斯自由能有密切的关系。若吉布斯自由能为负值，溶解过程能自发进行，盐类易溶；如果吉布斯自由能为正值，则溶解不能自发进行，盐类难溶。

(2) 水解性

盐类溶于水后，阴、阳离子发生水合作用，在它们的周围都配有一定数目的水分子：

$$M+A^-+(x+y)H_2O \rightleftharpoons [M(OH_2)_x]^+ + [A(H_2O)_y]^-$$

如果离子的极化能力强到足以使水分子中的 O—H 键断裂，则阳离子夺取水分子中的 OH^- 而释出 H^+，或者阴离子夺取水分子中 H^+ 的而释出 OH^-，从而破坏了水的电离平衡，直到水中同时建立起弱碱、弱酸和水的电离平衡，这个过程即为盐的水解过程。盐中的阴、阳离子不一定都发生水解，也可能两者都水解。各种离子的水解程度不同。阴离子的水解能力与其共轭酸的强度成反比，强酸的阴离子不水解，它们对水的 pH 无影响；但弱酸的阴离子明显地水解，而使溶液的 pH 增大。阳离子的水解能力与离子的极化能力有关，离子的电荷越高，半径越小，极化能力越强。

(3) 热稳定性

无机盐按其组成可分为含氧酸盐和无氧酸盐两类。含氧酸盐受热时一般会发生分解。按分解反应的类型可分为以下两类：

① 非氧化还原分解反应：

a. 含结晶水的含氧酸盐受热时脱去结晶水，生成无水盐。

b. 无水盐分解成相应的氧化物或酸和碱的反应。

c. 无水的酸式含氧酸盐受热时发生缩聚反应生成多酸盐，如果酸式盐中只含有一个 OH 基，则缩聚产物为焦某酸盐。

② 自身氧化还原分解反应：

a. 分子内氧化还原反应：

$$Mn(NO_3)_2 \longrightarrow MnO_2+2NO_2\uparrow$$

$$(NH_4)_2Cr_2O_7 \longrightarrow Cr_2O_3+N_2\uparrow+4H_2O$$

b. 歧化反应：

$$4Na_2SO_3 \longrightarrow Na_2S+3Na_2SO_4\text{(阴离子歧化)}$$

$$Hg_2CO_3 \longrightarrow Hg+HgO+CO_2\uparrow\text{(阳离子歧化)}$$

(4) 含氧酸及其盐的氧化还原性

高氧化态含氧酸(盐)表现氧化性；低氧化态化合物表现为还原性；而处于中间氧化态的既有氧化性又有还原性。

① 含氧酸(盐)氧化还原性变化规律：

a. 同一周期中各元素最高氧化态含氧酸的氧化性从左至右大致递增。

b. 在同一主族中，各元素的最高氧化态含氧酸的氧化性，大多是随原子数增加呈锯齿形升高。从第二周期到第三周期，最高氧化态(中间氧化态)含氧酸的氧化性有下降的趋势。从第三周期到第四周期又有升高趋势，第四周期含氧酸的氧化性很突出，有时在同族元素中居于最强地位。第六周期元素含氧酸盐氧化性又比第五周期强得多。

c. 同一种元素的不同氧化态的含氧酸，低氧化态的氧化性较强。

$$HClO>HClO_2>HClO_3>HClO_4$$

$$HNO_2>HNO_3;\ H_2SO_3>H_2SO_4;\ H_2SeO_3>H_2SeO_4$$

d. 浓酸的氧化性比稀酸强，含氧酸的氧化性一般比相应盐的氧化性强。同一种含氧酸盐在酸性介质中的氧化性比在碱性介质中强。

② 影响含氧酸(盐)氧化能力的因素：

a. 中心原子结合电子的能力。含氧酸(盐)的氧化能力指处于高氧化态的中心原子在它转变为低氧化态的过程中获得电子的能力，这种能力与它的电负性、原子半径及氧化态等有关。若中心原子的原子半径小、电负性大、获得电子的能力强，其含氧酸(盐)的氧化性也就强；反之，氧化性则弱。

b. 含氧酸分子的稳定性。含氧酸的氧化性和分子稳定性有关。一般来说，如果含氧酸分子中的中心原子多变价，分子又不稳定，该含氧酸(盐)就有氧化性，而且分子越不稳定，其氧化性越强。

c. 其他外界因素的影响、溶液的酸碱性、温度以及伴随氧化还原反应同时进行的其他非氧化还原过程(例如水的生成、溶剂化和反溶剂化作用、沉淀的生成、缔合等)都对含氧酸(盐)的氧化性有影响。如溶液的酸碱性、浓度、温度以及伴随氧化还原反应同时进行的其他非氧化还原过程对含氧酸的氧化性均有影响。含氧酸盐在酸性介质中比在中性介质或碱性介质中的氧化性强。浓酸比稀酸的氧化性强。酸又比相应的盐的氧化性强。对同一元素来说，一般是低氧化态弱酸的氧化性强于稀的高氧化态的强酸。

5.8 铜族元素的通性

铜族：铜(Cu)、银(Ag)、金(Au)三种元素。价电子结构为$(n-1)d^{10}ns^1$。

水溶液中常见氧化态：铜为+1、+2；银为+1；金为+1、+3。

Cu^+、Au^+易发生歧化反应。

化学性质：铜族金属的化学活性从铜到金逐渐降低，表现在与空气中的氧和与酸的反应上。

(1) 空气

铜在常温下不与干燥空气中的氧化合，加热时能产生黑色的氧化铜。银、金在加热时也不与空气中的氧化合。在潮湿的空气中放久后，铜表面会慢慢生成一层铜绿。

$$2Cu+O_2+H_2O+CO_2 \longrightarrow Cu(OH)_2 \cdot CuCO_3$$

银、金则不发生这个反应。空气中如含有 H_2S 气体跟银接触后，银的表面上很快生成一层 Ag_2S 的黑色薄膜而使银失去白色光泽。

(2) 铜族金属与卤素均可发生化学反应

铜族元素都能和卤素反应，但反应程度按 Cu—Ag—Au 的顺序逐渐下降。铜在常温下就能与卤素作用，银作用很慢，金则须在加热时才同干燥的卤素起作用。

(3) 铜族金属与酸的反应

在电位序中，铜族元素都在氢以后，所以不能置换稀酸中的氢。但当有空气存在时，铜可缓慢溶解于这些稀酸中：

$$2Cu+4HCl+O_2 \longrightarrow 2CuCl_2+2H_2O$$

$$2Cu+2H_2SO_4+O_2 \longrightarrow 2CuSO_4+2H_2O$$

浓盐酸在加热时也能与铜反应，这是因为 Cl^- 和 Cu^+ 形成配离子 $[CuCl_4]^{3-}$：

$$2Cu+8HCl(浓) \rightleftharpoons 2H_3[CuCl_4]+H_2$$

铜易为 HNO_3、热浓硫酸等氧化性酸氧化而溶解：

$$Cu+4HNO_3(浓) \longrightarrow CuI(NO_3)_2+2NO_2+2H_2O$$

$$3Cu+8HNO_3(稀) \longrightarrow 3Cu(NO_3)_2+2NO+4H_2O$$

$$Cu+2H_2SO_4(浓) \longrightarrow CuSO_4+SO_2+2H_2O$$

银与酸的反应与铜相似，但更困难一些：

$$2Ag+2H_2SO_4(浓) \longrightarrow Ag_2SO_4+SO_2+2H_2O$$

而金只能溶解在王水中：

$$4Au+4HCl+HNO_3 \longrightarrow HAuCl_4+NO+2H_2O$$

铜、银、金在强碱中均很稳定。

5.9 锌族元素的通性

锌族元素位于周期系的ⅡB 族，包括锌、镉、汞三种元素。锌族的价电子结构为 $(n-1)d^{10}ns^2$。最外层电子数为 2，次外层为 18 电子构型，结构决定性质，故锌族元素具有如下特征性质及其变化规律：

① 锌族元素的特征氧化态都是+Ⅱ(汞和镉还有+I 的氧化态的化合物)。

② 锌族元素的金属活泼性不如碱土金属活泼。

③ 同族元素金属活泼性与ⅠB 金属相同，从锌到汞活泼性降低，恰好与碱土金属相反。同周期ⅠB 与ⅡB 金属相比，ⅡB 族金属ⅠB 族金属活泼。

锌族元素单质的化学性质和反应趋势如下：

Zn、Cd 相对活泼，易发生化学反应；Hg 相对不活泼，仅能与少数物质反应。

① Zn 能在潮湿的空气中发生化学反应：

$$Zn+O_2+H_2O+CO_2 \longrightarrow Zn_2(OH)_2CO_3$$ 形成致密保护膜

② Zn 能与非金属单质(除 H_2、N_2、C 外)反应后得到相应的化合物。

③ Zn 能与酸反应，生成相应的盐和氢气。

④ 与氧化性酸反应。

$$Hg+2H_2SO_4 \longrightarrow HgSO_4+SO_2+2H_2O$$

$$2Hg+6HNO_3 \longrightarrow 2Hg(NO_3)_2+3NO\uparrow+3H_2O$$

⑤ Zn 可以与碱反应，但 Cd、Hg 不行；其与 Al 相似：

但 $$Zn+NH_3\cdot H_2O \rightleftharpoons [Zn(NH_3)_4]^{2+}+H_2O+OH^-$$

锌、镉、汞都能与其他金属形成合金。汞的合金叫汞齐，当汞的比例不同时可呈液态或糊状，铁族金属不形成汞齐，因此可以用铁制容器盛水银。

模块六 创新实验

创新实验一 电热式显微熔点测定仪与差示扫描量热仪分析无机材料熔点的差异研究

1. 实验目的

① 掌握电热式显微熔点测定仪的使用方法。

② 理解差示扫描量热分析仪的原理。

③ 掌握两种熔点测试方法的不同之处和各自注意事项。

④ 了解不同测试手段所适用的领域。

2. 研究背景

差示扫描量热分析(DSC)是应用在高分子材料领域测量材料热变化的常用仪器，可以测定相转变温度、结晶及熔融温度等。通过与电热式显微熔点测定仪的对比，使学生了解不同测试方法的基本原理、应用特点，并能根据所测定的结果进行差异性分析，拓宽学生的专业视角，增强学生在跨学科背景下不断自我学习的能力。

3. 基本原理

物质的熔点是指该物质由固态变为液态时的温度。在有机化学领域中，熔点测定是辨认该物质本性的基本手段，也是纯度测定的重要方法之一。

目视显微熔点测定仪是研究、观察物质在加热状态下形变、色变及物质三态转化等物理变化过程的有力检测手段。该仪器显微镜、加热台为分体结构，通过简单插入式专用热传感器相连接，装配简单，使用方便，显微镜用来观察样品受热后的反映变化及熔化的全过程。加热台用电热丝加热，并带有专用散热器，可快速降温。可用于载玻片法测量，也可用毛细管测量熔点。

差示扫描量热法(热流式 DSC)作为一种可控程序温度下的热效应的经典热分析方法，在当今各类材料与化学领域的研究开发、工艺优化、质检质控与失效分析等各种场合早已得到了广泛的应用。利用 DSC 方法，我们能够研究无机材料的相转变、高分子材料熔融、结晶过程、药物的多晶型现象、油脂等食品的固/液相比例等。

4. 主要仪器

X-6 精密显微熔点测定仪；差示扫描量热分析。

差示扫描量热分析仪器特点如下：

① 热流式差示扫描量热仪重复性好、准确度高，特别适合于比热的精确测量。

② 整机一体化，将温度控制和炉体装置融为一体，减少信号损失和干扰。

③ 完善的两路气氛控制系统，采用质量流量控制器；测量过程中，可选择二路进气方式，软件设置自动切换。

④ 仪器配有标准物质，用户可自行进行各温度段的校正，减少仪器的误差。

⑤ 智能化软件设计，仪器全程自动绘图，软件可实现各种数据处理，如热焓的计算、玻璃化转变温度、氧化诱导期、物质的熔点及结晶等。

⑥ 大屏幕液晶显示，实时显示仪器的状态和数据，两套测温电偶，一套电偶显示工作时样品温度，另一套电偶实时显示炉温(无论加热炉工作与否)。

⑦ 可实现程序自动控制及设置。

⑧ 仪器具有远程操作维护、调校功能。

5. 实验要求

① 查阅工具书理解两种测试手段测定材料熔点的基本原理。

② 准备预习报告，说明小组成员人数。

③ 查阅资料掌握两种熔点测试方法的不同之处和各自注意事项。

④ 以小组 2 人的形式进行实验，能熟练操作 X-6 精密显微熔点测定仪实际测定乙酰苯胺的熔点。

⑤ 观摩认知差示扫描量热分析仪。

6. 考核方式

本项目的考核方法为实验预习报告和实验报告(二者各占比 30%、70%)。

创新实验二　根据牺牲阳极保护法原理设计——保护锅炉

1. 实验目的

① 了解各种金属的特性和活性顺序。

② 掌握牺牲阳极保护法原理。

③ 熟悉原子吸收分光光度计的使用方法。

2. 研究背景

化学生产中的锅炉通常处于高温、高压和强腐蚀性介质环境下工作，其防腐问题不容忽视，而牺牲阳极法是最早应用的电化学保护法。它简单易行，不需通常设备的日常管理，又不干扰临近的设施。因此在国内外早已得到普遍的应用，此项技术的发展也日臻完善。目前，牺牲阳极法已成为一种成熟的商品技术，一些发达国家均有这种专业性的防腐蚀公司，提供各种规格、型号、类型的牺牲阳极材料，承包牺牲阳极的设计与施工。

近年来，我国的牺牲阳极技术也得到了推广和发展，各种牺牲阳极材料的研究也取得了喜人的成果，镁合金阳极、铝合金阳极、锌合金阳极都已通过了国家鉴定，他们的生产也向标准化、系列化方向发展，并在油、汽田管道，海船及海上钢质结构物的防护上得到了成功应用。但化工生产的锅炉保护方法还较少见。

3. 基本原理

将被保护的金属构件连接一种比其电位更负的金属或合金，该金属或合金为阳极，依靠它的优先溶解所释放出的电流使金属构件阴极极化到所需的电位而实现保护，这种方法称为牺牲阳极保护法。

作为阳极材料，必须满足以下条件：①有足够负且稳定的电位，不仅要有足够负的开路电位，而且要有足够的闭路电位(或称工作电位，即在电解质介质中与金属结构连接时牺牲阳极的电位)；②腐蚀率小，且腐蚀均匀，要具有高而稳定的电流效率。牺牲阳极的电流效率是指实际电容量与理论电容量的百分比，以%表示；③电化学当量高，即单位质量产生的电流量大；④工作中阳极的极化率要小，溶解均匀，产物易脱落；⑤腐蚀产物不污染环境、无公害；⑥材料来源广泛，加工容易并价格低廉。

常见的阳极材料有镁，其有如下特点：

① 镁阳极的特点是比重小、电位很负、对铁的驱动加压很大，且单位发生的电量大。

② 镁作为牺牲阳极，有较快的溶解速度，镁在电解质中溶液中的腐蚀行为是由本身很负的电位和表面上保护膜的性质所决定。

③ 镁的标准电极电位为-2.37V(SHE)；非平衡电极电位则随腐蚀性介质的性质而变，例如：镁在海水中的电位为-1.5V(SCE)，镁在土壤之中的电位为1.5～-1.6V(SCE)，镁在碱溶液中的电位约为-0.84V(SCE)。镁的电极电位与介质的pH值有密切关系，pH值在酸性范围内电位较负，因为生成的腐蚀产物氢氧化镁在碱性介质中是难溶的。

正因为镁在酸性及中性介质中的电位较负和保护膜的不稳定性，所以镁在酸性和中性介质中的腐蚀速度较大。而在碱性介质中，镁的表面保护膜稳定，电位较正，腐蚀速度则因此而降低。

镁作为牺牲阳极使用时，与电位较正的金属相接触，这时，镁产生阳极化，会引起负的差异效应，即在阳极极化的影响下，金属的自溶大为增强。与其他牺牲阳极相比，镁的自溶倾向最大，这是镁阳极电流效应较低的原因之一。

杂质及合金元素对镁的腐蚀速度有很大的影响，镁合金通常比镁的腐蚀速度大。镁阳极中的杂质主要成分是铁、镍、铜、钴，其中特别是铁的含量，由于这些金属有较正的电位，引起额外的腐蚀(寄生腐蚀)而使镁的阳极效率降低。添加锰可以抑制铁的影响，因为锰可以使铁在熔铸过程中沉淀出来，留在合金中的铁元素会被锰包围起来，使铁不能产生阴极性杂质的有害作用。对镁阳极影响较小的元素有：镉、锰、钠、硅、锌、铝、铅、钙和银等。

用纯镁作为牺牲阳极材料，对杂质的含量应有一定的限制，通常应是高纯镁(含镁大于99.95%)，杂质铁的含量应控制在<0.002%以下。它的电位很负，机械加工性能好。镁适用于电阻率较高的土壤和淡水中。

镁在海水中应用时易造成过保护，或发生氢脆，故而很少用于海水中。镁在碰撞时易产生火花，因而，一般不能用于有防爆要求的场景。

锌也是一种常见的牺牲阳极材料，它比较活泼，密度为7.14g/cm^3，开路电位为-1.03V，土壤中电流效率大于65%，$\Delta E=0.2$V通常应用在小于500Ω NaN电阻率的水中。在小于15Ω·m土壤电阻率的土壤中也可用锌阳极。通常在轮船的尾部和船壳的水线以下部分，装上一定数量的锌块，来防止船壳等的腐蚀，就是应用的牺牲阳极保护方法。此外还铝等金属可以作为牺牲阳极保护材料。

通常根据土壤电阻率选择牺牲阳极的种类、保护电流的大小和使用寿命，选取阳极的规格和数量。在土壤中牺牲阳极选择的原则见表 6-1。

表 6-1　土壤中牺牲阳极种类的应用选择

土壤电阻率/(Ω·m)	可选阳极种类	土壤电阻率/(Ω·m)	可选阳极种类
>100	带状镁阳极	<40	镁(-1.5V)
60~100	镁(-1.7V)	<15	镁(-1.5V，锌)
40~60	镁	<5(含 Cl^-)	锌或 Al-Zn-Si

4. 仪器及药品

仪器：AA-6300C 型原子吸收分光光度计、YP1200 型电子分析天平、DHG-9077A 型电热恒温鼓风干燥箱、DF-101B 型集热恒温加热磁力搅拌器、KQ-C 型玻璃仪器气流烘干器、pHB-4 型便携式 pH 计、SHZ-DⅢ型循环水系真空泵、容量瓶(1000mL、100mL)。

药品：硝酸、浓盐酸、氢氧化钠、铁、铜、铅、锡、镍、锰、钴、铝、锌标准溶液(以上药品均为分析纯级)。

其他常规仪器和辅助材料自选。

5. 设计方案要求

① 查阅资料(教学书及参考资料)，了解各种金属的特点及活性顺序。

② 查阅资料，了解阳极保护法的原理及应用。

③ 查阅资料，了解使用原子吸收分光光度计测定各种金属含量的原理和方法。

④ 实验前每小组(每班分成 6 组)完成设计方案，实验后每小组完成一篇 4000 字左右的研究论文。

创新实验的说明：

(1) 实验小组的分配

将班级学生平均分为 6 组，设 1 名组长，男女生均分，能力强弱均分。

(2) 实验成绩分配

创新实验成绩分配分为三个部分组成：

设计方案(20 分)：组长分配任务，每人负责一部分，最后大家讨论统稿(方案占 15 分，5 分学生互相打分)。

实验操作部分(40 分)：小组成员互相打分，要分开档次。

研究论文及答辩(40 分)：最后根据实验结果编写实验论文，由老师对其打分。随机抽小组内若干名学生答辩或回答问题，作为小组的答辩成绩，抽到答辩的同学可视答辩情况在平均分上下浮动。

(3) 实验小论文要求

题目；作者；摘要；关键词；前言(300 字左右)；实验仪器及试剂；验证实验设计方案的可行性(其中包括锅炉腐蚀液中各种金属离子含量的测定，根据腐蚀液中各种金属离子含量的高低进行分析和总结)；结果与讨论；结论；参考文献。

创新实验三　镁铝水滑石的制备及其在处理含磷污水中的应用

1. 实验目的

① 掌握共沉淀法制备镁铝水滑石的方法。

② 熟悉可见分光光度计的使用方法。

③ 了解类水滑石的制备技术及其对含磷污水吸附性能的影响因素。

2. 研究背景

含磷化合物的过度排放是导致水体富营养化及“赤潮”的主要原因，同时日益匮乏的磷矿资源已被列为2010年以后不能满足我国国民经济发展需要的20种矿产之一。为了有效地控制污染及磷资源浪费，从污水中回收磷，实现磷资源的可持续利用已十分迫切。各类生物除磷工艺没有将磷酸盐彻底从系统中去除，而是将其转移至大量的剩余污泥中，回收磷及污泥处置都十分困难。化学沉淀法除磷效果较好，但需要持续消耗药剂，造成成本增加，同时所产生的大量化学污泥也难于处理。吸附法作为一种操作简单、经济可行、同时可实现磷回收的除磷方法近年来逐渐受到重视，其中类水滑石是一类典型、有效的磷吸附剂。

3. 基本原理

（1）共沉淀法的基本原理

工业上几乎所有固体催化剂在制备时都离不开沉淀操作，它们大都是在金属盐的水溶液中加入沉淀剂，从而制成水合氧化物或难溶和微溶的金属盐类结晶或凝胶，从溶液中沉淀、分离、再经洗涤、干燥、焙烧等工序处理后制成。一般希望在催化剂制备时能严格控制实验条件，尤其是避免高温，沉淀法容易实现这一点。

共沉淀法是指在溶液中含有两种或多种阳离子，它们以均相存在于溶液中，加入沉淀剂，经沉淀反应后，可得到各种成分均一的沉淀，它是制备含有两种或两种以上金属元素复合氧化物超细粉体的重要方法。共沉淀法的优点在于：其一是通过溶液中的各种化学反应直接得到化学成分均一的纳米粉体材料；其二是容易制备粒度小而且分布均匀的纳米粉体材料。

（2）水滑石吸附磷的基本原理

类水滑石化合物（hydrotalcite-like com-pounds，HTALs），又称双金属氢氧化物（layered double hydroxides，LDHs），是一种由二价和三价金属构成的具有水滑石层状晶体结构的混合金属氢氧化物。其层板结构与水镁石 $Mg(OH)_2$ 类似，由金属离子和六个羟基构成的八面体共边组成，不同之处在于HTALs的基本结构是由 M^{II}—OH 与 M^{III}—OH 八面体形成的正电荷层板和用于中和电性的层间阴离子以及水分子组成。由于HTALs层间阴离子可与外界溶液中的阴离子进行交换，故可作为良好的阴离子污染物吸附剂。有关研究表明，HTALs对环境中的腐殖质、呈络阴离子形式存在的重金属、放射性元素以及P、F等元素都有很强的吸附能力，因此被广泛地应用于油田、催化剂、医药载体、污水处理等领域。

4. 仪器及药品

仪器：FA(2004)上皿电子天平、电热恒温水浴锅、SHZ-D(Ⅲ)循环水式真空泵、雷磁PHS-3C型精密pH计、DHT型搅拌恒温电热套、JB50-D增力电动搅拌器、SZ101-2型鼓风电热恒温干燥箱。

药品：NaOH、$Al(NO_3)_3 \cdot 9H_2O$、$Mg(NO_3)_2 \cdot 6H_2O$、Na_2CO_3、KH_2PO_4（以上药品均为分析纯级）。

其他常规仪器和辅助材料自选。

5. 设计方案要求

① 查阅资料（中国知网），了解共沉淀法的原理，特别是以硝酸铝和硝酸镁为原料制备

镁铝水滑石的实验方法。

② 查阅资料了解使用可见分光光度计建立物质标准曲线的方法。

③ 查阅资料，了解水滑石的结构、性质以及水滑石吸附磷的基本原理及基本步骤。

④ 拟定镁铝水滑石的制备及其处理含磷污水的实验方案，包括：制备 HTALs 的步骤(包括要考查的各种因素)；HTALs 吸附磷的实验步骤(包括要考查的各种因素)。

⑤ 实验前每小组(每班分成 6 组)完成设计方案，实验后每小组完成一篇 4000 字左右的研究论文。

创新实验说明：

(1) 实验小组的分配

将班级学生平均分为 6 组，设 1 名组长，男女生均分，能力强弱均分。

(2) 实验成绩分配

创新实验成绩分配分为三个部分组成：

设计方案(20 分)：组长分配任务，每人负责一部分，最后大家讨论统稿(方案占 15 分，5 分学生互相打分)。

实验操作部分(40 分)：小组成员互相打分，要分开档次。

研究论文及答辩(40 分)：最后根据实验结果编写实验论文，由老师对其打分。随机抽小组内若干名学生来答辩或回答问题，作为小组的答辩成绩，抽到答辩的同学可视答辩情况在平均分上下浮动。

(3) 实验小论文要求

题目；作者；摘要；关键词；前言(300 字左右)；实验部分(HTALs 的制备、HTALs 处理含磷污水的实验方法、最佳吸收波长及标准曲线)；仪器及试剂；结果与讨论；结论；参考文献。

创新实验四　钼酸盐晶体的制备及其光催化性质研究

1. 实验目的

① 掌握水热法制备钼酸盐晶体的方法。

② 熟悉紫外可见分光光度计的使用方法。

③ 了解钼酸盐晶体的制备技术及其光催化降解有机染料的性能研究。

2. 研究背景

钼酸盐是多金属氧酸盐领域的一大分支，在水热合成技术中，诸多因素对其都有决定性的影响，而且钼具有较强的氧化还原性质，往往导致实验结果得不到单晶。然而，正因为钼酸盐的不稳定性，使其在水热体系中合成了极其多样化的结构，这预示着实现更多的有机无机修饰反应。因此，对钼氧酸盐的研究有着重要意义。近年来，随着人类社会的可持续发展，在全球由有机染料引起的环境污染日益成为巨大的难题，环境问题已成为人们最关注的问题之一。尤其是染料工业和印染工业的迅速发展，使排入水体中的染料品种和数量也日益增多。由于工业用染料基本上都是有机染料，这类染料毒性大、色度深、难降解，其排入水体后会对人类健康造成严重的威胁。有机-无机杂化材料在光催化降解有机污染物方面快速发展。大量文献报道了多金属氧酸盐的光催化特性和其独特的结构以及光谱性质，证明了多金属氧酸盐是一种高效的光催化剂，钼酸盐因其自身的氧化还原性质在光催化降解活性的研究领域引起了广泛关注。

3. 基本原理

（1）水热法的基本原理

水热法是利用高温高压的水溶液使那些在大气条件下不溶或难溶的物质溶解，或反应生成该物质的溶解产物，通过控制高压釜内溶液的温差使其产生对流，以形成过饱和状态而析出生长晶体的方法。

水热反应过程是指在一定的温度和压力下，在水、水溶液或蒸汽等流体中所进行有关化学反应的总称。按水热反应的温度进行分类，可以分为亚临界反应和超临界反应，前者反应温度在100~240℃之间，适于工业或实验室操作。后者实验温度已高达1000℃，压强高达0.3GPa，利用作为反应介质的水在超临界状态下的性质和反应物质在高温高压水热条件下的特殊性质进行合成反应。在水热条件下，水可以作为一种化学组分起作用并参加反应，既是溶剂又是矿化剂同时还可作为压力传递介质；通过参加渗析反应和控制物理化学因素等，实现无机化合物的形成和改性。既可制备单组分微小晶体，又可制备双组分或多组分的特殊化合物粉末。克服某些高温制备不可避免的硬团聚等，其具有粉末细(纳米级)、纯度高、分散性好、均匀、分布窄、无团聚、晶型好、形状可控和利于环境净化等特点。

（2）钼酸盐晶体光催化降解有机染料的基本原理

在光催化反应阶段，钼酸盐晶体催化剂在紫外光的照射下吸收光能形成激发态＊{钼酸盐}。见反应式(6-1)。激发态的＊{钼酸盐}捕获来自水分子中的电子形成了反应式(6-2)。被还原的{钼酸盐}$^-$很快被 O_2 氧化，同时伴随着 O_2^- 的产生如反应式(6-3)。在紫外灯照射下，这些反应循环产生。进而，有机染料(Dye)在紫外光照射下同样形成激发态＊Dye反应式(6-4)。经过数次循环，有机染料被羟基和超氧自由基降解如反应式(6-5)。

$$\{\text{钼酸盐}\}+h\nu \longrightarrow *\{\text{钼酸盐}\} \tag{6-1}$$

$$*\{\text{钼酸盐}\}+H_2O \longrightarrow \{\text{钼酸盐}\}^-+H^++OH^- \tag{6-2}$$

$$\{\text{钼酸盐}\}^-+O_2 \longrightarrow \{\text{钼酸盐}\}+O_2^- \tag{6-3}$$

$$\text{Dye}+h\nu \longrightarrow *\text{Dye} \tag{6-4}$$

$$\text{Dye}+OH^-+O_2^- \longrightarrow \text{degradation products} \tag{6-5}$$

4. 仪器及药品

仪器：FA2004电子分析天平、雷磁PHS-3C型精密pH计、JB50-D增力电动搅拌器、SZ101-2型鼓风电热恒温干燥箱、CKX41显微镜、UV-2550紫外-可见分光光度

药品：$(NH_4)_6Mo_7O_{24}\cdot 4H_2O$、$NaAsO_2$、$CuCl_2\cdot 2H_2O$、HCl、4，4′-Bipyridine(以上药品均为分析纯级)。

其他常规仪器和辅助材料自选。

5. 设计方案要求

① 查阅资料(中国知网)，了解水热法的原理，特别是以钼酸铵和亚砷酸钠为原料制备钼酸盐晶体的实验方法。

② 查阅资料了解使用紫外可见分光光度计的方法及降解率曲线的绘制。

③ 查阅资料，了解钼酸盐晶体的结构、性质以及光催化降解有机染料的基本原理及基本步骤。

④ 拟定钼酸盐晶体的制备及其降解有机染料的实验方案，包括：制备钼酸盐晶体的步骤(包括要考查的各种因素)；钼酸盐晶体降解有机染料的实验步骤(包括要考查的各种因素)。

⑤ 实验前每小组(每班分成 6 组)完成设计方案，实验后每小组完成一篇 4000 字左右的研究论文。

创新实验的说明：

(1) 实验小组的分配

将班级学生平均分为 6 组，设 1 名组长，男女生均分，能力强弱均分。

(2) 实验成绩分配

创新实验成绩分配分为三个部分组成：

设计方案(20 分)，组长分配任务，每人负责一部分，最后大家讨论统稿(方案占 15 分，5 分学生互相打分)。

实验操作部分(40 分)：小组成员互相打分，要分开档次。

研究论文及答辩(40 分)：最后根据实验结果编写实验论文，由老师对其打分。随机抽小组内若干名学生来答辩或回答问题，作为小组的答辩成绩，抽到答辩的同学可视答辩情况在平均分上下浮动。

(3) 实验小论文要求

题目；作者；摘要；关键词；前言(300 字左右)；实验部分(钼酸盐晶体的制备；钼酸盐晶体降解有机染料的实验方法；降解率曲线的绘制)；仪器及试剂；结果与讨论；结论；参考文献。

附 录

附录一 298K时某些物质的标准摩尔生成焓、标准摩尔生成吉尔斯自由能和标准摩尔熵

物 质	$\Delta_f H_m^\ominus$/kJ·mol^{-1}	$\Delta_f G_m^\ominus$/kJ·mol^{-1}	$S_m^\ominus$/J·mol^{-1}·K^{-1}
Ag(s)	0	0	42.55
Ag_2O(s)	-31.05	-11.20	121.30
AgCl(s)	-127.07	-109.79	96.2
AgBr(s)	-100.37	-96.9	107.1
AgI(s)	-61.84	-66.19	115.5
$AgNO_3$(s)	-124.39	-33.41	140.92
Ag_2CO_3(s)	-505.8	-436.8	167.4
Al(s)	0	0	28.83
Al_2O_3(α，刚玉)	-1675.7	-1582.3	50.92
Al_2O_3(s)	-1632.00	—	—
$AlCl_3$(s)	-704.2	-628.8	110.67
Ba(s)	0	0	62.8
BaO(s)	-553.5	-525.1	70.42
$BaCl_2$(s)	-858.6	-810.4	123.68
$BaSO_4$(s)	-1473.2	-1362.2	132.2
$Ba(NO_3)_2$(s)	-992.07	-796.59	213.8
$BaCO_3$(s)	-1216.3	-1137.6	112.1
$BaCrO_4$(s)	-1446.0	-1345.22	158.6
Br_2(l)	0	0	152.23
Br_2(g)	30.91	3.11	245.46
C(s，金刚石)	1.90	2.90	2.38

物　质	$\Delta_f H_m^{\ominus}$/kJ·mol^{-1}	$\Delta_f G_m^{\ominus}$/kJ·mol^{-1}	$S_m^{\ominus}$/J·mol^{-1}·K^{-1}
C(s，石墨)	0	0	5.74
CCl_4(l)	-135.4	-65.20	216.4
CO(g)	-110.52	-137.17	197.67
CO_2(g)	-393.51	-394.36	213.74
Ca(s)	0	0	41.42
$CaCO_3$(s，方解石)	-1206.92	-1128.79	92.9
CaO(s)	-635.09	-604.03	39.75
$Ca(OH)_2$(s)	-986.09	-898.49	83.39
CaF_2(s)	-1219.6	-1167.3	68.87
$CaCl_2$(s)	-795.8	-748.1	104.6
Cl_2(g)	0	0	223.07
Cu(s)	0	0	33.15
CuO(s)	-157.3	-129.7	42.63
$CuSO_4$(s)	-771.36	-661.8	109.0
Cu_2O(s)	-168.6	-146.0	93.14
$CuCl_2$(s)	-220.1	-175.7	108.07
CuS(s)	-53.1	-53.6	66.5
$CuSO_4$(s)	-771.36	-661.8	109.0
$CuSO_4 \cdot 5H_2O$(s)	-2279.65	-1879.74	300.4
F_2(g)	0	0	202.78
Fe(s)	0	0	27.28
$FeCl_3$(s)	-399.49	-334.00	142.3
Fe_2O_3(s)	-824.2	-742.2	87.40
Fe_2O_4(s)	-1118.4	-1015.4	146.4
$FeSO_4$(s)	-928.4	-820.8	107.5
H_2(g)	0	0	130.68
HBr(g)	-36.40	-53.45	198.70
HCl(g)	-92.31	-95.30	186.91
HF(g)	-271.1	-273.1	173.78
HI(g)	26.48	1.70	206.59
HNO_3(g)	-135.06	-74.72	266.38

续表

物　质	$\Delta_f H_m^\ominus$/kJ · mol^{-1}	$\Delta_f G_m^\ominus$/kJ · mol^{-1}	$S_m^\ominus$/J · mol^{-1} · K^{-1}
HNO_3(l)	-174.10	-80.71	155.60
H_3PO_4(s)	-1279.0	-1119.1	110.50
H_2S(g)	-20.63	-33.56	205.79
H_2O(l)	-285.83	-237.13	69.91
H_2O(g)	-241.82	-228.57	188.82
I_2(s)	0	0	116.14
I_2(g)	62.44	19.33	260.69
K(s)	0	0	64.18
KCl(s)	-436.75	-409.14	82.59
Mg(s)	0	0	32.68
$MgCl_2$(s)	-641.32	-591.79	89.62
MgO(s)	-601.70	-569.43	26.94
$Mg(OH)_2$(s)	-924.54	-833.51	63.18
Na(s)	0	0	51.21
Na_2CO_3(s)	-1130.68	-1044.44	134.98
Na_2HCO_3(s)	-950.81	-851.0	101.7
NaCl(s)	-411.15	-384.14	72.13
$NaNO_3$(s)	-467.85	-367.00	116.52
Na_2O(s)	-414.22	-375.46	75.06
NaOH(s)	-425.61	-379.49	64.46
Na_2SO_4(s)	-1387.08	-1270.16	149.58
N_2(g)	0	0	191.61
NH_3(g)	-46.11	-16.45	192.45
N_2H_4(l)	50.63	149.34	121.21
NH_4NO_3(s)	-365.56	-183.87	151.08
NH_4Cl(s)	-314.43	-202.87	94.60
NH_4ClO_4(s)	-295.31	-88.75	186.20
$(NH_4)SO_4$(s)	-1180.85	-901.67	220.10
NO(g)	90.25	86.55	210.76
NO_2(g)	33.18	51.31	240.06
N_2O(g)	82.05	104.20	219.85
N_2O_4(g)	9.16	97.89	304.29

续表

物　质	$\Delta_f H_m^{\ominus}$/kJ · mol^{-1}	$\Delta_f G_m^{\ominus}$/kJ · mol^{-1}	$S_m^{\ominus}$/J · mol^{-1} · K^{-1}
N_2O_5(g)	11. 3	115. 1	355. 7
O_2(g)	0	0	205. 14
O_3(g)	142. 7	163. 2	238. 93
P(s，白磷)	0	0	41. 09
P(s，红磷)	-17. 6	-12. 1	22. 80
P(s，正交)	0	0	31. 80
S_8(g)	102. 3	49. 63	430. 98
SO_2(g)	-296. 83	-300. 19	248. 22
SO_3(g)	-395. 72	-371. 06	256. 76
Si(s)	0	0	18. 83
$SiCl_4$(l)	-681. 0	-619. 83	240
$SiCl_4$(g)	-657. 01	-616. 98	330. 7
SiO_2(s，石英)	-910. 94	-856. 64	41. 84
SiO_2(s，无定形)	-903. 49	-850. 70	46. 9
Zn(s)	0	0	41. 63
ZnO(s)	-348. 28	-318. 30	43. 64
$ZnCl_2$(s)	-415. 05	-369. 40	111. 46
$ZnCO_3$(s)	-812. 78	-731. 52	82. 4
CH_4(g)	-74. 81	-50. 72	186. 26
C_2H_6(g)	-84. 68	-32. 82	229. 60
C_3H_8(g)	-103. 85	-23. 37	270. 02
C_2H_4(g)	52. 26	68. 15	219. 56
C_2H_2(g)	226. 73	209. 20	200. 94
C_6H_6(l)	49. 04	124. 45	173. 26
C_6H_6(g)	82. 93	129. 73	269. 31
CH_3OH(l)	-238. 66	-166. 27	126. 8
C_2H_5OH(l)	-277. 69	-174. 78	160. 7
HCOOH(l)	-424. 72	-361. 35	128. 95
CH_3COOH(l)	-484. 5	-389. 9	159. 8
$(NH_2)_2CO$(s)	-332. 9	-196. 7	104. 6

附录二　298K 时水溶液中某些离子的标准摩尔生成焓、标准摩尔生成吉尔斯自由能和标准摩尔熵

离　子	$\Delta_f H_m^{\ominus}$/kJ · mol^{-1}	$\Delta_f G_m^{\ominus}$/kJ · mol^{-1}	$S_m^{\ominus}$/J · mol^{-1} · K^{-1}
H^+	0	0	0
Li^+	-278. 49	-293. 31	13. 4
Na^+	-240. 12	-261. 90	59. 0
K^+	-252. 38	-283. 27	102. 5
$NH_4{}^+$	-132. 51	-79. 31	113. 4
Tl^+	5. 36	-32. 40	125. 5
Ag^+	105. 58	77. 11	72. 68
Cu^+	71. 67	49. 98	40. 6
$Hg_2{}^{2+}$	172. 4	153. 52	84. 5
Mg^{2+}	-466. 85	-454. 8	-138. 1
Ca^{2+}	-542. 83	-553. 58	-53. 1
Ba^{2+}	-537. 64	-560. 77	9. 6
Be^{2+}	-382. 8	-379. 73	-129. 7
Zn^{2+}	-153. 89	-147. 06	-112. 1
Cd^{2+}	-75. 90	-77. 61	-73. 2
Pb^{2+}	-1. 7	-24. 43	10. 5
Hg^{2+}	171. 1	164. 40	-32. 2
Cu^{2+}	64. 77	65. 49	-99. 6
Fe^{2+}	-89. 1	-78. 90	-137. 7
Ni^{2+}	-54. 0	-45. 6	-128. 9
Co^{2+}	-58. 2	-54. 4	-113. 0
Co^{3+}	92. 0	134. 0	-305. 0
Mn^{2+}	-220. 75	-228. 1	-73. 6
Al^{3+}	-531. 0	-485. 0	-321. 7
Fe^{2+}	-89. 1	-78. 90	-137. 7
Fe^{3+}	-48. 5	-4. 7	-315. 9
Ni^{2+}	-54. 0	-45. 6	-128. 9

续表

离　子	$\Delta_f H_m^{\ominus}$/kJ · mol^{-1}	$\Delta_f G_m^{\ominus}$/kJ · mol^{-1}	$S_m^{\ominus}$/J · mol^{-1} · K^{-1}
La^{3+}	-707.1	-683.7	-217.6
Ce^{3+}	-696.2	-672.0	-205.0
Ce^{4+}	-537.2	-503.8	-301.0
Th^{4+}	-769.0	-705.1	-422.6
VO^{2+}	-486.6	-446.4	-133.9
$[Ag(NH_3)_2]^+$	-111.29	-17.12	245.2
$[Co(NH_3)_6]^{3+}$	-584.9	-157.0	14.6
$[Cu(NH_3)_4]^{2+}$	-348.5	-111.07	273.6
$[Hg(NH_3)_4]^{2+}$	-282.8	-51.7	355.0
$[Zn(NH_3)_4]^{2+}$	-533.5	-301.9	301.0
F^-	-332.63	-278.79	-13.8
Cl^-	-167.16	-131.23	56.5
Br^-	-121.55	-103.96	82.4
I^-	-55.19	-51.57	111.3
S^{2-}	-33.1	85.8	-14.6
OH^-	-229.99	-157.24	-10.75
ClO^-	-107.1	-36.8	42.0
ClO_2^-	-66.5	17.2	101.3
ClO_3^-	-103.97	-7.95	162.3
ClO_4^-	-129.33	-8.52	182.0
SO_3^{2-}	-635.5	-486.5	-29.0
SO_4^{2-}	-909.27	-744.53	20.1
$S_2O_3^{2-}$	-648.5	-522.5	67.0
HS^-	-17.6	12.08	62.8
HSO_3^-	-626.22	-527.73	139.7
HSO_4^-	-887.34	-755.91	131.8
NO_2^-	-104.6	-32.2	123.0
NO_3^-	-205.0	-108.74	146.4
PO_4^{3-}	-1277.4	-1018.7	-222.0
HPO_4^{2-}	-1292.14	-1089.15	-33.5
$H_2PO_4^-$	-1296.29	-1130.28	90.4
CO_3^{2-}	-677.14	-527.81	-56.9

离　子	$\Delta_f H_m^\ominus$/kJ · mol^{-1}	$\Delta_f G_m^\ominus$/kJ · mol^{-1}	$S_m^\ominus$/J · mol^{-1} · K^{-1}
HCO_3^-	-691.99	-586.77	91.2
CN^-	150.6	172.4	94.1
SCN^-	76.44	92.71	144.3
$HC_2O_4^-$	-818.4	-698.34	149.4
$C_2O_4^{2-}$	-825.1	-673.9	45.6
$HCOO^-$	-425.55	-351.0	92.0
CH_3COO^-	-486.01	-369.31	86.6
$[Fe(CN)_6]^{4-}$	455.6	695.08	95.0
$[Fe(CN)_6]^{3-}$	561.9	729.4	270.3
$[Hg(Cl)_4]^{2-}$	-554.0	-446.8	293.0
$[HgI_4]^{2-}$	-235.1	-211.7	360.0

附录三　298K 时某些有机化合物的标准摩尔燃烧焓

物　质	$\Delta_c H_m^\ominus$/kJ · mol^{-1}	物　质	$\Delta_c H_m^\ominus$/kJ · mol^{-1}
甲烷(g)CH_4	-890.7	甲醛(g)CH_2O	-570.8
乙烷(g)C_2H_6	-1559.8	乙醛(l)C_2H_4O	-1166.4
丙烷(g)C_3H_8	-2219.9	丙醛(l)C_3H_6O	-1816.3
正丁烷(g)C_4H_{10}	-2878.3	丙酮(l)C_3H_6O	-1790.4
异丁烷(g)C_4H_{10}	-2871.5	丁酮(l)C_4H_8O	-2444.2
戊烷(g)C_5H_{12}	-3536.2	乙酸乙酯(l)$C_4H_8O_2$	-2254.2
正戊烷(l)C_5H_{12}	-3509.5	苯甲酸甲酯(l)$C_8H_8O_2$	-3957.6
异戊烷(g)C_5H_{12}	-3527.9	甲酸(l)CH_2O_2	-254.6
正己烷(l)C_6H_{14}	-4163.1	乙酸(l)$C_2H_4O_2$	-874.5
正庚烷(l)C_7H_{16}	-4811.2	丙酸(l)$C_3H_6O_2$	-1527.3
正辛烷(l)C_8H_{18}	-5507.4	正丁酸(l)$C_4H_8O_2$	-2183.3
环丙烷(g)C_3H_6	-2091.5	草酸(l)$C_2H_2O_4$	-245.6
环丁烷(l)C_4H_8	-2720.5	丙二酸(s)$C_3H_4O_4$	-861.2
环戊烷(l)C_6H_{12}	-3290.9	丁二酸(s)$C_4H_6O_4$	-1491.0
环己烷(l)C_6H_{12}	-3919.9	D,L-乳酸(s)$C_3H_6O_3$	-1367.3
乙烷(g)C_2H_2	-1299.6	顺丁烯二酸(s)$C_4H_4O_4$	-1355.2

续表

物　质	$\Delta_c H_m^{\ominus}$/kJ·mol^{-1}	物　质	$\Delta_c H_m^{\ominus}$/kJ·mol^{-1}
乙烯(g)C_2H_4	-1410.9	反丁烯二酸(s)$C_4H_4O_4$	-1334.7
丙烯(g)C_3H_6	-2058.6	琥珀酸(s)$C_4H_5O_4$	-1491.0
丁烯(g)C_4H_6	-2718.6	L-苹果酸(s)$C_4H_6O_5$	-1327.9
苯(l)C_6H_6	-3267.5	L-酒石酸(s)$C_4H_6O_6$	-1147.3
甲苯(l)C_7H_8	-3925.4	苯甲酸(s)$C_7H_6O_2$	-3226.9
对二甲苯(l)C_8H_{10}	-4552.8	水杨酸(s)$C_7H_6O_3$	-3022.5
萘(s)C_8H_{10}	-5153.9	油酸(l)$C_{18}H_{34}O_2$	-11118.6
蒽(s)$C_{14}H_{10}$	-7163.9	硬脂酸(s)$C_{18}H_{36}O_2$	-11280.6
菲(s)$C_{14}H_{10}$	-7052.9	邻苯二甲酸(s)$C_8H_6O_4$	-3223.5
甲醇(l)CH_4O	-726.6	阿拉伯糖(s)$C_5H_{10}O_5$	-2342.6
乙醇(l)C_2H_6O	-1366.8	木糖(s)$C_5H_{10}O_5$	-2338.9
正丙醇(l)C_3H_8O	-2019.8	葡萄糖(s)$C_6H_{12}O_6$	-2820.9
正丁醇(l)$C_4H_{10}O$	-2675.8	果糖(s)$C_6H_{12}O_6$	-2829.6
乙二醇(l)$C_2H_6O_2$	-1180.7	蔗糖(s)$C_{12}H_{22}O_{11}$	-5640.9
甘油(l)$C_3H_8O_3$	-1662.7	乳糖(s)$C_{12}H_{22}O_{11}$	-5648.4
苯酚(l)$C_6H_6O_3$	-3053.5	麦芽糖(s)$C_{12}H_{22}O_{11}$	-5645.5
甲醚(g)C_2H_6O	-1460.5	甲胺(l)CH_5N	-1060.6
乙醚(g)$C_4H_{10}O$	-2723.6	吡啶(l)C_5H_5N	-2782.4
甲乙醚(g)C_3H_8O	-2107.4	尿素(s)$(NH_2)_2CO$	-631.66

注：表中 $\Delta_c H_m^{\ominus}$ 是有机化合物在 298K 时完全氧化的标准摩尔焓变。有机化合物中各种元素完全氧化的生成物分别是 CO_2(g)、H_2O(l)、N_2(g)、SO_2(g)等。

附录四　298K 时某些酸、碱的标准解离常数

酸、碱的分子式	标准解离常数
H_3AsO_4	$K_{a1}^{\ominus}=5.7\times10^{-3}$，$K_{a2}^{\ominus}=1.7\times10^{-7}$，$K_{a3}^{\ominus}=2.5\times10^{-12}$
H_3AsO_3	$K_{a1}^{\ominus}=5.9\times10^{-10}$
H_3BO_3	5.8×10^{-10}
HBrO	2.6×10^{-9}
H_2CO_3	$K_{a1}^{\ominus}=4.2\times10^{-7}$，$K_{a1}^{\ominus}=4.7\times10^{-11}$

酸、碱的分子式	标准解离常数
HCN	5.8×10^{-10}
HClO	2.8×10^{-8}
$HClO_2$	1.0×10^{-2}
HF	6.9×10^{-4}
HIO	2.4×10^{-11}
HIO_3	0.16
H_5IO_6	$K_{a1}^{\ominus}=4.4\times10^{-4}$；$K_{a2}^{\ominus}=2.0\times10^{-7}$；$K_{a3}^{\ominus}=6.3\times10^{-13}$
HNO_2	6.0×10^{-4}
H_3PO_2	5.9×10^{-2}
H_3PO_3	$K_{a1}^{\ominus}=3.7\times10^{-2}$；$K_{a2}^{\ominus}=2.9\times10^{-7}$
H_3PO_4	$K_{a1}^{\ominus}=6.7\times10^{-3}$；$K_{a2}^{\ominus}=6.2\times10^{-8}$；$K_{a3}^{\ominus}=4.5\times10^{-13}$
$H_4P_2O_7$	$K_{a1}^{\ominus}=2.9\times10^{-2}$；$K_{a2}^{\ominus}=5.3\times10^{-3}$；$K_{a3}^{\ominus}=2.2\times10^{-7}$；$K_{a4}^{\ominus}=4.8\times10^{-10}$
H_2SO_4	$K_{a2}^{\ominus}=1.0\times10^{-2}$
H_2SO_3	$K_{a1}^{\ominus}=1.7\times10^{-2}$；$K_{a2}^{\ominus}=6.0\times10^{-8}$
H_2Se	$K_{a1}^{\ominus}=1.5\times10^{-4}$；$K_{a2}^{\ominus}=1.1\times10^{-15}$
H_2S	$K_{a1}^{\ominus}=8.9\times10^{-8}$；$K_{a2}^{\ominus}=7.1\times10^{-15}$
H_2SeO_4	$K_{a2}^{\ominus}=1.2\times10^{-2}$
H_2SeO_3	$K_{a1}^{\ominus}=2.7\times10^{-2}$；$K_{a2}^{\ominus}=5.0\times10^{-8}$
HSCN	0.14
$H_2C_2O_4$	$K_{a1}^{\ominus}=5.4\times10^{-2}$；$K_{a2}^{\ominus}=5.4\times10^{-5}$
HCOOH	1.8×10^{-4}
HA_C	1.8×10^{-5}
$ClCH_2COOH$	1.4×10^{-3}
C_6H_5COOH	6.3×10^{-5}
C_6H_5OH	1.0×10^{-10}
NH_3	1.8×10^{-5}
CH_3NH_2	4.2×10^{-4}
$C_6H_3NH_2$	4.0×10^{-10}

附录五　298K 时某些难溶强电解质的标准溶度积常数

化学式	$K_{sp}^{\ominus}$	化学式	$K_{sp}^{\ominus}$
$AgBr$	5.3×10^{-13}	$Fe(OH)_2$	4.9×10^{-17}
$AgCl$	1.8×10^{-10}	FeS	6.3×10^{-18}
$Ag_2CO_3(s)$	8.3×10^{-12}	$Fe(OH)_3$	2.8×10^{-39}
Ag_2CrO_4	1.1×10^{-12}	Hg_2Cl_2	1.4×10^{-18}
$AgCN$	5.9×10^{-17}	Hg_2CrO_4	2.0×10^{-9}
$Ag_2C_2O_4$	5.3×10^{-12}	Hg_2I_2	5.3×10^{-29}
AgI	8.3×10^{-17}	Hg_2S	1.0×10^{-47}
Ag_3PO_4	8.7×10^{-17}	Hg_2SO_4	7.9×10^{-7}
Ag_3S	6.3×10^{-50}	$HgBr_2$	6.3×10^{-20}
Ag_2SO_4	1.2×10^{-5}	$HgCO_3$	3.7×10^{-17}
$AgSCN$	1.0×10^{-12}	HgI_2	2.8×10^{-29}
$Al(OH)_3$	1.3×10^{-33}	HgS	1.6×10^{-52}
$BaCO_3$	2.6×10^{-9}	$MgCO_3$	6.8×10^{-6}
$BaCrO_4$	1.2×10^{-10}	MgF_2	7.4×10^{-11}
BaF_2	1.8×10^{-7}	$Mg(OH)_2$	5.1×10^{-12}
$Ba_3(PO_4)_2$	3.4×10^{-23}	$Mg_3(PO_4)_2$	1.0×10^{-24}
$BaSO_4$	1.1×10^{-10}	$MnCO_3$	2.2×10^{-11}
$CaCO_3$	4.9×10^{-9}	$Mn(OH)_2$	2.1×10^{-13}
CaC_2O_4	2.3×10^{-9}	MnS	2.5×10^{-13}
CaF_2	1.5×10^{-10}	$NiCO_3$	1.4×10^{-7}
$Ca(OH)_2$	4.6×10^{-6}	$Ni(OH)_2$	5.0×10^{-16}
$CaHPO_4$	1.8×10^{-7}	NiS	3.2×10^{-19}
$Ca_3(PO_4)_2$	2.1×10^{-33}	$Pb(OH)_2$	1.4×10^{-20}
$CaSO_4$	7.1×10^{-5}	$PbCO_3$	1.5×10^{-13}
$Cd(OH)_2$	5.3×10^{-15}	$PbBr_2$	6.6×10^{-6}
$Co(OH)_2$	2.3×10^{-16}	$PbCl_2$	1.7×10^{-5}
CoS	4.0×10^{-21}	$PbCrO_4$	2.8×10^{-13}
$Co(OH)_3$	1.6×10^{-44}	PbI_2	8.4×10^{-9}

化学式	$K_{sp}^{\ominus}$	化学式	$K_{sp}^{\ominus}$
$Cr(OH)_3$	6.3×10^{-31}	PbS	8.0×10^{-28}
CuBr	6.9×10^{-9}	$PbSO_4$	1.8×10^{-8}
CuCl	1.7×10^{-7}	$Sn(OH)_2$	5.0×10^{-27}
CuCN	3.5×10^{-20}	SnS	1.0×10^{-25}
CuI	1.2×10^{-12}	$SrCO_3$	5.6×10^{-10}
Cu_2S	2.5×10^{-48}	$SrCrO_4$	2.2×10^{-5}
$CuCO_3$	1.4×10^{-10}	$SrSO_4$	3.4×10^{-7}
$Cu(OH)_2$	2.2×10^{-20}	$ZnCO_3$	1.2×10^{-10}
CuS	6.3×10^{-36}	$Zn(OH)_2$	6.8×10^{-17}
$FeCO_3$	3.1×10^{-11}	ZnS	1.6×10^{-24}

附录六　298K 时某些电对的标准电极电势

电　对	电极反应	$E^{\ominus}$/V
Li^+/Li	$Li^+(aq)+e^- \rightleftharpoons Li(s)$	-3.040
K^+/K	$K^+(aq)+e^- \rightleftharpoons K(s)$	-2.936
Ca^{2+}/Ca	$Ca^{2+}(aq)+2e^- \rightleftharpoons Ca(s)$	-2.869
Na^+/Na	$Na^+(aq)+e^- \rightleftharpoons Na(s)$	-2.714
Mg^{2+}/Mg	$Mg^{2+}(aq)+2e^- \rightleftharpoons Mg(s)$	-2.357
Al^{3+}/Al	$Al^{3+}(aq)+3e^- \rightleftharpoons Al(s)$	-1.68
Mn^{2+}/Mn	$Mn^{2+}(aq)+2e^- \rightleftharpoons Mn(s)$	-1.182
Zn^{2+}/Zn	$Zn^{2+}(aq)+2e^- \rightleftharpoons Zn(s)$	-0.7621
Cr^{3+}/Cr	$Cr^{3+}(aq)+2e^- \rightleftharpoons Cr(s)$	-0.74
$CO_2/H_2C_2O_4$	$2CO_2(g)+2H^+(aq)+2e^- \rightleftharpoons H_2C_2O_4(aq)$	-0.5950
Fe^{2+}/Fe	$Fe^{2+}(aq)+2e^- \rightleftharpoons Fe(s)$	-0.4089
Cd^{2+}/Cd	$Cd^{2+}(aq)+2e^- \rightleftharpoons Cd(s)$	-0.4022
Ni^{2+}/Ni	$Ni^{2+}(aq)+2e^- \rightleftharpoons Ni(s)$	-0.2363
Sn^{2+}/Sn	$Sn^{2+}(aq)+2e^- \rightleftharpoons Sn(s)$	-0.1410
Pb^{2+}/Pb	$Pb^{2+}(aq)+2e^- \rightleftharpoons Pb(s)$	-0.1266
H^+/H_2	$2H^+(aq)+2e^- \rightleftharpoons H_2(g)$	0.0000
$S_4O_6{}^{2-}/S_4O_3{}^{2-}$	$S_4O_6{}^{2-}(aq)+2e^- \rightleftharpoons 2S_2O_3{}^{2-}(aq)$	+0.0238

续表

电　对	电极反应	$E^{\ominus}/V$
S/H_2S	$S(s)+2H^+(aq)+2e^- \rightleftharpoons H_2S(aq)$	+0.1442
Sn^{4+}/Sn^{2+}	$Sn^{4+}(aq)+2e^- \rightleftharpoons Sn^{2+}(aq)$	+0.1539
Cu^{2+}/Cu^+	$Cu^{2+}(aq)+2e^- \rightleftharpoons Cu^+(s)$	+0.1607
$SO_4{}^{2-}/SO_2$	$SO_4{}^{2-}(aq)+4H^+(aq)+2e^- \rightleftharpoons SO_2(aq)+H_2O(l)$	+0.170
$AgCl/Ag$	$AgCl(s)+e^- \rightleftharpoons Ag(s)+Cl^-(aq)$	+0.2222
Hg_2Cl_2/Hg	$Hg_2Cl_2(s)+2e^- \rightleftharpoons 2Hg(l)+2Cl^-(aq)$	+0.2680
Cu^{2+}/Cu	$Cu^{2+}(aq)+2e^- \rightleftharpoons Cu(s)$	+0.3394
I_2/I^-	$I_2(s)+2e^- \rightleftharpoons 2I^-(aq)$	+0.5345
$MnO_4{}^-/MnO_4{}^{2-}$	$MnO_4{}^-(aq)+e^- \rightleftharpoons MnO_4{}^{2-}(aq)$	+0.5545
H_3AsO_4/H_3AsO_3	$H_3AsO_4(aq)+2H^+(aq)+2e^- \rightleftharpoons H_3AsO_3(aq)+H_2O(l)$	+0.5748
$MnO_4{}^-/MnO_2$	$MnO_4{}^-(aq)+2H_2O(l)+3e^- \rightleftharpoons MnO_2(s)+4OH^-(aq)$	+0.5965
O_2/H_2O_2	$O_2(g)+2H^+(aq)+2e^- \rightleftharpoons H_2O_2(aq)$	+0.6945
Fe^{3+}/Fe^{2+}	$Fe^{3+}(aq)+e^- \rightleftharpoons Fe^{2+}(aq)$	+0.769
$Hg_2{}^{2+}/Hg$	$Hg_2{}^{2+}(aq)+2e^- \rightleftharpoons 2Hg(l)$	+0.7956
Ag^+/Ag	$Ag^+(aq)+e^- \rightleftharpoons Ag(s)$	+0.7991
$NO_3{}^+/NO$	$NO_2{}^{2+}(aq)+4H^+(aq)+3e^- \rightleftharpoons NO(g)+2H_2O(l)$	+0.9637
HNO_2/NO	$HNO_2(aq)+H^+(aq)+e^- \rightleftharpoons NO(g)+H_2O(l)$	+1.04
Br_2/Br^-	$Br_2(l)+2e^- \rightleftharpoons 2Br^-(aq)$	+1.0774
O_2/H_2O	$O_2(g)+4H^+(aq)+4e^- \rightleftharpoons 2H_2O(l)$	+1.229
MnO_2/Mn^{2+}	$MnO_2(s)+4H^+(aq)+2e^- \rightleftharpoons Mn^{2+}(aq)+2H_2O(l)$	+1.2293
$Cr_2O_7{}^{2-}/Cr^{3+}$	$Cr_2O_7{}^{2-}(aq)+14H^+(aq)+6e^- \rightleftharpoons 2Cr^{3+}(g)+7H_2O(l)$	+1.33
Cl_2/Cl^-	$Cl_2(g)+2e^- \rightleftharpoons 2Cl^-(aq)$	+1.360
PbO_2/Pb^{2-}	$PbO_2(s)+4H^+(aq)+2e^- \rightleftharpoons Pb^{2-}(aq)+2H_2O(l)$	+1.458
$MnO_4{}^-/Mn^{2+}$	$MnO_4{}^-(aq)+8H^+(aq)+5e^- \rightleftharpoons Mn^{2+}(aq)+4H_2O(l)$	+1.512
$PbO_2/PbSO_4$	$PbO_2(s)+SO_4{}^{2-}+4H^++2e^- \rightleftharpoons PbSO_4(s)+2H_2O(l)$	+1.685
H_2O_2/H_2O	$H_2O_2(aq)+2H^+(aq)+2e^- \rightleftharpoons 2H_2O(l)$	+1.763
CO^{3+}/Co^{2+}	$Co^{3+}+e^- \rightleftharpoons Co^{2+}$	+1.80
$S_2O_8{}^{2-}/SO_4{}^{2-}$	$S_2O_8{}^{2-}(aq)+2e^- \rightleftharpoons 2SO_4{}^{2-}(aq)$	+1.939
$F_2(g)/F^-$	$F_2(g)+2e^- \rightleftharpoons 2F^-(aq)$	+2.889

附录七　298K 时部分配位个体的逐级累积标准稳定常数

配　体	金属离子	n	$\lg\beta_m^\ominus$
NH_3	Ag^+	1，2	3.32，7.22
	Cd^{2+}	1，2，3，4，5，6	2.65，4.75，6.19，7.12，6.80，5.14
	Co^{2+}	1，2，3，4，5，6	2.11，3.74，4.79，5.55，5.73，5.11
	Co^{3+}	1，2，3，4，5，6	6.7，14.0，20.1，25.7，30.8，35.2
	Cu^+	1，2	5.93，10.86
	Cu^{2+}	1，2，3，4	4.15，7.63，10.53，12.67
	Ni^{2+}	1，2，3，4，5，6	2.80，5.04，6.77，7.96，8.71，8.74
	Zn^{2+}	1，2，3，4	2.37，4.81，7.31，9.46
Cl^-	Ag^+	1，2，3，4	3.48，5.23，5.70，5.30
	Cu^+	2，3	5.5，5.7
	Hg^{2+}	1，2，3，4	6.74，13.22，14.07，15.07
	Pt^{2+}	2，3，4	11.5，14.5，16.0
	Sn^{2+}	1，2，3，4	1.51，2.24，2.03，1.48
CN^-	Ag^+	2，3，4	21.1，21.7，20.6
	Au^+	2	38.3
	Cd^{2+}	1，2，3，4	5.54，10.54，15.26，18.78
	Co^{2+}	6	19.09
	Cu^+	2，3，4	24.0，28.59，30.3
	Fe^{2+}	6	35
	Fe^{3+}	6	42
	Fg^{2+}	4	41.4
	Ni^{2+}	4	31.3
	Zn^{2+}	4	16.7
F^-	Al^{3+}	1，2，3，4，5，6	6.13，11.15，15.00，17.75，19.37，19.84
	Fe^{3+}	1，2，3，5	5.28，9.30，12.06，15.77
	Sn^{4+}	6	25
	Th^{4+}	1，2，3	7.65，13.46，17.97
	TiO^{2+}	1，2，3，4	5.4，9.8，13.7，18.0
	ZrO^{2+}	1，2，3	8.80，16.12，21.94
I^-	Ag^+	1，2，3	6.58，11.74，13.68
	Cd^{2+}	1，2，3，4	2.10，3.43，4.49，5.41
	Pb^{2+}	1，2，3，4	2.00，3.15，3.92，4.47
	Hg^{2+}	1，2，3，4	12.87，23.82，27.60，29.83
SCN^-	Ag^+	2，3，4	7.57，9.08，10.08
	Co^{2+}	1	1.0
	Cu^{2+}	2，3，4	11.00，10.90，10.48
	Fe^{3+}	1，2	2.95，3.36
	Hg^{2+}	2，3，4	17.47，19.0，21.23
S_2O^{2-}	Ag^+	1，2	8.82，13.46
	Cd^{2+}	1，2	3.92，6.44
	Cu^+	1，2，3	10.35，12.27，13.71
	Hg^{2+}	2，3，4	29.86，32.26，33.61
	Pb^{2+}	2，3	5.13，6.35

配 体	金属离子	n	$\lg\beta_m^\ominus$
$CH_3COCH_2COCH_3$（乙酰丙酮）	Al^{3+}	1，2，3	8.60，15.5，21.30
	Cu^{2+}	1，2	8.27，16.34
	Fe^{3+}	1，2，3	11.4，22.1，26.7
	Ni^{2+}	1，2，3	6.06，10.77，13.09
	Zn^{2+}	1，2	4.98，8.81
$C_2O_4{}^{2-}$	Al^{3+}	1，2，3	7.26，13.0，16.3
	Cd^{2+}	1，2	2.9，4.7
	Co^{2+}	1，2，3	4.79，6.7，9.7
	Cu^{2+}	1，2	4.5，8.9
	Fe^{2+}	1，2，3	2.9，4.52，5.22
	Fe^{3+}	1，2，3	9.4，16.2，20.2
	Ni^{2+}	1，2，3	5.3，7.64，8.5
	Zn^{2+}	1，2，3	4.89，7.60，8.15
$H_2NCH_2CH_2NH_2$（en，乙二胺）	Ag^+	1，2	4.70，7.70
	Cd^{2+}	1，2，3	5.47，10.09，12.09
	Co^{2+}	1，2，3	5.91，10.64，13.94
	Co^{3+}	1，2，3	18.70，34.90，48.69
	Cu^{2+}	1，2，3	10.67，20.00，21.00
	Fe^{2+}	1，2，3	4.34，7.65，9.70
	Hg^{2+}	1，2	14.30，23.3
	Mn^{2+}	1，2，3	2.73，4.79，5.67
	Ni^{2+}	1，2，3	7.52，13.80，18.06
	Zn^{2+}	1，2，3	5.77，10.83，14.11
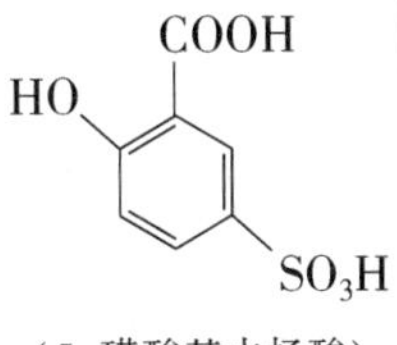（5-磺酸基水杨酸）	Al^{3+}	1，2，3	13.20，22.83，28.89
	Cd^{2+}	1，2	16.68，29.08
	Co^{2+}	1，2	6.13，9.82
	Cu^{2+}	1，2	9.52，16.45
	Fe^{3+}	1，2，3	14.64，25.18，32.12
	Mn^{2+}	1，2	5.24，8.24
	Ni^{2+}	1，2	6.42，10.24
	Zn^{2+}	1，2	6.05，10.65
OH^-	Al^{3+}	4	33.03
	Bi^{3+}	1，2，4	12.4，15.8，35.2
	Cd^{2+}	1，2，3，4	4.3，7.7，10.3，12.0
	Co^{2+}	1，3	5.1，10.2
	Cr^{3+}	1，2，4	10.2，18.3，29.2
	Cu^{2+}	1，2，3，4	7.0，13.68，17.00，18.5
	Fe^{2+}	1	4.5
	Fe^{3+}	1，2	11.0，21.7
	Hg^{2+}	2	21.7
	Mg^{2+}	1	2.6
	Mn^{2+}	1，3	3.9，8.3
	Ni^{2+}	1，2，3	4.97，8.55，11.33
	Pb^{2+}	1，2，3	6.2，10.3，13.3
	Sn^{2+}	1	10.1
	Zn^{2+}	1，2，3，4	4.4，10.1，14.2，15.5

配　体	金属离子	n	$\lg\beta_m^{\ominus}$
$HO-C(CH_2COOH)_2-COOH$（柠檬酸）	Al^{3+}	1	20.2
	Cu^{2+}	1	18.0
	Fe^{3+}	1	25.0
	Ni^{2+}	1	14.3
	Zn^{2+}	1	11.4
edta(Y^{4-})	Ag^{+}	1	7.32
	Al^{3+}	1	16.3
	Ba^{2+}	1	7.86
	Be^{2+}	1	9.20
	Bi^{3+}	1	27.94
	Ca^{2+}	1	10.69
	Ce^{3+}	1	15.98
	Cd^{2+}	1	16.46
	Co^{2+}	1	16.31
	Co^{3+}	1	36.0
	Cr^{3+}	1	23.4
	Cu^{2+}	1	18.80
	Fe^{2+}	1	14.33
	Fe^{3+}	1	25.1
	Ga^{3+}	1	20.3
	Hg^{2+}	1	21.8
	In^{3+}	1	25.0
	Li^{+}	1	2.79
	Mg^{2+}	1	8.69
	Mn^{2+}	1	13.87
	Na^{+}	1	1.66
	Ni^{2+}	1	18.60
	Pd^{2+}	1	18.5
	Sc^{3+}	1	23.1
	Sn^{2+}	1	22.10
	Sr^{2+}	1	8.73
	Th^{4+}	1	23.2
	TI^{3+}	1	21.3
	TiO^{2+}	1	17.3
	Tl^{3+}	1	37.8
	U^{4+}	1	25.8
	$VO_2^{\ +}$	1	18.1
	VO^{2+}	1	18.8
	Y^{3+}	1	19.09
	Zn^{2+}	1	16.50
	Zr^{4+}	1	29.5

附录八　一些化合物的摩尔质量

化　合　物	$M/g\cdot mol^{-1}$	化　合　物	$M/g\cdot mol^{-1}$
AgBr	187.78	$Cu(NO_3)_2$	187.56
AgCl	143.32	CuSCN	121.62
AgCN	133.89	$CuSO_4$	159.61
Ag_2CrO_4	331.73	$CuSO_4\cdot 5H_2O$	249.69
AgI	234.77	$FeCl_2$	126.75
$AgNO_3$	169.87	$FeCl_3$	162.20
AgSCN	165.95	$FeCl_3\cdot 6H_2O$	270.29
$AlCl_3$	133.34	FeO	71.84
$Al(NO_3)_3$	213.00	Fe_2O_3	159.69
Al_2O_3	101.96	Fe_3O_4	231.53
$Al(OH)_3$	78.00	$FeSO_4$	151.90
$Al_2(SO_4)_3$	342.15	$FeSO_4\cdot 7H_2O$	278.02
$Al_2(SO_4)\cdot 18H_2O$	666.41	$Fe_2(SO_4)_3$	399.88
$BaCO_3$	197.34	$FeSO_4\cdot(NH_4)_2SO_4\cdot 6H_2O$	392.15
BaC_2O_4	225.35	H_3BO_3	61.83
$BaCl_2$	208.24	HBr	80.91
$BaCl_2\cdot 2H_2O$	244.27	HCN	27.03
$BaCrO_4$	253.32	H_2CO_3	62.02
BaO	153.33	$H_2C_2O_4$	90.03
$Ba(OH)_2$	171.35	$H_2C_2O_4\cdot 2H_2O$	126.07
$BaSO_4$	233.39	HCOOH	46.03
CCl_4	153.82	CH_3COOH	60.04
CO_2	44.01	CH_2COONa	82.03
$CaCO_3$	100.09	HCl	36.46
CaC_2O_4	128.10	$HClO_4$	100.46
$CaCl_2$	110.99	HF	20.01
$CaCl_2\cdot H_2O$	129.00	HI	127.91
CaF_2	78.08	HNO_2	47.01

化合物	M/g·mol^{-1}	化合物	M/g·mol^{-1}
$Ca(NO_3)_2$	164.09	HNO_3	63.01
CaO	56.08	H_2O	18.02
$Ca(OH)_2$	74.09	H_2O_2	34.02
$CaSO_4$	136.14	H_3PO_4	98.00
$Ca_3(PO_4)_2$	310.18	H_2S	34.08
$CdCl_2$	183.32	H_2SO_3	82.08
CdS	144.47	H_2SO_4	98.08
$CoCl_2$	129.84	$HgCl_2$	271.50
$CrCl_3$	158.35	Hg_2Cl_2	472.09
Cr_2O_3	151.99	$KAl(SO_4)_2 \cdot 12H_2O$	474.39
Cu_2O	143.09	KBr	119.01
CuO	79.54	$KBrO_3$	167.01
KCN	65.12	Na_2O_2	77.98
K_2CO_3	138.21	$NaOH$	40.01
KCl	74.56	Na_3PO_4	163.94
$KClO_3$	122.55	Na_2S	78.05
$KClO_4$	138.55	$Na_2S \cdot 9H_2O$	240.18
K_2CrO_4	194.20	Na_2SO_3	126.04
$K_2Cr_2O_7$	294.19	Na_2SO_4	142.04
KI	166.01	$Na_2SO_4 \cdot 10H_2O$	322.20
KIO_3	214.00	$Na_2S_2O_3$	158.11
$KMnO_4$	158.04	$Na_2S_2O_3 \cdot 5H_2O$	248.19
KNO_3	101.10	Na_2SiF_6	188.06
KNO_2	85.10	NH_3	17.03
K_2O	94.20	NH_4Cl	53.49
KOH	56.11	$(NH_4)_2C_2O_4 \cdot H_2O$	142.11
$KSCN$	97.18	$NH_3 \cdot H_2O$	35.05
K_2SO_4	174.26	$NH_4Fe(SO_4)_2 \cdot 12H_2O$	480.18
$MgCO_3$	84.31	$(NH_4)_2HPO_4$	132.05
$MgCl_2$	95.21	$(NH_4)_3PO_4 \cdot 12MoO_3$	1876.53

续表

化　合　物	M/g·mol^{-1}	化　合　物	M/g·mol^{-1}
$MgCl_2\cdot 6H_2O$	203.30	NH_4SCN	76.12
$MgNH_4PO_4$	137.33	$(NH_4)_2SO_4$	132.14
MgO	40.31	P_2O_5	141.95
$Mg(OH)_2$	58.32	$PbCl_2$	278.10
$MgSO_4\cdot 7H_2O$	246.47	$PbCrO_4$	323.18
MnO	70.94	$Pb(CH_3COO)_2$	325.30
MnO_2	86.94	PbO	223.19
$Na_2B_4O_7\cdot 10H_2O$	381.37	PbO_2	239.19
$NaBiO_3$	279.97	Pb_3O_4	685.57
$NaBr$	102.90	$PbSO_4$	303.26
$NaCN$	49.01	SO_2	64.06
Na_2CO_3	105.99	SO_3	80.06
$Na_2C_2O_4$	134.00	SiF_4	104.08
$NaCl$	58.44	SiO_2	60.08
$NaClO$	74.44	$SnCO_3$	178.72
NaF	41.99	$SnCl_2$	189.62
$NaHCO_3$	84.01	$SnCl_4$	260.52
NaH_2PO_4	119.98	SnO_2	150.71
Na_2HPO_4	141.96	WO_3	231.84
$Na_2H_2Y\cdot 2H_2O$	372.44	$ZnCl_2$	136.30
NaI	149.89	ZnO	81.39
$NaNO_2$	69.00	ZnS	97.44
$NaNO_3$	85.00	$ZnSO_4$	161.45
Na_2O	61.98	$ZnSO_4\cdot 7H_2O$	287.54

附录九　一些无机化合物的商品名或俗名

商品名或俗名	化 学 名 称	主要成分的化学式
苛性碱、烧碱、火碱	氢氧化钠	$NaOH$
芒硝、元明粉、皮硝	硫酸钠	Na_2SO_4

续表

商品名或俗名	化学名称	主要成分的化学式
硫化碱	硫化钠	Na_2S
大苏打、海波	硫代硫酸钠	$Na_2S_2O_3 \cdot 5H_2O$
保险粉	连二亚硫酸钠	$Na_2S_2O_4 \cdot 2H_2O$
智利硝石、钠硝石	硝酸钠	$NaNO_3$
食盐	氯化钠	$NaCl$
水玻璃、泡花碱	硅酸钠	Na_2SiO_3
红矾钠	重铬酸钠	$Na_2Cr_2O_7$
硼砂	四硼酸钠	$Na_2B_4O_7 \cdot 10H_2O$
山奈	氰化钠	$NaCN$
苏打、纯碱	碳酸钠	Na_2CO_3
小苏打、重碱	碳酸氢钠	$NaHCO_3$
冰晶石	氟铝酸钠	Na_3AlF_6
苛性钾	氢氧化钾	KOH
红矾钾	重铬酸钾	$K_2Cr_2O_7$
赤血盐	铁氰化钾	$K_3[Fe(CN)_6]$
黄血盐	亚铁氰化钾	$K_4[Fe(CN)_6]$
灰锰氧	高锰酸钾	$KMnO_4$
明矾	硫酸铝钾	$K_2SO_4 \cdot Al_2(SO)_3 \cdot 24H_2O$
钾碱、草碱	碳酸钾	K_2CO_3
光卤石	氯化镁钾	$MgCl_2 \cdot KCl \cdot 6H_2O$
绿长石	三硅酸铝钾	$KAlSi_3O_8$
硇砂	氯化铵	NH_4CI
莫尔盐	硫酸亚铁铵	$(NH_4)_2SO_4 \cdot FeSO_4 \cdot 6H_2O$
苦土	氧酸镁	MgO
苦盐、泻盐	硫酸镁	$MgSO_4$
熟石灰、消石灰	氢氧化钙	$Ca(OH)_2$
石膏	硫酸钙	$CaSO_2 \cdot 2H_2O$
萤石、氟石	氟化钙	CaF_2
方解石、石灰石	碳酸钙	$CaCO_3$
天青石	硫酸锶	$SrSO_4$
重土	氧化钡	BaO

商品名或俗名	化学名称	主要成分的化学式
重晶石	硫酸钡	$BaSO_4$
立德粉、锌钡白	硫化锌+硫酸钡	$ZnS+BaSO_4$
笑气	一氧化二氮	N_2O
金刚砂	碳化硅	SiC
砒霜	三氧化二砷	As_2O_3
雌黄	三硫化二砷	As_2S_3
硅石、石灰、遂石	二氧化硅	SiO_2
锡石	二氧化锡	SnO_2
密陀僧、黄丹	氧化铅	PbO
铅丹、红铅	四氧化三铅	Pb_3O_4
矾土、刚玉	氧化铝	Al_2O_3
铁红	氧化铁	Fe_2O_3
赤铁矿	氧化铁	Fe_2O_3
铁黑	四氧化三铁	Fe_3O_4
磁铁矿	四氧化三铁	Fe_3O_4
孔雀石	碱式碳酸铜	$Cu_2(OH)_2CO_3$
钛白粉	二氧化钛	TiO_2
金红石、锐钛矿	二氧化钛	TiO_2
绿矾、铁矾	硫酸亚铁	$FeSO_4 \cdot 7H_2O$
胆矾、蓝矾	硫酸铜	$CuSO_4 \cdot 5H_2O$
皓矾	硫酸锌	$ZnSO_4 \cdot 7H_2O$
锌白	氧化锌	ZnO
朱砂、辰砂、丹砂	硫化汞	HgS
甘汞	氯化亚汞	Hg_2Cl_2
升汞	氯化汞	$HgCl_2$
软锰矿	二氧化锰	MnO_2
铬酐	三氧化铬	CrO_3
铬黄	铬酸铅	$PbCrO_4$
铬绿	三氧化二铬	Cr_2O_3

参考文献

[1] 林培喜，朱玲．无机化学与分析化学[M]．第二版．哈尔滨：哈尔滨工程大学出版社，2016.
[2] 杨宏孝．无机化学简明教程[M]．北京：高等教育出版社，2010.
[3] 牟文生．无机化学实验[M]．第三版．北京：高等教育出版社，2014.
[4] 范勇，屈学俭，徐家宁．基础化学实验(第二版)无机化学实验分册[M]．北京：高等教育出版社，2015.
[5] 杨秋华．无机化学实验[M]．北京：高等教育出版社，2011.
[6] 华东理工大学无机化学教研组．无机化学实验[M]．第四版．北京：高等教育出版社，2007.